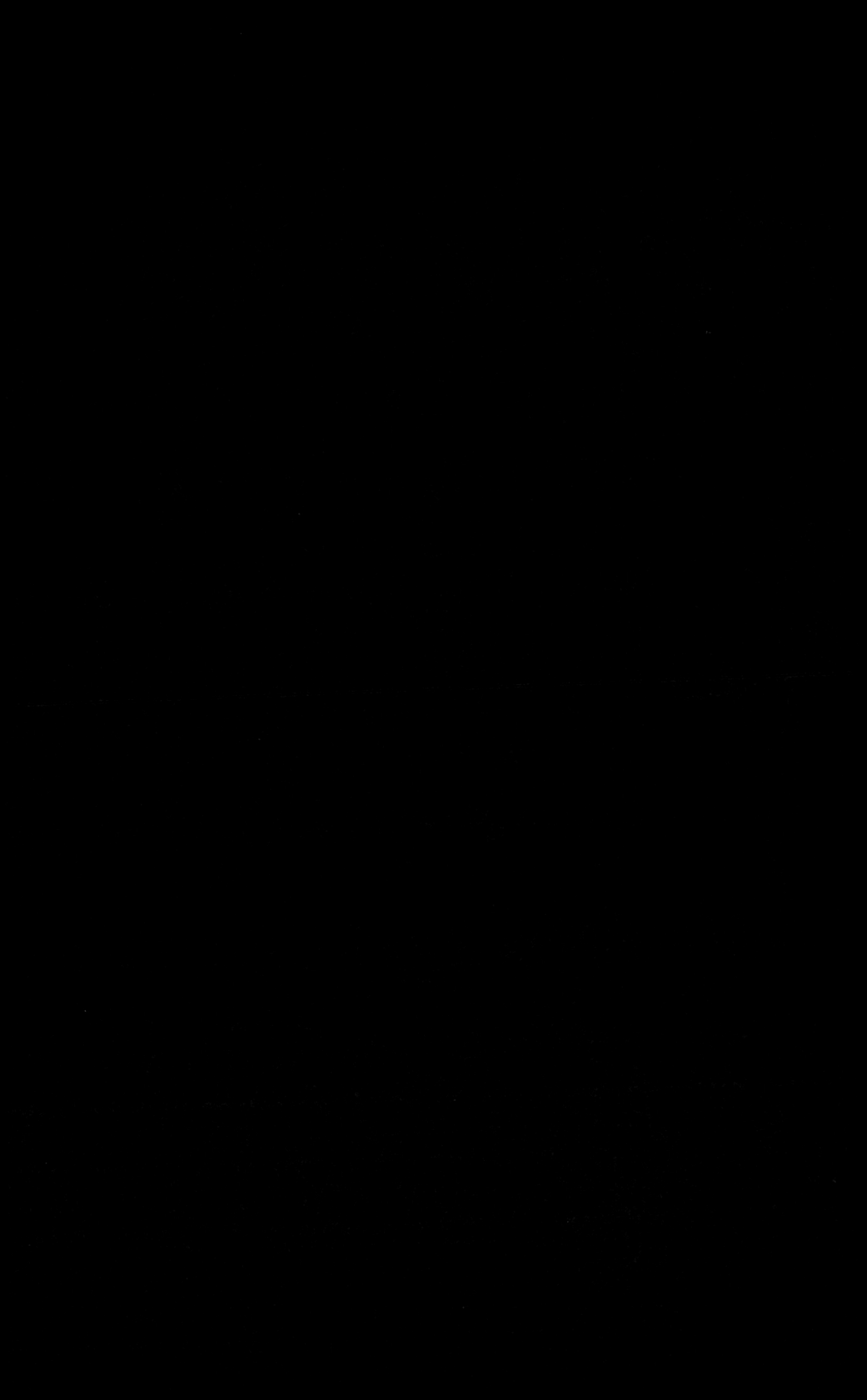

길모퉁이 건축

길모퉁이 건축
건설한국을 넘어서는 희망의 중간건축

초판 1쇄 발행 | 2011년 11월 5일
초판 3쇄 발행 | 2012년 5월 10일

지은이 | 김성홍
펴낸이 | 조미현

편집주간 | 김수한
책임편집 | 박민영
교정교열 | 조세진
디자인 | 석운디자인

출력 | 문형사
인쇄 | 영프린팅
제책 | 쌍용제책사

펴낸곳 | (주)현암사
등록 | 1951년 12월 24일 제10-126호
주소 | 121-839 서울시 마포구 서교동 481-12
전화 | 365-5051 · 팩스 | 313-2729
전자우편 | editor@hyeonamsa.com
홈페이지 | www.hyeonamsa.com

김성홍ⓒ2011
ISBN 978-89-323-1598-0 03540

- 이 도서의 국립중앙도서관 출판시도서목록(CIP)은 e-CIP 홈페이지(http://www.nl.go.kr/ecip)에서 이용하실 수 있습니다. (CIP제어번호: 2011004559)

- 이 책은 저작권법에 따라 보호받는 저작물이므로 저작권자와 출판사의 허락 없이 이 책의 내용을 복제하거나 다른 용도로 쓸 수 없습니다.
- 지은이와 협의하여 인지를 생략합니다.
- 책값은 뒤표지에 있습니다. 잘못된 책은 바꾸어 드립니다.

길모퉁이 건축
건설한국을 넘어서는 **희망**의 **중간건축**

김성홍 지음

현암사

불행이란 자신과 도시를 혐오하는 것이다.

– **오르한 파묵**

여는 글

'建' 자만 붙으면 4년제 대학이건, 2년제 전문대학이건, 취직은 따놓은 당상이었던 시대에 대학의 건축과에 들어갔다. 학점의 최대 복병인 공업수학 과목에서 쌍권총(F학점 2개)을 차고도 졸업하기만 하면, 지금은 경쟁률이 몇십 대 일인 대기업 건설회사를, 골라서 들어갈 수 있었다. 최루탄 연기가 자욱한 거리로 뛰어나갔던 선후배나 대리출석을 부르고 강의실을 월담해 주점에서 시간을 보냈던 친구들 모두, 도서관에 앉아 공부하는 '범생'을 가엽게 보던 시대였다. 전장의 훈장처럼 낮은 학점을 으스대던 '낭만의 시대'였다.

그 세대들이 지금은 건설회사 임원이 되었고, 건축가의 이름을 달고 문화계를 누비고 있으며, 건축학계의 중견이 되었다. 지난 50년간 한국 경제의 한 축이었던 '건설신화' 덕분이다. 내가 건축사사무소를 거쳐 잠시 건설회사의 현장기사로 일했던 곳은 서울역 앞 고층건물이었다. 사람들이 거리 밖에서 민주와 인권을 위해 싸우는 동안, 나는 담장 안에서 '공구리'를 쳤다. 가는 길은 저마다 다르고, 힘은 들었지만 적어도 우리는 그 보상을 받은 세대였다.

30여 년이 지난 지금 '건축학도'들의 환경은 어떤가? 건축가를 양성하는 '건축학과'와 엔지니어를 양성하는 '건축공학과'가 분리되었고, 국제적 기준을 맞추고자 5년제로 바뀐 건축학과에서 학생들은 매주 12시간의 건축설계 수업을 소화해야 한다. 이렇게 단련된 학생들은 대학 문을 나서기 전 심각한 고민에 부딪친다. 건축사사무소의 저임금, 과노동을 과연 견딜 수 있을 것인가, 또 견딘다고 하더라도 윗세대처럼 홀로 서는 건축가가 될 수 있을까? 건축공학과를 졸업한 학생들 역시 몇십 대 일 경쟁의 건설회사에 들어가기 위해 각종 자격증을 따고 영어시험을 치는 등 스펙을 쌓는다. 이렇게 좁은 문을 뚫고 들어가지만, 그들을 기다리는 것은 30년 전과 별다르지 않은 건설현장이다. 다른 분야와 비교해보면 투입한 에너지에 비해 얻는 결과가 초라하기 그지없는데 우리 세대는 이들을 향해 눈앞의 봉급 몇 푼에 매여 꿈도 꾸지 않는 세대라고 꾸짖는다. 건축가가 되려 하면서 어찌 돈을 먼저 내세우냐고도 한다.

지금의 세대가 30년 전에 비해 공부를 덜 하거나 게으름을 피우지 않는데도 왜 서 있는 자리는 더 불확실하고 위태로워 보일까? 이것이 과연 그들 세대만의 잘못인가? 그리고 건축계만의 문제인가?

한국 건축은 지금 심한 몸살을 앓고 있다. 한국 경제를 떠받쳐 오던 건설신화가 서서히 걷히면서 경제의 양극화와 함께 건축에서도 역시 양극화가 진행되고 있다. 문제는 대학, 건설회사, 건축사사무소에서 끝나지 않는다. 경제양극화가 중산층을 붕괴시키듯 건축의 양극화는 도시의 중간지대를 질식시킨다. 골목길은 재개발을 기다리고, 허름한 소규모의 건물들은 사라지고 있다. 중간지대가 없으면 도시의 중간문화도 시들해진다. 번듯한 테헤란로 대신 복잡한 홍대 앞 골목이 젊음을 끌어당기는 것은 고급문화와 대중문화의 공백을 매개하는 실험적 문화가 살아 있기 때문이다.

이 책은 바로 도시의 중간지대에 있는 길과 건축에 대한 이야기다. 2009년 봄 출간한 『도시 건축의 새로운 상상력』(현암사)에서 나는 서양건축 역사·이론과 우리 도시 건축의 현실을 중첩시키고자 했다. 한국-서양, 역사-현실, 도시-건축으로 나뉜 양극의 중간지대에 새로운 둥지를 틀었다는 격려가 많았다. 간결하고 함축된 글이 좋았다는 독자도 있었지만, 자세한 설명이 없어서 어렵다는 반응도 나왔다. 이후 독자의 상상에 맡기지 않고 하나하나 풀어서 쓰는 새로운 책을 구상하기 시작했다. 첫 책을 출간한 후 독자와의 소통을 위해서는 한 꺼풀 더 벗어야 한다는 것을 절감하던 터였다.

사실 『길모퉁이 건축』의 밑그림은 앞의 책보다 몇 년 더 거슬러 올라가 그려졌다. 경기도 일산에서 서울 배봉산 기슭까지 출퇴근을 하던 새내기 선생 시절이다. 전철과 버스를 갈아타고 2시간 가까이 걸리는 거리였다. 굳이 대중교통을 고집했던 것은 자동차를 몰고 다닐 만한 형편이 못 되어서이기도 했지만 나름대로 출퇴근길의 묘미를 발견했기 때문이었다. 서울역에서 문산까지 달리는 경의선 열차는 짧았지만 매번 하나의 작은 여행이었다. 눈을 맞으며 플랫폼에서 기다리는 여유도 있었고, 자투리땅을 일궈 채소를 심은 밭을 지나 집까지 걸어가는 길도 좋았다. 화전, 강매, 곡산 같은 이름의 작은 역사驛舍와 겨울이면 눈으로 덮인 들길을 지금은 사라져버린 완행열차의 차창 밖으로 바라보는 것은 내게 유희였다. 이때부터 문득문득 떠오르는 생각들을 공책에 담기 시작했었다.

지방의 읍내에서 자랐던 나는 등굣길에 뒷골목을 애용했는데, 먼지가 풀풀 나는 신작로보다는 두런두런 이야기가 집 안에서 흘러나오는 골목길이 편안하기도 했고, 따가운 햇살을 피할 수 있어서도 좋았다. 고향 골목길은 일종의 길의 원형原型으로 각인되었다. 그 길들은 지금도 남아 있지만 어쩔 수 없는 변화 앞에 놓여 있다. 골목길에 큰 집이 들어서고, 큰 길은 자동차로 몸살을 앓는다.

미국에서 공부할 때 학교 앞에 '라 스트라다La Strada'라는 커피점이 있었다. '길'을 뜻하는 이탈리아어 이름이었다. 안소니 퀸이 주인공으로 나왔던 동명의 영화(1954)에서 이름을 땄는지는 모르나 우리말로 '길다방'인 셈이다. 학기 중에 매일 새벽까지 설계실을 지켰던 우리들은 잠을 깨려고 길다방을 자주 드나들었다. 졸업한 뒤 18년 만에 다시 갔을 때 길다방은 변한 것이 별로 없이 여전했지만 그 느낌은 전혀 달랐다. 장소에 대한 기억은 공간, 소리, 냄새, 계절, 온도가 하나가 되어 심상에 각인되는 것인가 보다. 어쨌든 고향을 떠나 이곳저곳을 옮겨 다니며 살았던 지난 35년 동안 '길'은 내 기억 밑바닥에 자리 잡고 있는 화두였다. 박사학위논문 「Visual and Spatial Metaphors of Shop Architecture상점건축의 시각·공간 은유」(1995)에서 나는 건축역사나 이론에서 별로 주목하지 않았던 상점건축을 다루었는데, 길과 가장 밀접한 관계를 갖는 건축유형이라고 생각했기 때문이었다.

건축역사는 흔히 양식의 변화, 기술의 혁신, 거장 건축가의 계보를 중심으로 서술되었다. 세 방법은 대상과 관점은 다르지만 시간 축을 빈틈없이 채우는 연대기적 서술이라는 공통점이 있다. 그리고 양식, 기술, 건축가가 주인공이라는 공통점도 있다. 건축의 변화를 읽는 매우 유용한 방식이라 할 수 있다. 하지만 이 방법은 '도시'라는 조연을 간과하는 결점을 안고 있다. 이러한 역사서와 이론서의 일반적인 서술방식에서 벗어나고자 '길'이라는 날실과 '상업건축'이라는 씨실을 '속도'로 엮어 이 책을 만들었다.

'수레-자동차-승강기-온라인'의 시간 축을 따라 길옆의 건축이 어떻게 바뀌어왔는지 여행하고자 했다. 이 여정에서 우리가 잃은 것, 갖고 있으되 그 가치를 모르고 있는 것이 무엇인지를 밝히고자 했다. 지난 반세기 동안 질풍노도처럼 달려온 우리 도시 건축의 대견한 모습, 혹은 일그러진 모습에서 새로운 가능성을 찾기 위해서는 형태와 이미지에 싸여 있는 공간의 심층구조를 읽어내야 한다. 도시와 건축공간은 철학과 미학의 대상이기 전에 삶을 담는 그릇이며 사회 마당이다. 공간 예술로 나아가기 위해서는 공간의 사회문화적 현실을 직시해야 한다.

이 책에서 말하고자 하는 것은 단순하다. 개발과 성장 중독증, 요란하고 얄팍한 디자인이 묘하게 결합된 도시 건축을 뒤돌아보는 것이다. 크고 높은 건물을 많이 지을수록 삶도 풍성해질 것이라는 '건설신화'의 반대편에는, 삶의 공간도 상품처럼 예쁘게 꾸밀 수 있고, 곧 돈이 된다는 '디자인 경제주의'가 있다. 둘은 달라 보이지만 동전의 양면이다. 한쪽은 도시 건축을 너무 위에서 내려다보고, 한쪽은 가까이서 보되 겉만 본다.

우리의 눈높이를 낮추자. 고층건물 꼭대기에서 내려가 길로 걸어가자. 건물의 화장한 얼굴에 현혹되지 말고, 도시의 뒤편, 이면도로에 서 있는 길모퉁이 건축의 창과 문을 열고 들어가자. 주거와 상업, 그리고 문화가 공존하는 중간지대의 중간건축을 탐험해보자.

이 책에는 필자가 학술지에 게재했던 논문이나 신문과 잡지에 기고한 글을 발췌해 정리한 부분도 실었는데 학술논문의 형식에 따라 인용부호를 일일이 표기하는 것이 책의 흐름을 방해한다고 판단해서 부제나 문단의 앞부분에 주석을 달아 이 사실을 밝혔다.

온라인은 집필에 큰 도움을 주었다. 모아두었던 지도와 사진을 다시 확인하는 데 두 사이트가 위력을 발했다. 하나는 정보를 찾아가는 길을 손쉽게 안내한 열린 백과사전 '위키피디아 en.wikipedia.org'이고 하나는 클릭만으로 세계 어디든 날아갈 수 있게 한 '구글어스 http://earth.google.com'였다. 위키피디아의 내용 중 학술적으로 검증이 필요한 것은 원전을 찾아 인용하려고 노력했다. 부득이하게 원전을 찾기가 어려운 경우에는 검색어가 포함된 URL 주소를 주석에서 밝혀 독자가 자료의 신뢰성을 판단하도록 했다. 본문에 등장하는 지명과 건축물명을 영문으로 병기했으니, 독자들은 구글어스의 위성 사진과 전 세계의 사용자들이 올린 사진을 감상하고 비교하기를 권한다.

이 책을 엮는 데 직·간접적으로 도움을 주신 학자, 건축가, 지인들에게 깊은 감사의 말을 전한다. 늘 격려와 도움을 주는 서울시립대학교 건축학부 선배·동료·후배 교수님들과 한솥밥을 먹는다는 것은 커다란 행운이다. 책 집필에 든든한 버팀목이 되어준 현암사 조미현 대표와 날카로우면서도 따뜻한 비평에 덧붙여 글을 다듬어준 김수한 주간, 박민영 님과 편집팀이 없었다면 이 책이 태어나지 않았을 것이다. 책의 그림을 깔끔하고 명쾌하게 탈바꿈시킨 연구실의 설정임, 권태구, 김연록, 김예지, 이명주에게도 고마움을 전한다. 마지막으로 몇 년간의 지루한 집필을 인내로 지켜보면서 용기를 준 친구이자 아내, 최현주에게 이 책을 바친다.

2011년 가을
서울에서 김성홍

차례

여는 글 **006**

Prologue
길과 속도 **016**
　　세상과 만나는 통로 | 네 단계의 속도 | 길과 상업건축

| PART 1 | 수레

chapter 1
길과 광장 **026**
　　길과 건축이 만나는 곳 | 광장의 힘
　　인간과 광장의 공존 | 광장의 주인공

chapter 2
시장과 상점가로 **041**
　　길을 향해 열린 상점건축 | 이슬람 도시의 상점가로
　　조선의 상점가로 | 위기의 시장

chapter 3
쇼윈도, 투명한 거리 **053**
　　상점의 진화 | 작품이 된 상점건축
　　투명해지는 도시

chapter 4
아케이드와 백화점 · **066**

상점의 수평·수직적 확산 | 아케이드가 지닌 공공성의 가치
시대의 아픔과 욕망의 교차점, 백화점 | 백화점, 그 이후

chapter 5
길모퉁이 상점 · **085**

거리 문화의 향수 | 길모퉁이 산책 | 공룡블록과 골목길

| PART 2 | 자동차

chapter 6
신작로와 고속도로 · **104**

미국인의 신작로 | 고속도로와 섬이 된 도시
교외도시 논쟁 | 길에서 멀어진 건축

chapter 7
교외도시와 쇼핑몰 · **121**

쇼핑센터와 쇼핑몰 | 쇼핑몰 속으로 들어간 세상 | 길을 등진 건축
공룡건축의 부메랑

chapter 8
도심 몰 · **136**

슈퍼블록의 최후 | 작고 낮고 낡은 곳의 생명력
도심 상업건축의 매력적인 복원 | 도심 몰, 절반의 성공

chapter 9
〈트루먼 쇼〉, 허상의 도시 · **149**

새로운 도시설계 운동 | 삶이 빠진 화보집의 도시 | 형식주의를 넘어선 지속가능한 도시

chapter 10
대형 할인점 · **161**

할인점의 건축적 특성 | 해외 할인점의 맹목적 이식
길의 불친절한 만남 | 시장의 몰락과 변종 할인점

| PART 3 | 승강기

chapter 11
수직 고속도로 — **176**
    승강기의 등장 | 건물의 중심을 장악한 기계
    초고층 경쟁, 마천루의 도시

chapter 12
높은 건축의 낮은 곳 — **192**
    도시와의 접점, 저층부 | 1층을 비워내고 얻은 공공성
    성공적인 현대의 광장 | 서울 고층건물의 저층부
    승강기 시대의 지하공간

chapter 13
길에서 멀어진 상업공간 — **210**
    너무 높이 올라간 상점 | 상업공간의 과잉 | 길로 내려와야 한다

| PART 4 | 온라인

chapter 14
연결망의 도시 — **224**
    장소를 벗어나 흐르는 도시 | 도시의 관문, 인터페이스 | 온라인 혁명 시대의 도시 건축
    허물어지는 건축의 유형 | 장소, 이제 의미 없는가

chapter 15
온라인@오프라인 — **238**
    인터넷 선두주자, 한국 | 온라인 커뮤니티와 동질문화 | 초고밀도의 도시
    장소의존과 탈장소 | 온라인을 뚫고나온 붉은악마 | 정보화시대의 장소 양면성

chapter 16
이방공간과 역지대 — **255**
    역동과 혁신의 출발 공간 | 이방공간 1번지, 용산 개리슨
    역지대 1번지, 이태원 | 주거의 이방공간, 명품 아파트 단지 | 길이 없는 도시의 섬
    역지대를 삼킨 공룡 민자역사

chapter 17
이면도로의 힘 **277**
    '가로수길' 현상 | 중간지대, 중간문화

    소비자본에 따른 문화의 변화 | 이면도로, 길모퉁이에서 꿈틀대는 문화

Epilogue
저무는 건설한국의 신화 **292**
    일본의 '잃어버린 10년' | 여전한 건설주도형 국가, 한국

    법과 제도, 산업으로서의 건축 | 건설-기술-건축의 새로운 삼각구도

맺는 글
희망의 중간건축 **311**
    건축의 양극화 | 중간건축에 길이 있다 | 주거-상업-문화의 접점

주 **326**
참고문헌 **354**
찾아보기 **369**

Prologue
길과 속도

세상과 만나는 통로

한 인간이 일생 동안 오래 머무르는 곳을 순위로 매긴다면 첫째는 일터, 둘째는 집, 셋째는 길일 것이다. 아침에 일터로 가기 위해, 저녁에 집으로 돌아가기 위해 반드시 거쳐야 하는 곳이 길이다. 재택근무로 방에서 일하는 사람도 있다지만, 대부분은 길을 삶의 터전으로 삼고 살아간다. 노점상과 택시운전사는 길이 없으면 생존할 수 없다.

길은 정치공간이기도 하다. 조선시대 임금은 종로로 걸어나가 백성의 삶을 보듬었다. 죽음의 예식을 치르는 공간도 길이었고, 승리를 축하하는 행렬도 길을 따라 벌어졌다. 지금도 선거철만 되면 정치인이 가장 먼저 나서는 곳이 길이고, 분노와 항거, 열광의 목소리가 가장 먼저 분출되는 곳도 길이다.

검은 힘과 주먹의 각축장도 길이다. 영토 싸움은 길을 경계로 이루어진다. 그래서 길은 조화롭고 안정된 곳이 아니라 늘 갈등이 잠복하고 있는 곳이다. 그러나 갈등을 통제하고 억압하면 공포의 도시가 된다. 말끔

Prologue 길과 속도

나와 세계가 만나는 통로, 길 집이 도시를 향해 드러나는 곳, 도시와 집이 맞닿는 곳, 무목적인 만남이 이루어지는 곳이 길이다. 주택, 상점, 시장, 사무실, 공회당, 강연실이 모여 있는 이탈리아 페루지아(Perugia)의 거리 ⓒ김성홍

히 정돈된 옛 사회주의 도시의 이면에는 폭발할 수밖에 없었던 불만이 숨어 있었다.

또한 길은 상업공간이다. 텔레비전에 방영되었던 〈거상 임상옥〉을 본 분들이라면 제 몸보다 몇 배나 큰 짐을 이고 엄동설한에 고개를 넘고 강을 건너는 상인들을 기억할 것이다. 그들에게 길은 유유자적 거니는 곳이 아니라 위험이 도사리고 있는 생존의 현장이었다. 지금도 경제가 어려우면 가장 먼저 타격을 받는 곳이 시장이다.

길이 만나 거미줄처럼 엮인 연결망이 된다. 중세 유럽의 보부상이 다니던 길은 대륙 내의 상권을 잇는 안전한 도로망이 되었다. 마차가 자주 다니는 길은 포장되었고, 연결망의 거점들은 대도시로 성장했다. 알타이 산맥을 넘어 동유럽에 이르는 거대한 몽골제국도 초원을 질주했던 말의 궤적으로 연결되었다. 칭기즈칸은 이 망을 이용해 제국의 곳곳에 신속하게 전령을 하달했다. 온라인 통신망의 전신前身이다.

무엇보다 길은 나와 세계가 만나는 통로다. 집이 도시를 향해 드러나는 곳, 도시와 집이 맞닿는 곳, 무목적의 만남이 이루어지는 곳이 길이다. 비록 말을 건네지는 않더라도 길 위에서 스쳐 지나가며 서로의 모습, 사고방식, 문화적 암호를 공유한다. 길을 없애면 소통의 공간, 같음과 차이를 느끼는 장소, 기쁨과 분노를 표출하는 마당이 설 자리가 없어진다.

길은 땅에 경제적 가치를 부여한다. 길과 어떻게 만나는가에 땅의 값이 결정된다. 실상 서울 같은 초고밀도 도시에서 건축물의 가치는 창의적 형태나 혁신적 기술보다는 땅값에 좌우된다. 심지어 재개발을 기대하는 곳에서는 건축물의 가치는 거의 인정하지 않고 땅값만 계산한다. 「건축법」에서는 필지筆地로 나눈 토지를 대지垈地라고 하고, 2m 이상이 도로에 면해야 한다고 규정하고 있다.[1] 길이 없는 대지는 눈먼 땅, 즉 맹지盲地가 된다.

건축가가 대지에 집을 짓고 그 집들이 모여 입체적인 길이 완성된다. 큰 건축이 바로 도시이고, 작은 도시가 곧 건축이다. 도시 건축을 어떻게 짓는가에 따라 어떤 길은 걷고 싶은 길이 되고 어떤 길은 황량한 곳이 된다. 그래서 르네상스의 건축가들은 개인의 집을 짓는 것과 길을 만드는 것을 하나라고 보았다.

네 단계의 속도

이 책은 19개의 작은 이야기를 '길-속도-상업건축'이라는 3개의 축으로 엮었다. 바퀴는 인간이 발명한 가장 오래된 이동수단이다. 마찰력을

Prologue 길과 속도

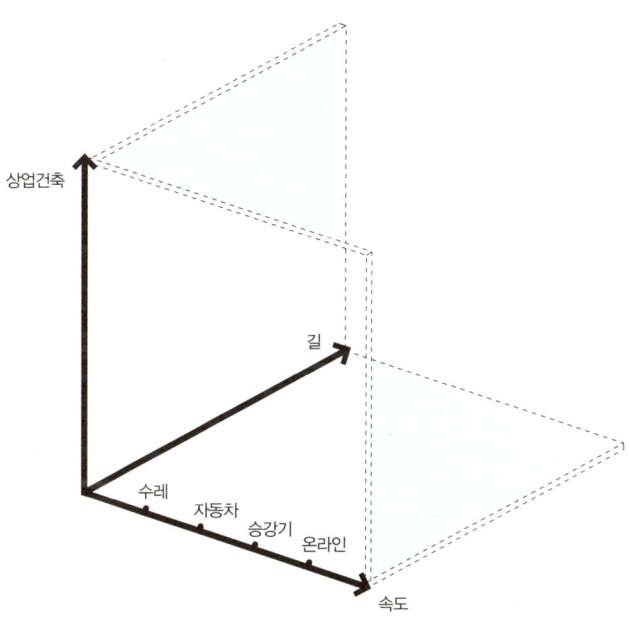

「길모퉁이 건축」을 꿰는 길-속도-상업건축의 축 ⓒ김성홍건축도시연구실

줄이도록 바퀴와 축을 결합해 만든 수레의 등장은 역사의 일대 혁신이었다. 서양역사가들에 따르면 바퀴는 기원전 5천 년 전 메소포타미아에서 옹기장이들이 만들었다고 한다. 폴란드에서 발견된 3천5백 년 전의 도기에는 수레가 그려져 있었고, 중국에서도 이미 2천 년 전에 수레를 사용한 기록이 있다.[2] 수레와 길은 불가분의 관계다. 고대 중국 도시들은 도로 폭을 수레의 대수에 따라 정했고, 동아시아의 다른 도시들도 이에 영향을 받았다. 조선시대 종로는 수레가 7대 정도 지나갈 수 있는 대로大路로 규정해 56척R(약 17.48m)의 폭으로 계획했다.[3] 반면에 대로 이면의 뒷골목은 마차를 피해 서민들이 다니는 곳이라 해서 피맛골이라 불렀다. 수레의 이동이 빈번해지자 들길과 언덕길이 도로로 탈바꿈했다. 기동력과 운송력이 높아지자 전쟁의 전략과 전술도 달라졌다. 사람과 상품의 이동과

019

교류가 촉진되고 도시는 번성했다.

19세기 초 유럽에서 철도가 교통수단이 되자 철도역사驛舍는 도시의 새로운 관문이 되었고, 역 앞 광장은 도시의 현관이 되었다. 여기에서부터 새로운 길이 뻗어나가고 상점가로가 만들어졌다. 그러나 자동차만큼 도시를 흔들어놓은 '기계'는 아직까지 없었다.

기존의 도시는 새로운 발명품인 자동차를 수용할 만한 여력이 없었다. 19세기 말에서 20세기 초 유럽과 미국에서는 도시에 염증을 느낀 사람들이 외곽의 전원으로 탈출하기 시작했다. 고속도로가 건설되자 교외도시는 포도송이처럼 불어났다. 도시 내에서도 변화가 일었다. 차도와 인도가 분리되고 주차장이 생겼다. 법으로 주차장을 의무적으로 규정하자, 땅값이 비싼 도심에서 주차장은 지하로 내려갔다. 중산층이 떠난 도심에는 경제력이 없는 사람들이 남았다. 세금이 줄어들고 재정이 악화되자 도심이 더욱 침체하는 악순환이 계속되었다. 더 큰 문제는 고속도로와 교외도시를 이상적인 모형으로 받아들인 제3세계 도시의 일그러진 모습이다. 화석에너지가 고갈되는 미래에 가장 먼저 타격을 받는 곳은 경제적으로 어려운 나라들일 것이라고 한다. 건축물과 운송수단이 타격을 받는 것보다 더 근본적으로 세계화에 의존했던 먹을거리가 위태로워지기 때문이다.

자동차가 도시의 수평적 변화를 촉진시켰다면, 승강기는 수직적 변화의 주역이었다. 1857년 최초의 승객용 승강기를 선보였을 때만 하더라도 승강기는 화려하게 장식한 마차처럼 상류층을 위한 기호품 정도로 여겨졌다. 그러나 기계 상자에 불과했던 승강기는 철골기술과 함께 마천루를 현실화하는 강력한 수단으로 떠올랐다. 거장 건축가 르 코르뷔지에

Le Corbusier(1887~1965)는 파리의 구도심을 허물고 마천루를 세울 것을 꿈꾸었지만, 대서양 건너편 뉴욕에서 자신의 꿈이 선점되자 맨해튼의 마천루를 격렬히 비판했다. 한편 르 코르뷔지에가 유럽의 역사도시에서 이루지 못한 꿈은 제3세계에서 현실화되었다. 하늘로 마천루가 치솟으면서 지상의 여유로운 땅은 녹지와 공원이 되었다. 산업화 도시에 염증을 느꼈던 사람들은 미래 도시의 대안이라고 반겼다. 하지만 높은 건물 아래의 길은 점차 일상의 삶과 단절되어 갔다.

수레, 자동차, 승강기가 기계적 도구라면, 온라인은 보고 만질 수 없는 매체다. 수레나 자동차의 속도와는 차원이 다른 초공간적 성격을 띠고 있다. 그래서 학자들은 미래의 도시는 장소를 초월하는 모습이 될 것이라고 예측했다. 더 이상 일터로 나가지 않아도 되고 종이책은 사라질 것이라고 보았다. 그러나 현재진행 중인 모바일 정보혁명을 지켜보면 이러한 예측이 들어맞지 않는다. 심지어 온라인의 발달로 오프라인의 활동이 빈번하고, 길과 장소의 중요성이 오히려 커지기도 한다. 온라인에서 만난 사람들은 가상공간에 만족하지 않고 길에서의 소통을 원하고 반대로 오프라인의 활동이 온라인으로 환원되기도 한다.

현재진행형인, 온라인과 오프라인의 대립과 결합은 미래의 우리 도시와 건축을 어떻게 바꿀 것인가?

길과 상업건축

상업은 재화와 서비스를 사고파는 모든 행위를 일컫는다. 동네 시장에서 채소와 식료품을 사고파는 것부터, 첨단무기와 비행기를 국제적으로 거래하는 것까지 모두 상업활동이다. 변호사가 법률을 서비스하는 것도, 건축가가 건물을 설계하는 것도 상업활동이다. 상업은 가장 오랜 삶의 수단 중 하나다. 어떤 역사학자는 15만 년 전부터 상업이 시작되었다고 주장한다. 상업화는 도시화와 동의어이며 상업은 자본주의의 요체다.

하지만 이 책에서는 변호사사무실, 건축사사무실, 금융시장처럼 무형적 지식과 정보를 제공하는 넓은 의미에서의 상업공간보다는 상점과 시장, 백화점과 쇼핑몰, 식당과 커피숍처럼 상품과 서비스를 교환하고 소비하는 좁은 의미의 상업공간에 초점을 두었다.[4]

상업건축은 주거건축과 함께 도시 건축의 양대 축을 이루지만, 우리나라에서는 건축사나 건축이론 양쪽 모두에서 주목을 받지 못하거나 저급하게 취급되었다. 질펀한 시장바닥에서 고함치며 호객하는 사람들, 욕지거리를 퍼부으며 싸우는 사람들, 쏜살같이 밥 나르는 '밥집 아줌마', 술에 만취해 비틀거리는 사람들이 만들어내는 시장은 결코 고상한 곳이 아니기 때문이다.

상업을 천시한 유교적 전통이 아직도 우리 사회의 저변에 깔려 있다. 그런데 역설적으로 다른 어느 나라 못지않게 상업자본이 우리 도시의 경관을 지배한다. 점차 커지고 있는 복합 상업건축은 동네의 작은 상점건축을 서서히 침몰시키고 있다. 상업과 문화가 충돌하면서도 한쪽으로 쏠리지 않을 때 도시는 활기를 띤다. 과연 우리의 도시에서 상업은 문화를 자극하고 있는가?

섣부른 해답을 내놓기 전에 길-속도-상업건축, 이 3개의 축을 따라 거슬러 올라가며 변화의 흔적을 여행하기로 하자. 상업이 발달했던 중세도시는 왜 좁고 꾸불꾸불한지, 성스러운 종교건축과 시장이 어떻게 공존했는지, 아케이드와 백화점은 도시에 어떤 충격을 주었는지, 초대형 쇼핑몰은 도시를 어떻게 변화시켰는지 살피는 여행이 될 것이다. 그 여행에서 돌아오면 도시에 숨어 있는 관성과 변화의 동력이 무엇인지 깨닫게 될 것이다. 자, 이제 상업과 문화의 충돌과 새로운 도시 건축의 가능성이 어디에 있는지 탐침할 시간이다.

바퀴는 인간이 발명한 가장 오랜 이동수단이다. 마찰력을 줄이도록 바퀴와 축을 결합해 만든 수레의 등장은 인류 역사의 일대 혁신이었다. 수레의 이동이 빈번해지자 들길과 언덕길이 도로로 탈바꿈했다. 기동력과 운송력이 높아지자 전쟁의 전략과 전술도 달라졌다. 사람과 상품의 이동과 교류가 촉진되고 도시는 번성했다.

chapter 1

길과 광장

　　가장 원초적인 길은 어떤 모습일까? 바람이 불면 지워지는 사막의 낙타 발자국, 무성한 잡초 위에 난 사람의 발자국처럼 어떤 인공 구조물도 가미되지 않은 사람과 동물의 궤적이다. 하지만 길 하면 이런 자연 상태의 사막, 오솔길 혹은 개활지開豁地보다는 구불구불한 담벼락 뒤로 집들이 올망졸망 서 있는 좁고 아늑한 곳이 떠오른다. 한가운데에서는 아이들이 뛰놀고 모퉁이에서는 동네 어른들이 정담을 나누는 그런 '사회적 마당' 말이다. 건축용어로 '위요감圍繞感, enclosure'이란 말이 있는데, 벽이나 나무로 둘러싸여 생기는 아늑한 느낌을 뜻한다. 길의 위요감을 가장 잘 만드는 것이 건축이다. 바닥은 삶을 담는 그릇이 되고 벽은 삶을 감싸는 울타리가 되기 때문이다.

　　외국서적이 귀했던 30여 년 전 일본의 학자 아시하라 요시노부芦原義信가 쓴 『건축의 외부 공간』이라는 책이 대학가에 교과서처럼 돌았었다.[1]

가장 기억에 남는 내용은 이탈리아 도시의 휘어진 길에는 고색창연한 건축이 도열하고 있는데, 지붕을 덮으면 근사한 실내공간이 될 정도로 길과 건축이 일체화되어 있다는 것이었다. 『김찬삼의 세계여행』이라는 여행화보집이 외국의 풍경을 접하는 유일한 통로였던 때라서 이 말을 이해하기까지는 꽤 오랜 시간이 걸렸다.

1989년, 책에서만 보았던 유럽의 건축물들을 찾아 80일간의 배낭여행을 혼자 떠났다. 이때 일반 관광객의 발길이 뜸한 작은 마을까지 일부러 찾아보았다. 이탈리아 베네치아에서 내륙으로 1시간 정도 들어가면 르네상스의 대표적인 도시 비첸차Vicenza가 있다. 울퉁불퉁한 포도鋪道가 보슬비에 촉촉이 젖어 있던 비첸차 거리에서 아시하라의 말을 되새겨보았다.

길과 건축이 만나는 곳

지붕만 덮으면 길이 실내처럼 될 수 있는 세 가지 이유는 이렇다. 첫째, 길과 건물 바닥의 높이 차가 없기 때문이다. 대문을 열고 들어가 만나는 중정中庭과 열주 뒤의 방들은 계단이나 문턱이 없어 길과 높이가 거의 같다. 이렇게 지으려면 비가 많이 와도 집 안으로 물이 들이치지 않도록 하수구와 배수로를 잘 갖추어야 한다. 비첸차는 우리나라처럼 집중강우가 없는 지역인데도 16세기에 이미 도시의 하부구조를 정비했다는 이야기다.

둘째, 집과 길이 만나는 방식이다. 우리의 전통건축은 길과 직접 만나지 않는다. 마당 한가운데 집이 놓이기 때문에 바깥과 맞대는 것은 보통 담장의 몫이다. 까치발을 해야 들여다보이는 집도 있고, 아예 높은 담으로 에워싸여 안이 보이지 않는 집도 많다. 더구나 사대부가의 안채는 사

이탈리아 비첸차의 길 길의 폭과 높이의 비례는 실내 복도와 비슷하다. 안에서 느끼는 공간감이 밖에서도 재현되는 것이다. ⓒ김성홍

랑채보다 더 깊숙한 곳에 있어서 적어도 2개의 대문을 통과해야 한다. 외벽과 길이 맞닿은 서울 북촌의 한옥은 밀집된 도시에 맞게 전통주택을 변용한 예외적인 경우다. 일제강점기에 집장사들이 좁은 땅에 많은 집을 지으려다 보니 전통건축의 안채만을 분리해 반복하는 도시형 한옥을 생각해낸 것이다.

반면 비첸차의 건축은 길과 직접 대면한다. 서양건축 도면 중에는 건물을 검게 칠한 부분을 상象, figure이라 하고 빈 곳을 배경背景, ground이라 부르는 도시평면도가 있다. 쉽게 조각칼로 도려낸 고무판을 인쇄한 판화라고 생각하면 된다. 비첸차의 도시평면도는 상과 배경을 서로 바꾸어도 구별이 되지 않을 정도로 둘의 크기와 구조가 비슷하다. 음과 양이 얽혀 절묘한 균형을 이루는 것과 같다. 그러니 일본학자는 이탈리아 도시의 길은 지붕만 덮으면 쉽게 내부공간이 될 것 같다는 관찰을 한 것이다. 지중해에서 발트 해에 이르는 유럽 전역에는 이처럼 건축(상)과 길(배경)이 대등한 관계를 유지한 역사도시가 많다.

셋째, 인간적 척도human scale다. 길 폭과 건물 높이의 비례가 적당할 때 사람들은 안온함을 느끼게 되는데, 비첸차의 길 폭과 건물 높이의 비례는 실내의 복도와 천장 높이의 비례와 비슷하다. 건축의 내부에서 느끼는 공간감을 도시 외부에서도 비슷하게 느끼는 것이다. 그런데 비례가 맞더라도 길이 너무 넓거나 건물이 너무 높으면 인간적 척도를 느낄 수 없다. 여의도광장은 폭이 너무 넓어서 횅한 느낌이 들고, 고층아파트 사이의 주차장은 비례는 적당하지만 건물이 너무 높아 위압감이 든다. 반면 비첸차는 절대 치수와 비례, 두 가지 모두 인간적 척도에 가깝다.

우리나라 건축법에는 집과 집은 일정한 거리를 떼고 지어야 한다는 이격거리 규정. 아파트의 동 간격과 높이의 비례는 얼마 이상으로 해야 한다는 인동隣棟간격 규정이 있는데 이를 엄격히 적용해 지으면 서울 북촌의 아기자기한 느낌이나 유럽 거리에서의 위요감을 느낄 수 없다. 알프레드 히치콕Alfred Hitchcock(1899~1980)의 영화 〈이창Rear Window〉에서는 뉴욕의 한 아파트의 중정을 사이에 두고 주인공이 망원경으로 우연히 이웃집을 엿보게 된다. 중정은 좁지만 아늑한 동네의 정취를 풍긴다. 유감스럽게도 이격거리와 인동간격 규정 때문에 우리나라 도시 건축에서는 히치콕의 이창과 같은 광경을 볼 수 없다.

비첸차가 위 세 가지를 모두 가졌던 비결은 개인의 집과 공공의 길에 대한 사회적 합의였다. 비첸차의 휘어진 길과 면한 주택 중에는 르네상스 최고의 건축가 팔라디오Andrea Palladio(1508~1580)가 설계한 팔라초 포르토Palazzo Porto(1552)가 있다. 16세기 당시 도시의 최고 권력자로 성장한 상인 가문의 저택이다. 재벌 총수의 저택이 다른 집들과 비슷하게 벽을 맞대고 있고, 지나가는 사람들이 창문을 올려다볼 수 있다고 생각해보라. 높은 축대로 에워싸이고 주차장 문이 굳게 닫힌 집, 정원수에 가려 보일 듯 말 듯한 집이 우리가 생각하는 부잣집의 전형이 아닌가.

그래서 길 모양을 따라 휘어지게 지은 이탈리아의 대저택을 선뜻 이해하기가 어렵다. 길모퉁이 상업건축도 마찬가지다. 건축은 불규칙한데 간판은 작고 정갈하다. 내 건물에 내가 원하는 간판을 붙이는 데 까다로운 규칙을 정하는 것을 규제라고 생각하는 우리 눈에는 유럽의 상인들이 이상하다. 하지만 건축의 얼굴은 공公과 사私가 만나는 곳으로 내 마음대로 할 수 있는 것은 아니라는 것이 그들의 생각이다.

이탈리아 시에나 전경 시에나는 적의 침입을 막기 위해 구릉지 위에 세워진 고대도시다. 등고선을 따라 난 좁은 골목길은 보일 듯 말 듯 좁고 구불구불하다. ⓒ김성홍

광장의 힘

길이 넓어지면 광장이 된다. 길은 광장으로 모이고, 광장에서 길이 뻗어 나간다. 이탈리아 중부의 시에나 Siena로 내려가보자. 가장 높은 교회의 첨탑 위에서 내려다보면 도시는 온통 붉은 지붕으로 덮여 있다. 적의 침입을 막기 위해 구릉지 위에 도시를 세웠는데 등고선을 따라 길과 건물을 배치했다. 오랜 시간을 거치면서 도시는 변형을 거듭했지만 좁고 구

시에나의 골목길 높은 집들로 가려진 길에 서면 우물 속에 갇힌 느낌이다. 가끔 멀리 보이는 교회의 첨탑이 내 위치를 어렴풋이 알려주지만 길모퉁이를 돌아서는 순간 길을 잃는다. ⓒ김성홍

불구불한 골목길은 여전히 남아 있다.

비첸차와 달리 시에나는 어두운 계곡 같다. 골목길 사이로 살짝 보이는 교회의 첨탑이 내 위치를 어렴풋이 알려주지만 길모퉁이를 돌아서는 순간 길을 잃는다. 이렇게 헤매다가 나타나는 시청 앞 광장은 예기치 않은 반전이다. 어두운 터널을 통과한 순간 느끼는 눈부심과 자연스럽게 터져나오는 탄성과 같은 것이다. 조가비 모양의 광장은 완만한 경사를 이루고 있는데 꼭짓점에 시청이 있다. 비첸차의 길을 덮으면 건물의 복도가 되는 것처럼 시에나의 광장을 덮으면 거대한 극장이 된다. 경사진 바닥은 1층 객석, 광장을 에워싼 집들은 2층의 객석이 된다. 지금도 이곳

에서는 중세부터 매년 두 차례 개최
돼온 경마 경기Palio가 열리는데, 이
때 경기를 즐기는 군중과 이를 내려
다보는 사람들로 도시는 장관을 이
룬다.

이곳이 바로 유럽 최고의 공공공
간이라는 명예를 얻은 캄포 광장
Piazza del Campo이다. 고대도시인 시에
나는 13세기 초에 도심을 정비하고
시청사를 지었다. 이때 광장의 조가
비 모양을 따라 시청사 벽면을 구부
려 지었다. 비워진 광장과 채우는
건축이 똑같이 중요했기 때문이다.
하지만 모양만으로 캄포 광장이 세
계 최고의 반열에 오른 것은 아니
다. 캄포 광장의 힘은 길과의 연결
망에 있다. 캄포 광장을 지나는 길
은 11갈래나 되며 주변 건물을 관통

시에나의 캄포 광장 길을 헤매다가 나타나는 조가비 모양의 시청 앞 광장은 예기치 않은 반전이다. ⓒ김성홍

하는 통로를 포함하면 더 많다. 우리 몸에 비유하면 세포에 여러 실핏줄
이 연결된 셈이다. 핏줄이 없으면 세포가 죽듯이 길이 지나가지 않는 광
장은 죽은 공간이 된다.

캄포 광장은 도시의 종점이 아니라 관류貫流의 공간이다. 실개천이 흐
르다가 굽이치면서 느려지는 곳처럼, 빠른 발걸음을 멈추고 쉬어가는 곳

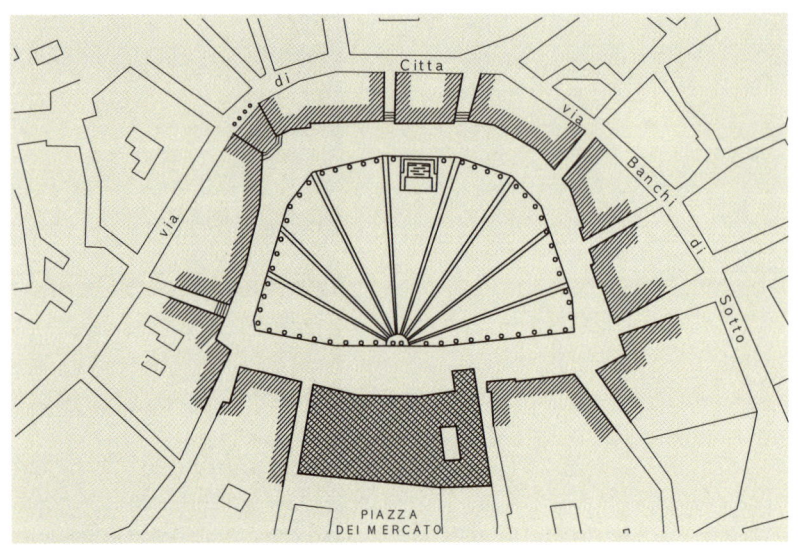

캄포 광장과 길 캄포 광장으로 모인 길은 11갈래나 된다. 광장을 에워싼 건물을 관통하는 내부통로를 포함하면 더 많다. 우리 몸에 비유한다면 많은 실핏줄이 연결된 세포다. ⓒ김성홍건축도시연구실

이다. 시청사는 현재 미술관으로 쓰이고 있는데 굳이 들어가보지 않고 지나쳐도 좋다. 캄포 광장과 쌍을 이루는 대성당광장 Piazza del Duomo 으로 발길을 옮겨보자. 양대 광장이 도심의 등뼈를 이루고 골목길이 거미줄처럼 둘을 연결한다. 여기에 1층의 상점과 상부의 주택을 결합한 도시 건축이 빽빽이 들어차 있다. 이렇게 종교공간과 정치공간, 상업공간과 주거공간이 광장에 밀집되어 있다. 광장의 힘은 다채로운 삶을 담는 건축이 모여 있기 때문에 생긴다.

인간과 광장의 공존

광장은 도시의 관문이다. 첨탑을 중심으로 ㄱ자로 꺾여 바다로 열려 있

는 베네치아의 산마르코 광장Piazza San Marco은 해상문화가 유럽 대륙으로 진출하는 입구였다. 베네치아를 침공했던 나폴레옹은 "여기가 유럽의 응접실이다"라고 일성을 올렸다. 광장을 에워싼 건물을 자신의 궁전으로 개조할 정도로 그는 산마르코 광장에 매혹되었다. 파리에서는 볼 수 없는 '사람의 광장'을 만났기 때문일 것이다. 18세기 말 파리에서는 방사형 도로가 교차하는 지점마다 광장을 만들었지만, 광장의 주인공은 상징조형물이었다. 예컨대 콩코르드 광장Place de la Concorde의 중심은 이집트에서 약탈한 오벨리스크가 차지하고 사람들은 주변으로 밀려났다. 나폴레옹은 산마르코 광장에서 사람 냄새 나는 고향, 코르시카 섬의 광장을 떠올렸으리라.

베네치아는 갯벌에 나무 말뚝을 박아 만든 인공 섬이다. 도시를 가로지르는 S자 모양의 대운하가 바다와 만나는 지점에 산마르코 광장이 자리하고 있다. 비첸차의 길에 턱이 없는 것처럼 산마르코 광장과 바다 사이에도 큰 턱이 없다. 위성지도로 보면 베네치아의 표고는 해발 0m로 찰랑거리는 바다 위에 광장이 살짝 얹혀 있는 형상이다. 앞바다의 섬 여러 개가 아드리아 해의 파도를 잠재워준다. 밀물과 강한 바람이 함께하면 '아쿠아 알타(높은 조류)' 때문에 광장이 물에 잠기기도 한다. 산마르코 광장과 건너편의 성당광장을 부교로 잇고 축제를 열 수 있는 것은 땅과 바다를 높이 차 없이 연결했기 때문이다.

도시는 집중의 산물이다. 집중은 응집력을 갖지만 그 속에서 사는 개인은 불편하다. 비첸차, 시에나, 베네치아의 광장, 교회, 시청사와 같은 매력적인 건축을 제외한 개인의 집들은 단순하고 반복적이다. 좁은 계단을 따라 올라가면 실내는 어둡고 반대편 집 안이 보일 정도로 답답하다.

베네치아의 산마르코 광장 베네치아를 침공했던 나폴레옹은 산마르코 광장에 서서 "여기가 유럽의 응접실이다"라고 일성을 올렸다. ⓒ김성홍

안에서의 불편한 삶을 밖에서의 다채로운 삶이 상쇄한다. 이런 도시에서는 방 속에서 고독을 즐기기보다는 길과 광장에서 타인과 부대끼며 보낼 수밖에 없다. 엄격한 종교적 규범, 고독, 명상, 자기 수련보다는 어울림과 사교적 삶이 충만한 시대가 르네상스였다는 한 건축역사 학자의 해석[2]을 보면 이탈리아에 왜 그리 카페와 식당이 많은지, 이탈리아 사람들이 먹고 이야기하는 데 왜 그리 시간을 많이 보내는지 이해가 간다. 동양에서 온 여행객도 좁은 호텔 안에 머무는 것보다 두 다리로 도시를 느끼고 싶은 유혹을 느끼지 않을 수 없다.

비첸차, 시에나, 베네치아의 구도심은 광장을 중심으로 반경 1.5km를 채 넘지 않는다. 광화문 사거리에서 동대문에 이르는 종로 길이의 절반 정도다. 길과 광장으로 들어가면서 우리는 자동차를 버리고 느림의 세계에 순응할 준비를 한다. 지도에 잘 나타나지 않는 작은 광장을 찾아가려면 온전히 두 다리에 의존해야 한다. 등줄기로 흐르는 땀을 식히기 위해 광장의 그늘에 앉으면 나른한 피로와 함께 도시가 온몸으로 느껴진다. 걷는 수고를 받아들이고 얻은 뿌듯함이다.

이 도시의 사람들은 이동의 불편을 감수하는 대신 적들의 위협으로부터 보호받으며, 단단한 결속력을 얻을 수 있었다. 광장에서 벌어지는 축제로 세속적 연대를 확인하고, 대성당 앞 광장을 걸으면서는 신의 축복을 받을 수 있었다. 인간과 광장의 아름다운 공존이었다.

광장의 주인공

2천 년 역사의 비첸차, 시에나, 베네치아는 한때 상업이 번성했다는 공통점이 있다. 이탈리아가 강력한 통일국가가 되지 못했기 때문에 지방의 거점도시는 오히려 자율성을 누렸다. 외부의 위협으로부터 종교적 행위와 세속적 상업활동을 보호한 결과, 길과 광장은 안전하고 활력이 넘쳤다.

하지만 현대 도시는 침략을 피하는 은신처도 아니고, 신의 은총을 받기 위해 모인 곳도 아니다. 침략자도 없는 도성 안에 묶여 살 필요가 없어졌다. 먹고살기 위해서는 오히려 도시 밖으로 나가야 한다. 길 대신 고속도로를 건설해야 하고, 광장 대신 주차장을 만들어야 한다. 공장과 아파트도 지어야 한다.

비첸차, 시에나, 베네치아와 같은 유럽의 역사도시는 산업화와 도시화 과정의 급격한 변화를 피하면서 옛것의 가치를 알아차릴 시간적 여유가 있었다. 길과 광장을 원형대로 보존하지는 못했지만 그렇다고 쓸어버리지도 않았다. 반복되는 전쟁에도 살아남았다. 제2차 세계대전 당시 연합군은 군사요충지인 파도바를 집중 폭격했지만 베네치아는 손대지 않았다. 비첸차도 세계대전의 격전지였지만 구도심은 파괴되지 않았다.

사실 비첸차는 수출을 주도하는 이탈리아의 3대 공업도시다. 구도심을 감싸는 여러 겹의 환상環狀 도로 밖으로 산업단지가 들어서 있다. 베네치아도 마찬가지다. 섬에 들어가려면 섬의 2배도 넘는 항만단지를 지나 바다에 건설한 철교를 달리는 기차를 타거나 배를 타고 들어가야 한다. 부둣가의 컨테이너와 굴뚝 공장이 산마르코 광장을 대신해 베네치아의 관문이 되었다. 구도심 전체가 유네스코의 세계문화유산으로 지정된 시에나는 그 자체가 주요 관광산업 상품이 되었다. 해마다 여름이면 유럽의 북부나 아시아에서 몰려오는 관광객으로 광장은 북새통이 된다.

로마의 나보나 광장을 에워싼 주상복합건축 건축의 바닥은 삶을 담는 그릇 역할을 하고 건축의 벽은 이어져서 광장을 감싸는 울타리가 된다. ⓒ김성홍

 길과 광장을 예찬한 많은 역사학자와 도시계획 전문가들은 무미건조한 산업도시를 비판한다. 혹자는 옛 모습으로 돌아가기를 바란다. 하지만 역설적으로 길과 광장은 배후 산업단지의 수혈로 살아남았고, 내키지 않겠지만 타지 사람들이 뿌리는 돈으로 유지된다. 관광객으로 붐비는 비첸차의 캄포 광장과 베네치아의 산마르코 광장은 더 이상 도시공동체의 중심이 아니다.
 개발과 보존, 복고적 낭만과 저급한 상업주의 사이에서 길과 광장의 현재와 미래가 절충점을 찾는 것은 단순치 않다. 그 균형이 깨지는 순간

베이징의 아름다운 골목동네 후통胡桐이 그랬듯 불도저 앞에 순식간에 사라지거나, 무늬만 전통이고 내용은 먹거리 장터를 벗어나지 못한 채 세금만 먹는 국내의 숱한 관광단지처럼 전락한다.

chapter 2   시장과 상점가로

　　조선 후기 한양에는 큰 시장이 둘 있었는데 숭례문 밖 칠패七牌와 흥인문 안의 이현梨峴이다. 칠패는 그 흔적이 사라졌지만 이현은 동대문시장의 전신이 되었다. 두 시장은 한강 뱃길을 따라 실어오는 곡식이나 생선, 도성 밖에서 재배한 채소나 도축한 고기를 들여오는 길목에 있었다. 반면 도성 안에는 일찍이 시전市廛이 자리하고 있었다. 경제사적으로 보면 시전은 왕실과 사대부 집에 물품을 조달하는 어용상점이고, 시장은 사상私商들의 자유로운 거래공간이었다. 시전은 원재료를 가공해서 만든 고급 완제품을 공급하는 곳이었고, 시장은 도시 외곽에서 재배하거나 생산한 생필품을 그대로 거래하는 곳이었다.

　그렇다면 시전과 시장의 건축적 차이는 무엇일까? 시전은 정부가 길을 따라 세운 행랑行廊, 즉 연쇄 상점가商店街이고, 시장은 상인들이 노상에 세운 임시 구조물이다. 시전은 선線이고 시장은 면面이다. 하지만 이처럼

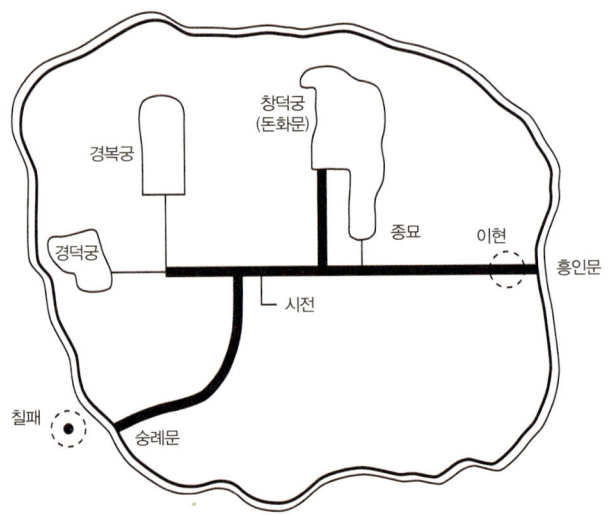

조선시대 시전과 숭례문 밖의 칠패, 흥인문 안의 이현 시전과 달리 시장은 사상들의 자유로운 거래공간이었다. 시전은 선이고 시장은 면이다. ⓒ김성홍건축도시연구실

딱 부러지게 구별이 안 가는 경우도 많다. 상점이 모여 시장이 되고, 시장 옆으로 상점이 뻗어나가기도 한다. 상점은 시장의 부분집합이기도, 교집합이기도 하다.

고려의 개경과 신라의 경주에도 시전이 있었지만 구체적인 모습은 알 수가 없다. 두 도시의 계획에 깊은 영향을 주었던 당나라의 장안長安과 송나라의 카이펑開封에서 상점가와 시장의 관계를 짐작할 뿐이다. 장안의 시장은 성벽으로 에워싸인 격자 구조의 지역이었다. 국가가 상업을 철저히 통제했기 때문에 상인들의 활동공간도 도성 안의 작은 성벽 내부로 한정되어 있었다. 반면 상업이 발달했던 카이펑에서는 종루鐘樓를 기점으로 상점가로商店街路가 뻗어나갔다.³ 사람들로 북적대는 카이펑의 옛 그림을 보면 길을 살아 숨 쉬게 하는 것이 상업이라는 점이 실감난다. 한양의

시전은 격자형 틀 속에 갇혀 있지 않았다는 점에서 카이펑의 상점가로에 가깝다.

그런데 우리나라에서는 상점이 하나의 건축물로 주목을 받고, 건축가가 이를 설계한 경우가 드물었다. 근대화 이전에는 전문직으로서의 건축가가 존재하지도 않았거니와 조선시대 국가가 공인하는 목수가 있었지만 기술과 예술을 종합하는 예술인이라기보다는 기술자에 가까웠다. 최고의 대목수가 지었다고 해도 궁궐이나 사대부가가 아닌 이상 상업건축을 어떻게 지었는지 정확한 기록이 남아 있지 않다. 조선시대 국가가 지었던 시전행랑市廛行廊은 상점으로도 불하했지만 정부의 창고로도 썼던 다목적 도시 건축이었다. 전적으로 상인을 위해 지어준 것이 아니었다. 이 점에서 비록 일제강점기에 세워졌지만 조선인 최초의 건축가로 꼽히는 박길룡朴吉龍(1898~1943)이 설계한 화신백화점은 남대문로의 미쓰코시三越 백화점과 함께 상점건축이 위용을 드러낸 계기였다.[4]

반면 서양사에는 상업건축을 설계한 명망 있는 건축가가 심심찮게 등장한다. 로마의 트라얀 시장Mercatus Traiani (100~112)은 기록에 전하는 가장 오래된 시장이다. 벽돌과 콘크리트로 튼튼하게 지어 그 유적이 아직도 남아 있는데, 로마 황제 트라얀을 추종했던 건축가 아폴로도러스Apollodorus of Damascus가 설계했다.

트라얀 시장은 종교, 정치, 사법, 문화 등 도시 기능이 집약되었던 로마의 중심지였다. 중국에서는 한이 나라를 통일하고, 한반도에는 한사군이 설치되었던 2세기경이었다. 일찍부터 유럽에서 상업건축이 얼마나 중요했는지 알 수 있다. 트라얀 시장은 반원형 모양의 평면인데 중세 때 3층으로 증축을 했다. 시장 안에서는 기름, 포도주, 해산물, 식료품, 채

로마의 트라얀 시장 현존하는 가장 오래된 서양의 상업건축이다. 로마 황제 트라얀을 추종했던 건축가 아폴로도러스가 2세기경에 설계했는데 중세 때 3층으로 증축했다. ⓒ김성홍

소, 과일을 팔았고 상점 위층에는 사무실과 연주 홀도 있었다. 상업과 문화를 복합한 다용도 건축이었다.[5] 한양의 칠패나 이현보다 훨씬 견고한 상업건축물을 몇 세기나 앞서 국가가 지었던 것이다.

길을 향해 열린 상점건축

그런데 수려한 트라얀 시장을 이루는 상점 하나하나는 아주 단순했다. 길을 향해 늘 열린 네모형의 방 모양이다. 손님의 눈길을 끌기 위해 상품이 가득한 좌판을 길에 펼쳐놓고 거래는 대부분 문턱쯤에서 했을 것이다. 다만 비싼 물건, 취향에 따라 골라야 하는 물품은 상점 깊숙한 곳에

진열했을 것이다. 고가의 물품을 거래하는 상점은 아예 내부가 보이지 않았을는지도 모른다. 물건을 살 생각이 확실치 않은 뜨내기는 그 앞에서 주저하지 않았을까?

이런 추측이 옳다면 지금의 상점과 별 차이가 없다. 너저분한 안이 훤히 들여다보이는 재래시장의 채소가게와 매장이 아예 보이지 않는 서울 청담동의 명품점을 비교해보자. 채소가게를 서성이는 것은 자연스럽지만 명품점 앞에서 기웃거리는 것은 불편하다.

채소가게든 명품점이든 상점의 공간구조는 큰 차이가 없다. 허접한 좌판과 깔끔한 쇼윈도를 걷어내면 상점은 결국 길을 향해 열린 단순한 긴 방이다. 고대에서 17세기 말에 이르는 오랜 시간 동안 이처럼 상점은 별 변화가 없었다.

반면 서양건축 역사의 중심에 있는 교회건축의 내부는 진화를 거듭했다. 신에 대한 인간의 무한한 경외를 물리적으로 구현한 것이 교회건축이었으니 서양건축사의 절반은 교회건축사라고 해도 무방하다. 교회건축 다음으로 중요한 것이 공공건축과 주거건축이었는데 중세와 근대를 지나면서 이 두 가지 건축 역시 형태와 공간이 다양해졌다.

상점건축은 17세기까지 단순한 형태로 남아 있었으니 역사학자들이 관심을 갖지 않았던 것은 당연하다. 상업으로 부흥한 르네상스의 도시에서도 건축미학적으로 손꼽는 상업건축이 드문 것은 바로 도시의 세포에 속하는 점포가 지닌 단순 소박함 때문이었다.

서양이 이런데 사농공상의 위계 구조가 철저했던 동아시아에서 상인의 공간을 제대로 평가할 리가 없었다. 시장은 시항市巷, 우리말로 '저잣거리'라고 불렸는데 품격 없고 천하다는 의미가 다분히 배어 있다. '시

정잡배市井雜輩', '시장바닥'이라는 말은 상업공간을 아예 장사치들이 노는 곳으로 폄하했다.

 동서양을 막론하고 시장과 상점의 형태가 크게 변하지 않았던 이유는 무엇일까? 시장과 상점은 길과의 근접성이 생존의 필수조건이었던 탓에 내부공간의 분화가 매우 느릴 수밖에 없었다. 길에서 보이지 않는 상점은 장사가 될 수 없다. 장사는 이른바 '목'이 가장 중요하다. 목이 좋은 곳은 길과 면하는 곳이다. 상가 1층이 가장 비싼 것은 길에 면하는 면적이 가장 넓기 때문이다.

 '길=상점'의 등식은 17세기 말 이후 새로운 '쇼핑'의 개념이 생기면서 깨지기 시작했다. 생활필수품을 사고파는 단순한 '장보기'의 공간에서 소비를 향유하는 공간으로 바뀔 무렵이다. 대표적인 것이 상점을 수평으로 확장하고, 수직으로 적층한 백화점이다. 자동차의 등장과 승강기의 발명은 다양한 형태의 상업건축을 촉진시켰다. 그러나 교통수단이 발달하지 못하고 신용거래가 확고하게 자리 잡지 못했던 때의 상행위는 길에서 이루어질 수밖에 없었다.

 시장과 상점은 인류가 고안한 가장 오래되고 가장 '가로의존적街路依存的' 건축유형이다. 길에 면해야 하기도 하지만 여러 상점이 모여 군집을 이루어야 경쟁력이 생긴다. 예컨대 조선시대 초기, 육의전이 있었던 지금의 종로2가에는 입전(중국산 비단), 은국전(누룩), 흑립전(검은 갓), 은방(은 수공업 작업장), 어물전, 잡곡전이 연쇄적으로 모여 있었다.[6] 왕실과 지배계층의 높은 사람들이 직접 물건을 사러 나오지는 않았겠지만, 그들이 보낸 하인들은 필요한 고급 물건을 '원스톱 쇼핑'할 수 있었다.

 그런데 종로의 시전과 같은 선형線形 배치는 많은 상점을 수용할 수 없는 공간구조적 한계가 있다. 종각을 중심으로 종로와 남대문로가 정자丁字 모양으로 갈라진 길을 따라 시전이 있었는데 뒤편에는 좁은 골목길과 거주지가 있었다. 대로로 상점이 집중되는 구조다. 실제 종로구의 관철동, 서린동, 공평동, 관수동 일대에는 전국에서 가장 기술이 뛰어난 장인들이 집단으로 제품을 만들던 공장이 밀집되어 있었는데 대로변과는 달리 좁고 구불구불한 골목길로 얽혀 있었다.

이슬람 도시의 상점가로

한정된 지역에 좀 더 많은 상점을 밀집시키는 방법은 무엇일까? 상점가로를 여러 겹으로 배치하는 것이다. 지붕을 덮은 이러한 집단 상점가로가 바로 이슬람의 바자bazaar다. 아시아와 유럽이 만나는 터키의 이스탄불에는 세계에서 가장 오래된 바자가 남아 있다.[7] 이스탄불의 바자는 한양의 시전과 비슷한 시기인 15세기 중엽(1455~1461)에 만들어졌고, 16세기에 다시 확장되었는데 무려 58개의 길에 1천2백여 개의 상점이 밀집되어 있다.[8] 바자 안에는 베데스탄bedestan이라는 중정건축이 두 채 있는데 대상隊商의 숙소와 시장, 창고를 복합한 이슬람 도시의 독특한 건축 유형이다. 지붕이 덮인 겹겹의 상점가로가 베데스탄을 에워싸면서 거대한 바자를 이루고 있다.

이스탄불의 바자는 톱카프 궁전, 소피아 성당과 함께 이스탄불 관광에 빼놓을 수 없는 명소다. 도시의 중심에 위치해 있을 뿐만 아니라 궁전과 모스크에서 아주 가깝기도 하다. 콘스탄티노플을 점령하고 오스만제국을 세운 술탄 메호메트Sultan Mehmed 2세(1432~1481)가 가장 먼저 했던 일

이스탄불의 그랜드 바자 한양의 시전과 비슷한 시기인 15세기 중엽에 만들어졌는데 지붕이 덮인 58갈래의 길에 1천2백여 개의 상점이 밀집되어 있다. ⓒ김성홍

이 바자를 건설하고 떠도는 정교회와 가톨릭 신자들을 돌아오게 하는 것이었다. 바자는 단순한 노천 시장이 아니라 궁전과 모스크 못지않게 공을 들인 번듯한 도시 건축이었다. 억말정책抑末政策을 공식적으로 고수했던 조선과 대조적으로 이슬람 도시에서 상업은 천대받지 않았다.

이슬람교 창시자 무함마드Muhammad(570/571~632)는 고아로 삼촌 밑에서 자랐는데, 그의 직업이 바로 상인이었다. 이슬람 도시에서 종교와 상업활동의 동등한 관계는 코란에 명시되어 있다.[9] 봉건사회에 나타난 종교와 상업의 관계를 비교 연구한 한 일본 학자는 동서양의 상인 모두 공통적으로 종교기관의 든든한 후원자였다고 밝히면서 일본 상인이 사찰에 부역과 금전적 기부를 하는 것은 일종의 의무였지만 이슬람 사회에서는 상인들이 후원자이기는 했지만 강제적으로 부역이나 노동을 제공하지는 않았다고 덧붙인다. 상업과 종교가 대등한 관계였다는 이야기다.

메카는 이슬람 순례자의 목적지이자 대상들이 무리를 지어 다니며 행했던 캐러밴caravan 무역의 중심지이기도 했다. 바자는 모스크에 찾아온 순례자들이 여비를 마련하기 위해 물품을 교환했던 시장이며, 여정을 풀었던 숙소이자 정보교환의 장이었다. 이슬람 도시에서 모스크와 함께 공공적 기능을 담당했던 것이다. 바자에서 거래하는 주요 상품은 비단, 금, 보석 같은 고급 물품이었고, 밤에는 문을 닫고 경비가 지킬 정도로 왕실의 보호를 받았다. 성문에서 도시 중심에 이르는 길 역시 상점이 즐비했는데 외곽에서 중심으로 갈수록 거래품의 종류와 질이 높았다. 즉 성문 근처에서는 농산품이나 가축, 중심에서는 비단과 보석을 거래했던 것처럼 도심에서 얼마나 떨어져 있는가에 따라 거래하는 상품의 가공도와 세련도의 차이가 나타났다.

조선의 상점가로

주거와 상업은 도시의 양대 핵심 기능이다. 주택과 상업건축이 견고하게 형성된 도시에서 종교건축과 공공건축이 빛을 발한다. 역사와 브랜드를 내세우는 도시 중에 주거와 상업건축이 건실하지 않은 곳은 드물다.

그런데 성리학적 규범에 충실했던 조선시대 한양은 수려하고 위엄을 갖춘 궁궐과 관아, 종묘와 사직, 사대부의 집들에 비해 서민들의 일상이 펼쳐지는 시장과 상점은 초라한 모습이었다.

초라한 시전의 모습은 기록에도 전한다. 세종 11년(1429) 박서생朴瑞生이

통신사로 일본을 다녀와 다음과 같이 건의한다.[10]

> 일본의 시장 상인들은 각기 처마 아래에다 널빤지로 층루層樓를 만들고 물건들을 그 위에 두니 먼지가 묻지 않을 뿐 아니라 사람들이 쉽게 이를 보고 살 수 있는 반면, 우리나라 시전은 물품을 진토塵土 위에 그대로 두어 앉거나 밟거나 하는 경우가 있으니 운종가에서 누문까지, 종루에서 광통교까지 시전행랑에 모두 보첨補簷을 달아내고 그 아래에 물건들을 진열해놓을 층루를 만들고 편액扁額을 달아서 쉽게 알아볼 수 있도록 하소서.

상점 앞에 간판과 차양을 달고, 땅바닥에 펼쳐놓은 물건을 가판대에 가지런히 정리하자는 것이다. 이렇게 시시콜콜한 점까지 임금에게 건의한 것을 보면 세종이 국가 경영에 필요한 세세한 곳에도 관심을 기울였음을 짐작할 수 있다. 어쨌든 건국의 융성한 기운이 돌았던 시기였지만 통신사의 눈에 비친 수도 한양의 상업가로는 깔보았던 일본의 도시보다 못했던가 보다.

초라한 시전건축의 모습은 구한말까지 계속되었다. 더구나 조선 후기에는 정부의 통제권을 벗어난 상인들이 넓은 종로 거리에 무허가 상점인 가가假家를 짓기 시작했는데 지금의 종로와 남대문로 양측의 가늘고 불규칙한 필지는 무허가 상점을 짓고 부수고 했던 흔적으로 보인다.

구한말 인천의 청국 조계지에는 2층으로 지은 벽돌조 상점건축이 등장했다. 그러나 청의 세력이 일본에 밀리자 청국식 상점건축은 확산되지 못했다.[11] 반면 한반도를 강점한 일본은 서울 시내 상점을 2층으로 지으라는 정비령을 내린다. 조선 상인은 수백 년간 내려왔던 단층 목구조를 갑자기 2층 상가로 바꾸기 어려웠기 때문에 파산할 수밖에 없었다.[12] 조선 상인을 누르고 상권을 장악하려는 일본 상인을 총독부가 결과적으로 도왔던 것이다. 이런 방식으로 우리 도시의 상점건축은 1층에서 2층으로 뒤늦게 변화하기 시작했다.

조선이 상업을 천대하지 않고, 상업건축을 단층 목구조에서 다른 구조 공법으로 지속적으로 발전시켰더라면 사대문 안의 가로변 풍경은 전혀 다른 모습으로 변했을 것이다. 새집을 짓기 위해 옛것을 완전히 지워버리는 딜레마도 겪지 않았을 것이며, 주거와 상업을 분리하는 서양의 근대 도시계획을 그대로 따를 필요도 없었을 것이다.

위기의 시장

서울 시장의 역사는 도시의 역사에 비해서 짧다. 가장 오래된 칠패와 이현이 어떻게 남대문시장과 동대문시장으로 발전되었는지 고증이 필요하다. 국가가 건설했던 시전행랑의 흔적을 찾기도 어려운데 노천에 세워졌을 것으로 짐작되는 시장의 모습을 복원하기란 더욱 어려울 것이다. 현재 서울에 존재하는 대부분의 시장은 한국전쟁이 끝나고 경제개발과 함께 도시화가 급격히 진행되면서 생겨났다. 농경사회를 벗어나지 못했던 1960년대 이전에 시장은 농촌이나 도시 변두리에서 생산한 농수산물을 모아놓고 교환하는 서민 생활의 중심공간이었다. 산업화와 도시화가 진전되면서 시장은 점차 도시의 한곳에 뿌리 내린 상설시장으로 변해갔다.

시장이 법의 테두리 속으로 들어온 것도 이 무렵이었다. 1961년 당시 「시장법」은 시장을 "시설을 구비하고 구획된 지역에서 매일 다수의 수요자와 공급자가 래집하여 물품의 매매교환을 행하는 장소"로 규정한다. 그 후 「도소매진흥법」을 거쳐 「유통산업발전법」 안으로 들어갔지만 법적으로 '시장'이라는 말은 사라졌다. 「재래시장 및 상점가 육성을 위한 특별법」에서는 '재래'라는 딱지가 붙어 '상점가'와 함께 침체되고 낙후된 지역의 대명사가 되었다. 1990년대 이후 기업형 유통매장과 온라인 쇼핑이 등장하자 시장은 법으로 보호하고 육성해야 하는 대상이 되었던 것이다.

2004년 현재 우리나라에는 1천6백여 개의 재래시장이 있고, 그 안에 점포 22만여 개가 있지만 매년 줄어들고 있다.[13] 시장이 다루는 품목도 채소, 생선, 육류와 이를 가공한 식품류가 주종이다. 단순히 상품을 사는 것에서 여가와 문화를 복합한 '쇼핑'이 중산층의 일상에 깊숙이 들어오면서 시장이 설 자리는 점차 좁아진다. 동네 주변의 상점가로도 쇠퇴하고 있다. 2, 3층 상가에 들어가 있던 식당, 빵집, 술집, 옷가게, 부동산, 약국은 대형 할인점의 흡인력에 빨려 들어가거나 말끔히 단장한 체인점, 편의점에 밀려나고 있다. 전통적 시장과 상점가로에서 빠져나온 상업공간은 '쇼핑', '여가', '문화'의 옷을 입고 여러 갈래로 진화하는 중이다.

역사에서 '만약'이라는 가정은 성립되지 않지만, 서울의 상점과 시장이 견고한 도시 건축으로 지어졌다면 '재래'라는 딱지를 붙여 쉽게 부숴버릴 수 있는 대상이 되었을까?

chapter 3

쇼윈도, 투명한 거리

── 건축역사상 가장 혁신적인 구조공법을 꼽으라면 단연 철근콘크리트다. 우리나라 사람의 절반 이상이 살고 있는 아파트를 포함해 학교, 사무실, 상점 등 대부분의 건물을 이 공법으로 짓는다. 콘크리트는 누르는 힘(압축력)에는 강하나 당기는 힘(인장력)에는 약해서 뒤틀면 쉽게 부서진다. 반면 철근은 인장력에는 강하나 압축력에는 약해 잘 구부러진다. 철근과 콘크리트의 장점과 단점을 보완한 구조가 바로 철근콘크리트다.

화산재와 석회를 섞어 만든 콘크리트는 로마시대부터 있었지만 시멘트, 모래, 자갈을 물에 섞어 굳힌 근대적 콘크리트는 19세기 초에 발명되었다. 여기에다 철망을 넣은 철근콘크리트를 19세기 중반 프랑스에서 개발하면서 본격적인 철근콘크리트가 되었다. 서양 건축역사를 통틀어 가장 극적인 전환점인 모더니즘은 철근콘크리트가 그 씨를 뿌렸다고 해도 과언이 아니다. 건물의 바닥판과 천장을 평평하게 할 수 있게 되었고 기둥이 없는 넓고 유연한 내부공간을 만들 수 있게 되었다. 육중한 벽면에도 큰 창과 문을 낼 수 있었다.

건축혁명을 이끈 동인動因을 하나 더 꼽으라면 판유리의 발명이다. 인류가 유리를 만들기 시작한 시점은 정확치 않지만 고대 메소포타미아와 이집트에서 유리가 출토되었다. 기원전 2세기경 것으로 추정되는 유리제품이 우리나라에서도 출토된 것을 보면, 기원전에 이미 유리 제조법이 전 세계에 광범위하게 퍼졌음을 알 수 있다.[14] 그러나 불순물을 없앤 유리의 원재료를 녹여서 평평하게 펼 수 있게 된 것은 11세기였다. 먼저 유리의 원재료를 고온으로 녹여서 공 모양으로 분 다음 회전시켜 원통형으로 만들고 식기 전에 원통형 유리를 잘라 평평하게 펴는 방법을 썼다. 이러한 신기술은 독일에서 발명됐고, 13세기 베네치아의 가공기술은 최고도에 달했다. 17세기 말에는 건물의 창에 쓸 만한 대형 판유리를 제작했고, 19세기 중반에는 지름이 1.5m가 넘는 판유리를 생산했다.[15]

대형 판유리와 철근콘크리트 구조를 결합하면 근대건축의 구축술構築術(구법構法)이 된다. 새로운 산업생산물을 이용한 종합예술을 지향했던 독일의 예술학교, 바우하우스Bauhaus(1925~1926, Dessau)는 초대 교장이었던 발터 그로피우스Walter Gropius(1883~1969)가 직접 설계했다. 지금은 단순한 상자 형태로 새로울 것이 없어 보이지만 당시에는 장식적인 고전건축에 반기를 든 혁신적인 건축이었다. 건물을 지탱하는 철근콘크리트 기둥을 ㄱ자로 꺾인 모서리 안으로 밀어넣고 유리로 이를 감싸는 방식인데, 둔중한 벽과 기둥이 건물을 지지하고 벽의 일부를 뚫어 창을 내었던 고전건축과는 다른 획기적인 구조였다. 속이 훤히 들여다보이는 바우하우스의 투명창은 벽에서 해방된 서양건축의 성과를 과시한다.

무엇보다 유리의 덕을 가장 많이 본 것은 상점건축이었다. 판유리가 없었던 시대에 상점은 늘 열려 있었고 가판대가 안팎에 적당히 걸쳐 있었다. 그러나 문을 닫으면 안을 잘 볼 수 없었다. 상점의 얼굴이 마침내 투명한 판유리로 대체되자 거리의 풍경이 바뀌기 시작했다. 쇼윈도의 등장이었다.

상점의 진화

쇼윈도와 상점건축을 이야기하기 전에 살펴볼 사람이 있다. 제2차 세계대전 후 역사학의 새로운 지평을 열었던 아날학파Annales School의 거두 페르낭 브로델Fernand Braudel(1902~1985)이다. 브로델의 저서 『물질문명과 자본주의Civilization and Capitalism 15th~18th Century』는 세 권으로 엮였는데 산업사회 이전 유럽의 역사를 사회경제적 관점에서 쓴 역작이다. 주류의 정치사와 사건 중심의 기존 역사관과 차별된 브로델의 연구는 음식, 패션, 관습 같은 일상사에 관한 치밀한 자료에 바탕을 두고 있다. 그는 주류사회의 변방으로 밀려난 노예, 농노, 소작인, 도시빈민을 애정 어린 시선으로 조명했고, 이들이 유럽사회 부의 토대가 되었다는 것을 역설했다.

12세기 이후 유럽 자본주의 경제가 주기를 띠고 발전했는데 13~15세기에는 베네치아와 제노바, 16세기에는 벨기에의 앤트워프, 16~18세기는 암스테르담, 18~19세기는 런던이 각 주기의 중심 도시였다는 것이 브로델의 주장이다.[16] 이를 뒷받침하기 위해 브로델은 제2권 『상업의 수레바퀴The Wheels of Commerce』에서 물건을 수레에 가득 싣고 베네치아를 출발한 보부상들이 어느 도시를 거쳐, 얼마 동안, 무엇을 팔면서, 어떻게 바다를 건너 영국까지 건너갔는지를 꼼꼼한 수치와 통계자료를 통해 보여준다. 물품의 교환, 사람의 교류를 통해 본 새로운 도시의 발달사가 흥미진진하다.

브로델의 연구에 의하면 중세의 상점 주인은 물건을 생산한 같은 장소에서 물건을 팔았던 '장인匠人'이었다. 이들의 활동이 미치지 못하는 곳은 발품을 팔았던 보부상들의 몫이었다. 로마제국이 쇠퇴한 11세기경이 되자 도시를 옮겨 다니던 보부상들이 도시에 정착하기 시작했다. 그러나 아직 상점은 시장으로부터 완전히 독립하지 못한 상태였다. 도시의 행정 관료 입장에서 보면 일정한 구획 안에 모여 있는 시장이 훨씬 통제하기기 쉬웠다. 그래서 장인들은 시장이 서지 않는 기간 동안은 자신의 상점에서 물건을 팔았지만 여전히 시장이 활동 무대였다. 상점은 공장이자 집이었던 것이다.

15~18세기에 이르는 기간에 상점 주인은 '장인'에서 생산자와 소비자를 매개하는 '중개자'로 서서히 변해갔다. 자신이 생산했던 물건만 팔았던 장인과 달리 공급하는 모든 물건이라면 뭐든지 거래하게 되었다. 물물교환 대신 화폐를 사용하는 '자본주의 상인'이 된 것이다. 이들은 도시민이거나 주변의 마을에 정착한 사람들이었다.

17~18세기에 이르러 상점은 도시의 안팎으로 퍼져나갔고, 파는 물건도 전문화되었다. 상업에 종사했던 사람들을 피라미드 구조로 그려보면 상점 주인은 피라미드의 꼭대기에, 가난한 보부상은 아래에 자리 잡았다. 유통망이 확대되고, 개점시간이 정착되면서 도매상, 상인, 소비자 간의 신용이 단단해졌다. 더 중요한 변화는 상점이 사교와 오락의 공간을 겸하기 시작했다는 점이다. 하루하루 필요한 일상용품을 사기 위해 중산

층의 주부가 가는 동네 가게도 있었지만, 귀족부인이 멋을 부리며 소비를 향유하는 부티크도 생겨났던 것이다.

여러 연구들을 종합해볼 때 상점을 둘러싼 세 가지 현상을 이렇게 정리할 수 있다. 첫째, 상점이 일상생활에 필요한 필수품을 파는 곳에서 점차 분화하고 전문화해갔다는 것, 둘째, 상점이 상품 교환 이상의 사교 공간의 성격을 띠었다는 것, 셋째, 상점의 얼굴인 숍프론트shop front가 점점 투명해졌다는 사실이다. 유리창은 17세기 말에 등장했지만 격자형 창틀에 작은 유리를 끼워 넣은 수준이었다. 19세기 초에 이르러 대형 유리생산이 보편화되자 쇼윈도는 거리의 풍경을 바꾸기 시작했다.[17]

작품이 된 상점건축

세 가지 현상이 결합되자 그동안 건축가들이 거들떠보지 않았던 상점건축에 눈을 돌리기 시작했다. 19세기 말에서 20세기 초에 이르는 짧은 기간 동안 유럽에서는 신고전주의와 모더니즘의 다리 역할을 했던 새로운 예술운동, 아르누보Art Nouveau가 불꽃처럼 타올랐었다. 그 절정기는 1890년에서 1905년에 이르는 약 15년간으로 벨기에의 브뤼셀이 중심이었다. 독일에서는 이 운동을 '젊은 스타일'을 뜻하는 유겐트슈틸Jugendstil이라고 불렀다. 꽃, 풀, 나무와 같은 자연의 유기적인 모티프와 자유로운 곡선을 이용해 가구에서 건축에 이르기까지 일상생활의 모든 것을 디자인하고자 했던 아르누보는 철과 유리가 없었다면 태동하지 않았을 것이다. 자유롭게 휘는 가느다란 철과 다양한 문양을 새길 수 있는 유리의 가공법은 밝고 새로운 내부공간을 만드는 동력이 되었다. 상점은 새로운 기술과 디자인을 접목하기에 가장 적합한 도시 건축유형이었는데 아르누보 건축가들이 이를 포착했던 것이다.

보잘것없었던 상점이 시대의 흐름을 주도한 예술운동의 대상이 될 수 있던 것은 자본주의의 발달로 상업의 사회적 위상이 높아지기도 했지만 상점건축의 두 가지 이유 때문이다. 첫째, 벽면의 장식, 가구, 상품의 진열 방법에 개성과 이미지를 총체적으로 실현하는 인테리어 디자인이 적합했기 때문이다. 둘째, 거리를 향해 과감해 드러내는 진열창을 통해 도시를 향한 건축의 메시지를 잘 전달할 수 있었기 때문이다.[18]

아르누보의 대표적인 건축가인 반 데 벨데Henry Van de Velde(1863~1957)와 빅토르 오르타Victor Baron Horta(1861~1947)는 모두 상점건축을 설계했다. 반 데 벨데는 벨기에 출신이지만 생애 대부분을 독일에서 보내면서 독일의 근대건축과 디자인에 깊은 영향을 끼쳤다. 베를린에 있는 하바나 상점Habana-Compagnie(1898)의 내부는 입체감과 생동감이 넘쳤는데 수려한 곡선 장식의 벽면은 배경에 머무르지 않고 진열된 상품과 경쟁하듯 시선을 끌었다. 빅토르 오르타는 철구조와 유리를 실내공간에 과감히 구사한 브뤼셀의 백화점A l' Innovation(1901)을 설계했는데 당시 아르누보 디자인으로 손꼽히는 건물이었다. 아쉽게도 현재는 두 건물 모두 볼 수 없다. 돈과 상품의 흐름처럼 상업건축은 끊임없이 변하고 경제적 가치를 잃으면 사라져버린다. 영원성과 영속성을 본질적으로 추구했던 서양건축에서 상업건축이 주류로 등장하지 못하는 근본적인 이유 중 하나다.

아르누보 상점이 많이 사라진 브뤼셀 거리에서 어렵게 찾아낸 건물은 오르타의 가장 가까운 친구이자 건축가였던 파울 행카Paul Hankar(1859~1901)가 설계한 꽃집이었다. 좌우 대칭의 쇼윈도 사이에 화려한 문이 돋보인다.

아르누보 꽃집 브뤼셀의 거리에서 어렵게 찾은 아르누보 상점건축. 당시 최고의 건축가 빅토르 오르타의 절친한 친구였던 파울 행카가 설계한 꽃집이었다. ⓒ김성홍

식물의 줄기 같기도 동물의 뼈 같기도 한 곡선의 목재 프레임과 유리창, 금으로 된 장식, 상점의 내부를 드러내는 쇼윈도는 거리의 얼굴을 활력 있게 만드는 촉매제였다.

서양건축사에서 모더니즘의 문턱에 서 있는 건축가로 흔히 묘사되는 오스트리아의 아돌프 로스Adolf Loos(1870~1933)도 비엔나의 그라벤Graben 거리에 여러 상점을 설계했다.[19] 장식을 죄악으로 여겼던 로스는 아르누보의 건축가들과는 대조적으로 단순하고 절제된 형태와 재료를 썼지만 쇼윈도를 상점의 내부공간과 거리의 매개체로 썼던 점은 같았다. 그라벤 거리는 로스 이외에도 많은 건축가들이 고급상점을 설계할 정도로 패션의 중심이며, 유럽에서 가장 활력이 넘치는 가로 중 하나다. 1960~1970년대에는 포스트모더니즘 건축으로 알려진 한스 홀라인Hans Hollein(1934~)

오스트리아 비엔나의 그라벤가 그라벤가는 아돌프 로스 이외에도 많은 건축가들이 고급상점을 설계할 정도로 패션의 중심이었다. ⓒ김성홍

한스 홀라인이 설계한 그라벤가의 보석상점들 ⓒ김성홍

이 이 거리에 양초상점과 보석상점을 설계하기도 했다.²⁰

차가운 이성이 지배했던 모더니즘의 여명기에 상업과 문화의 절묘한 결합이 유럽의 가로에 잠시 펼쳐졌던 것이다. 이로부터 상점가로가 건축가들의 관심을 다시 불러일으키기까지는 오랜 시간이 걸렸다. 모더니즘이 정점을 지나 하강하는 1960년대 이후였다. 미국의 대표적 건축가 프랭크 로이드 라이트Frank Lloyd Wright(1867~1959)가 말년에 샌프란시스코에 모리스 상점V.C. Morris Gift shop(1948~1949)을 설계했지만 그의 건축 인생에서 손꼽는 작품은 아니었다. 모더니즘이 추구한 순수성과 추상성은 상업건축과 그다지 어울리지 않았다. 상품과 사람이 주인공이 되고 건축은 배경으로 물러나야 하는 상업의 세계는 자율적 건축세계를 추구했던 근대건축의 거장들이 받아들이기 어려웠다.

투명해지는 도시²¹

우리나라에 근대적 유리제품이 소개된 것은 1876년 이후이고, 첫 유리제조공장이 세워진 것은 1902년이다.²² 일제강점기는 수천 년 동안 내려온 전통 목구조 대신 서양의 블록조적, 철근콘크리트, 일본식 목구조의 혼용구법이 그 자리를 메우던 시기였다. 경성의 옛 사진에 나타난 대부분의 건물에 유리창이 있는 것으로 보아 판유리가 건축에 사용된 것은 건축구법과 밀접한 관계가 있는 것으로 보인다. 한국전쟁 후 우리나라 원료와 기술로 만들어진 최초의 판유리 공장이 인천에 지어진 것이 1957년이었다.²³

봄비를 맞으면서 충무로 걸어갈 때 쇼윈도 그라스엔 눈물이 흘렀다.

떨리는 목소리로 가수 현인(1919~2002)이 불렀던 〈서울야곡〉(1948)의 첫 소절이다. 쇼윈도라는 외래어 때문에 이국적 정취를 풍겼던 이 노래에서는 일제가 남기고 간 근대적 풍경에 대한 동경이 묻어난다. '쇼윈도', 절대 빈곤에 허덕이던 도시에 얼마나 근사하고 낭만적인 말이었던가. 건축의 내부가 도시로 열리기 시작했던 이때는 역설적으로 우리 역사에서 가장 암울한 시기였다.

한국전쟁의 상처가 아직도 가시지 않았던 1963년 봄, 서울 중구 어느 거리의 유리가게 앞을 양복 입은 신사와 지게꾼이 지나간다. 바로 옆에 담뱃가게의 쇼윈도가 삐죽이 내밀고 있다. 아랫부분에는 타일을 붙이고 위에는 어설픈 창문 안에 담뱃갑을 반원으로 진열했고 조그만 구멍을 내어 담배를 팔았다. 내 고향 소읍에도 있던 풍경이었다. 사진의 담뱃가게 옆집인 유리가게는 미세기 창문이었는데 밤이 되면 이런 가게들을 일련 번호를 붙인 덮개로 막았던 기억이 내게도 남아 있다. 사진에서도 밤에 문을 덮으려고 세워둔 덮개가 보인다. 목재 위에 함석판을 붙여 만들었던 이러한 덮개는 점차 철재 셔터로 바뀌었다.

사진에서 보는 1963년 서울의 풍경은 초라했지만 거리는 소박한 인간적 냄새가 난다. 담뱃가게의 앙증맞은 쇼윈도는 보도를 걷는 사람들의 눈높이와 느릿한 속도에 맞춰져 있다. 브뤼셀이나 비엔나의 거리처럼 화려하지는 않지만 그래도 거리는 걷는 사람들이 주인공이었다.

유행가 가사에 '쇼윈도 그라스'가 등장한 지 60여 년이 흐른 지금 서울의 거리는 빈곤의 티를 벗었다. 하지만 이제 쇼윈도는 걷는 사람보다 자

1963년 서울 거리의 쇼윈도
어설픈 창문 안에 담뱃갑을 반원으로 진열했고 조그만 구멍을 내어 담배를 팔았다. 내 고향 작은 소읍에서도 흔한 풍경이었다. ⓒ서울시청

동차 안에 있는 사람들의 시선을 향하고 있다. 유리창이 투명해지고 커지면서 창은 소비공간의 아이콘이 되었다. 커피숍, 부티크, 헤어살롱 등 밖으로 보여주는 것은 상품만이 아니라 상품과 서비스를 소비하는 사람들의 실루엣이다. 봄과 보임의 스펙터클, 쇼윈도의 덕이다.

근대건축 최고의 거장 르 코르뷔지에는 자신이 설계한 '빛나는 도시'의 아파트를 그리면서 꼭대기에 큰 눈을 그려 넣었다. 전원도시를 내려다보는 관조자의 눈이다. 투명함은 근대적 프라이버시의 표현이다. 벽에 구멍을 내고 맑은 유리창을 끼워 넣은 것은 고전건축에서 그리 쉬운 일이 아니었다. 하지만 철과 유리의 발전으로 이를 기술적으로 극복한 지금, 창은 바깥 세계로부터 거리를 유지하는 경계가 된다. 빛과 공기를 받아들이고 막는 장치가 창이라면, 문은 사회적 신분과 문화적 코드를 분화하는 장치다. 창은 밖을 향해 시각적으로 소통할 뿐 아무나 들어오라는 신호는 아니다. 창이 투명할 수 있는 것은 그 경계를 쉽게 넘지 말라

는 암묵적 코드가 들어 있기 때문이다.

조망은 권력이며 돈이다. 여기에 동서양의 차이는 없다. 창이 투명해지고 커질수록 내부와 외부를 가르는 공간의 장벽은 높아진다. 커튼월로 덮인 사무소 꼭대기 층에 있는 기업총수의 방이나 도시가 한눈에 내려다보이는 고층 주상복합건축의 거실을 보라. 거리의 일상을 초월할 수 있기에 창은 얼마든지 투명해질 수 있다. 위에서 열린 창은 아래로 내려오면서 쇼윈도로 바뀐다. 쇼윈도는 모든 사람을 유혹하지만 문은 소비하는 자에게만 열린다. 값비싼 부티크 문을 열고 들어가는 편안함은 돈만으로는 되지 않는다. 소비의 코드에 익숙한 자만이 할 수 있다. 창은 투명해지고 문은 닫히는 역설이다.

넓고 투명한 창의 이미지는 반복 재생산된다. 건축 현상설계의 투시도는 투명창이 지배한다. 요즘 현상설계만을 주로 하는 컴퓨터그래픽 전문가들은 투명창이 없는 설계안은 당선가능성이 적다고 건축가들에게 충고까지 한다고 한다. 모형에서 그래픽으로, 아날로그에서 디지털로 전환되면서 내부를 보여주는 방법으로 건물의 피부가 투명해지는 것이다.

이론상으로 커튼월은 겨울에는 태양열을 흡수하고 여름에는 열을 차단할 수 있다고 하지만 이를 실현하려면 값비싼 건축재료와 기술력이 필요하다. 결국 실제 건설 과정에서는 경제성과 하자 없는 시공을 내세워 재료는 저렴해지고 건축의 디테일은 단순해지면서 이미지는 남고 친환경 기술은 희석된다.

투명한 유리는 거리의 스펙터클을 반사하는 효과도 거둔다. 대중은 공간보다는 이미지를 먼저 읽는다. 서울의 도심에서도, 산자락에서도, 바닷가에서도 건물은 투명해진다. 투명하지만 폐쇄적이다. 관조적 조망자와 소비의 스펙터클은 하나가 되어 도시의 창을 만든다. 쇼윈도는 커지고 문은 작아진다. 쇼윈도는 투명해지고 문은 닫힌다.

chapter 4

아케이드와 백화점

상점의 수평·수직적 확산

외래어 중에는 원래의 뜻과 전혀 다르게 쓰이는 것이 꽤 있는데 '가든'이 '식당'으로 둔갑한 것이야말로 영미권 사람들이 알면 실소를 금치 못할 대표적 예다. '숯불가든'을 다시 영어로 번역하면 전혀 알아들을 수 없는 말이 된다. 이 정도는 아니지만 건축용어 중에도 의미가 변한 외래어가 많은데 '아케이드'도 그중 하나다. 서양건축에서 아치 모양의 지붕을 덮은 길을 아케이드라 한다. 고딕성당의 외벽과 기둥 사이의 측면 공간을 지칭하기도 하지만 주로 상점이 늘어선 길을 말한다.

그런데 우리나라에서는 백화점이나 쇼핑몰의 지하공간을 아케이드라 부른다. 상점이 모여 있다는 점에서 절반은 맞지만 접근이 불편한 지하공간을 아케이드라 할 수는 없다. 아케이드의 핵심은 길과의 연결이다.

우리나라 최초의 아케이드는 1965년에 세운 반도조선 아케이드로 반도호텔과 조선호텔을 연결하는 굽은 통로 양편에 상점이 있는 형태였다. 외국인 관광객을 유치하기 위해 정부가 건설했던 이 건물은 한때 장안의 명물이었지만 1970년 화재로 소실되었다.[24] 그 후 재래시장을 아케이드로 개조하기 전까지 우리나라에서 아케이드는 주로 지하 상업공간을 뜻하는 말로 쓰여왔다.

그렇다면 아케이드는 언제 생겼을까? 서양건축사에는 18세기 말에서 19세기 초 파리에 처음 등장한 것으로 기록되어 있지만, 사실 그 원형은 이슬람의 바자로 거슬러 올라간다. '갤러리gallery', '파사주passage', '콜로네이드colonnade' 등 지역에 따라 여러 이름으로 불렸던 아케이드는 1900년대 초까지 서유럽, 러시아, 미국, 오스트레일리아 등으로 퍼져나갔다. 비와 눈, 추위와 태양을 피할 수 있어 고객을 끌기에 안성맞춤이었으며 거리를 거닐며 쇼핑도 하는 부르주아지 거리 문화를 태동시켰던 것이 바로 아케이드다.

현존하는 대표적 아케이드는 브뤼셀의 갤러리Galeries St. Hubert(1837~1847)와 밀라노의 갤러리Galleria Vittorio Emanuele II(1865~1878)인데 두 곳 모두 옛길을 유리로 덮었다. 시작하는 곳과 끝나는 곳은 시청광장, 성당광장, 대극장광장과 같은 도시의 중요한 결절점이었다. 번잡한 큰길 대신 조용한 실내를 우회 통로로 이용하면서 쇼핑을 할 수 있게 한 것이다.

한편 백화점은 아케이드보다 늦게 등장했는데, 최초의 백화점은 파리의 봉 마르셰Bon Marché(1852)였다. 1860년에서 1870년 사이 파리의 백화점은 화려하고 사치스러운 장식과 새로운 상품 진열 기법으로 사람들의 눈을 휘둥그레지게 했다.[25] 아케이드를 배회하거나 백화점의 화려한 계단을 걸어 올라가면서 시민들은 자본주의가 가져다준 달콤함을 맛보기 시작했다.

미학이론가이자 문화비평가였던 발터 벤야민 Walter Benjamin(1892~1940)은 나치 독일을 탈출하던 중 스페인 국경에서 스스로 목숨을 끊었는데, 그가 남긴 미완의 대작이 바로 '아케이드 프로젝트 Das Passagen-Werk'다. 19세기 파리의 삶에 대한 방대한 글을 모은 것으로 패션, 권태, 꿈의 도시, 사진, 지하무덤, 광고, 매춘, 보들레르 등 일견 관계없어 보이는 주제로 엮여 있다. 벤야민은 진열된 상품이 거리의 산책자 flâneur에게 환영幻影을 일으키는 원천이라고 보았다. 자본주의가 몰고 온 물신주의에 대한 비평이었다. 하지만 논리정연한 철학적 관점으로는 예술 세계를 완전히 설명할 수 없다고 생각했던 벤야민은 아케이드에 대해 가치 판단을 내리기보다는 도시문화를 상징하는 일종의 알레고리(풍유諷喻)로 읽으려고 했다.[26]

19세기 후반은 유럽에서 과거의 왕실과 소수의 귀족에게만 국한되었던 소비문화가 중산층을 향해 열렸던 시기였다. 아케이드와 백화점은 그 욕망을 자극하는 공간이었다. 과거의 상점에서는 사람과 사람 사이의 왁자지껄한 흥정과 거래가 이루어졌다면, 아케이드와 백화점에서는 상품을 바라보는 시선과 욕구가 이를 대체했다. 그래서 벤야민 이후의 문화비평가들은 아케이드와 백화점을 상품이 '물신화物神化'되는 '신전神殿'으로 묘사했다.[27]

아케이드와 백화점은 수세기 동안 큰 변화 없었던 상점건축이 비로소 진화하기 시작한 결과물이었다. 상점의 수평적 확산이 아케이드였다면, 상점을 수직적으로 쌓아올린 것이 백화점이었다. 아케이드를 짓기 위해서 유리와 철의 기술이 필요했다면, 백화점에는 넓은 내부공간을 떠받치는 구조공법과 수직이동을 위한 거대한 계단, 그리고 승강기가 필요했다.

아케이드가 지닌 공공성의 가치

아케이드와 백화점은 각각 독립적 건축유형으로 발전했던 한편 둘이 결합해 복합 상업건축으로 진화했다. 백화점 안으로 아케이드를 끌어들인 제3의 건축유형이 그것이다. 가장 인상 깊은 곳은 모스크바 크렘린Kremlin 옆의 굼GUM(1890~1893) 백화점이다. '굼'은 '중요한 백화점Glavnyi Universalnyi Magazin'이라는 러시아말을 줄인 것이다. 붉은광장을 따라 서 있는, 242m 길이의 이 건물은 러시아의 중세 건축양식과 철골과 유리의 신기술을 결합한 모스크바의 자랑거리였다.

1917년 러시아혁명 당시 이곳에는 1천2백여 개의 상점이 있었다. 1928년 스탈린은 이곳을 혁명정부의 집무실로 썼고 1932년 아내가 자살하자 시신을 이곳에 옮겨두기도 했다. 1953년 다시 백화점으로 재개했는데 물건을 구하고자 줄을 선 사람들이 붉은광장을 가로질러 반대편까지 줄을 섰었다. 러시아의 개방화 이후 민영화된 굼에는 서방세계에서 볼 수 있는 명품가게가 즐비하다. 모스크바에서 빼놓을 수 없는 관광명소이지만 러시아 사람들은 이곳을 "가격 전시장"이라고 조롱한다.[28] 상점이라기보다는 보통 사람들은 도저히 살 수 없는 비싼 물건의 전시장이기 때문이다.

냉전시대에 상업 자본주의의 대척점이었던 모스크바의 심장부에 아케이드와 백화점이 훼손되지 않고 남아 있다는 것은 역설이다. 공산혁명

모스크바 크렘린과 마주한 백화점 굼 붉은광장을 따라 길게 늘어선 굼은 러시아의 중세 건축양식과 철골과 유리의 신기술을 결합하여 모스크바가 자랑하는 건축물이다. ⓒ김성홍

당시 부르주아지 건축은 지탄을 받았겠지만 굼은 소수 엘리트 집단을 위한 상품의 보급 통로이자 서방세계에 사회주의 체제의 건재함을 과시하는 수단으로 살아남았다.

아케이드는 사회주의 도시에서든 자본주의 도시에서든 건축적 가치를 인정받았다. 도시이론가 루이스 멈포드Lewis Mumford(1895~1990)는 19세기 상업건축 중 가치가 있는 것은 아케이드뿐이었다고 했고, 건축학자 버나드 루도프스키Bernard Rudofsky(1905~1988)는 보행자를 위해 가장 좋은 공간이라고 했다. 어니스트 헤밍웨이Ernest Hemingway(1899~1961)와 마크 트웨인Mark Twain(1835~1910) 같은 문인들도 아케이드를 극찬했다.[29] 찬사의 중심에는 공통적으로 아케이드의 공공성이 있다. 부유층을 위한 소비공간이면서도 모든 사람들에게 개방된 곳이었기 때문이다. 이름난 아케이드를 가진 도시는 모두 걷고 싶은 도시라는 공통점이 이를 방증한다.

1870년부터 제1차 세계대전이 일어난 1914년까지 약 40년간 유럽과 미국은 '대형 상업건축'의 전성기였다. 유럽에서는 파리와 런던이 경쟁하듯 대형 백화점과 아케이드를 지었고, 미국에서는 뉴욕과 시카고가 경쟁에 가세했다. 태평양을 가로질러 호주의 시드니도 대영제국의 면모를 세우려고 합류했다. 시드니의 중심에는 블록 하나를 모두 차지하는, 길이 190m, 폭 30m의 쇼핑센터가 있다. 대영제국 여왕의 이름을 딴 빅토리아 여왕건물QVB(Queen Victoria Building)이다.

스코틀랜드 출신의 호주 건축가 맥래George McRae(1858~1923)가 설계했고 1898년 완공되었다.[30] 당시 이 건물은 커피숍, 쇼룸, 콘서트홀, 사무실, 시도서관 등의 복합 용도로 쓰였는데 재단사, 포목상, 미용사, 꽃장수들이 상업활동을 하기에 안성맞춤이었다. 1950년대에 들어서서 건물

시드니의 대표적 아케이드 빅토리아 여왕건물(QVB)의 내부 ⓒ김성홍

이 붕괴될 정도로 쇠락하자 1980년대 중반 대수선을 거쳐 고급 부티크와 브랜드숍이 입점하는 백화점으로 개조했다. 이 때문에 역사적 가치를 훼손한 상업 키치kitsch로 비판받기도 하지만 아치 지붕, 난간과 복도의 철 디테일은 빅토리아 시대의 정교함과 화려함을 재현하고 있다. 4층 높이의 아케이드 실내공간은 블록의 남쪽 끝에서 북쪽 끝까지 이어져 장관을 연출한다.

시드니 도심의 아케이드 시드니 도심에는 역사적 건물을 관통하는 아케이드가 곳곳에 숨어 있다. 돔으로 덮인 긴 건물이 빅토리아 여왕건물(QVB)이다. ⓒ김성홍

1998년 학술회의에 참석하기 위해 시드니에 갔을 때 시청사 앞에서 별 기대를 하지 않고 QVB의 남문으로 들어간 나는 거대한 천장, 밝고 수려한 내부공간의 분위기, 동서남북 방향으로 관통하는 보행로를 거니는 사람들에 압도당했다. 비싼 상업공간이 길과 그렇게 쉽게 연결되어 있다는 사실이 놀라웠다. 더 놀라운 것은 시드니 도심에는 역사적 건물을 관통하는 아케이드가 곳곳에 숨어 있다는 사실이었다.[31] 2000년에 열린 올림픽을 준비하면서 시드니 시는 거대하고 상징적인 건물을 새로 짓지 않고 보행로를 넓히고 품격을 높이는 '거리 만들기' 사업을 한 바 있다. QVB도 그 사업의 하나였다.[32] QVB는 사적영역이되 공적영역과 구분이 없고 사람들의 흐름은 안에서 밖으로, 밖에서 안으로 자연스럽게 이어진다.

토론토의 이튼센터 자동차 중심의 교외 쇼핑몰이 비판을 받는 가운데 성공적인 보행 아케이드로 꼽힌다. ⓒ김성홍

길과 건물 사이의 법적 경계선은 걷는 사람에게는 의미가 없어진다.

아케이드와 백화점을 결합한 성공적 사례로 캐나다 토론토의 이튼센터Eaton Centre도 꼽힌다. '이튼'은 캐나다를 대표하는 백화점 체인으로 1999년 파산했지만 쌓아온 명성 때문에 '이튼'이라는 이름을 그대로 쓰고 있다. 19세기에 지은 백화점을 허물고 1970년대부터 개조한 북미 최초의 도심 복합몰이다. 300여 개의 상점, 백화점, 오피스 건물, 호텔, 아케이드를 합한 연면적은 16만㎡로, 서울 코엑스몰의 1.3배 규모다. 1977년 개장한 이튼센터는 캐나다 동부에서 최대 규모의 상업건축이며 관광객이 가장 많이 찾는 명소가 되었다. 밀라노 갤러리아의 영향을 받아 아케이드를 유리로 덮으면서도 현대적 디자인 감각을 살렸다. 건물에 들어서면 6층 높이의 아케이드로 밝은 빛이 들어온다. 중앙의 승강기를 타고 아케이드를 내려다보면서 위의 사무소로 들어가도록 계획했다.

이튼센터는 도시계획가와 건축가들로부터 길을 등지고 있다는 비판을 받기도 했지만 보행자를 최대한 고려한 점이 돋보인다. 자동차보다는 지하철을 이용하거나 걷는 사람 중심으로 설계해 공공성을 살리려고 했다. 이 건물을 짓기 위해 길을 몇 개 없애기는 했지만 건물 주변 도로를 일반인에게 24시간 개방했다. 그 결과 이튼센터는 자동차 중심의 교외 쇼핑몰이 비판을 받는 가운데 보행 중심의 도심 복합몰로 개조한 가장 성공적인 사례로 꼽힌다.[33]

아케이드는 가깝고도 먼 이웃나라 일본에도 있다. 도쿄나 오사카 같은 대도시뿐만 아니라 지방의 소도시에서도 쉽게 아케이드를 볼 수 있다. 일본의 대표적인 아케이드로는 오사카의 신사이바시 거리心齋橋筋를 꼽는데 남북 방향으로 무려 23개의 블록을 지나갈 정도로 길다. 서울의 광화

오사카 신사이바시 아케이드 무려 23개의 블록을 연결한다. ⓒ김성홍

문 사거리에서 종묘 앞에 이르는 1.6km의 길이에 해당한다. 이곳은 원래 개천을 따라 형성된 상점가로였는데 1960년대에 물길을 메워 상점가로를 형성했고 1997년에는 지붕을 덮어 아케이드로 만들었다. 오사카의 오랜 상점가로가 재개발로 철거되지 않고 살아남았던 것은 보행자들이 자동차가 붐비는 대로를 피해 상업공간으로 활력이 넘치는 이면도로를 선호했기 때문이다. 아케이드 사업 과정에서 상인과 소유주들의 이해관계가 맞아 떨어졌던 것도 이 때문이다.

우리나라에서는 반도조선 아케이드가 불타 없어진 후 다양한 형태로 시장과 상가를 유리나 천으로 덮은 곳이 있었지만 본격적으로 아케이드

PART 1 수레

침체하는 재래시장과 예술공간을 접목한 광주의 대인예술시장 아케이드 아래에 2009년 11월에 열린 '전개圖 프로젝트'의 현수막이 걸려 있다. ⓒ김성홍

란 이름을 내걸고 시장 정비 사업을 실시한 곳은 2000년 중랑구의 우림시장이 처음이다. 할인매장과 대형 마트 때문에 위기를 맞았던 재래시장 상인들이 중랑구청의 지원을 받아 200여 개의 점포가 늘어선 330m의 시장 길을 유리로 덮고 공중화장실을 설치하고, 대형 매장에서 쓰는 쇼핑 카트를 제공했다.³⁴

우림시장 아케이드가 만들어졌을 때 근처에 살았던 나는 주말이면 가족과 이곳을 찾곤 했는데 재래시장의 근사한 부활이 반가우면서도 불과 7백m 안에 있었던 두 개의 대형 할인점과 경쟁해 우림시장이 살아남을 수 있을까 반신반의했다. 그 후 대형 할인점과 기업형 슈퍼마켓SSM이 골목 상권을 위협하는 가운데 우림시장은 부활에 성공한 사례로 언론에 지주 등장했다. 우림시장의 성공 이후 전국에는 재래시장 아케이드 사업이 줄을 이었다. 그러나 현재 추세를 보면 중앙정부나 지자체의 대출 지원과 상인의 자구 노력만으로 우림시장을 포함한 재래시장이 살아남기는

077

일본 군마 현의 마에바시 시 재래시장 아케이드로 말끔히 정비되었지만 한산한 반면 간선도로 옆에 들어선 대형 체인점의 대형 주차장은 북적대었다. ⓒ김성홍

어려워 보인다. 재개발과 재건축 사업으로 주택 유형이 아파트로 바뀌면서 소비자들의 쇼핑 패턴도 자동차 위주의 대량 구매로 바뀌고 있기 때문이다. 우리보다 이 문제를 먼저 경험한 일본의 재래시장도 마찬가지였다. 2004년 도쿄에서 1시간 정도 떨어진 군마 현群馬縣의 현청소재지 마에바시 시前橋市를 방문했을 때 도심의 재래시장은 아케이드로 말끔히 정비되었지만 한산한 반면 간선도로 옆에 들어선 대형 체인점의 대형 주차장은 북적대었다. 단순히 재래시장을 아케이드로 덮는다고 시장이 생존하는 것은 아니다. 재래시장의 위기는 건축 형태의 문제가 아니라 길의 위기이자 유통구조의 위기다. 게다가 우리나라의 산업구조는 영세 상인이 줄어드는 선진국형으로 서서히 전환하고 있다.

시대의 아픔과 욕망의 교차점, 백화점[35]

유럽과 이슬람에서는 아케이드의 역사가 백화점보다 훨씬 앞선다. 반면 우리나라에서는 아케이드보다 백화점이 먼저 수입되었다. 아케이드를 건설하려면 유리지붕을 씌울 만한 2, 3층 높이의 견고한 집합적 도시 건축이 있어야 한다. 반면 백화점은 주변과 독립적으로 세울 수 있는 단일 건축이다. 서울에 처음 등장한 미쓰코시 백화점도 단층 목구조가 대부분이었던 역사도시 서울에 서양건축의 우월성을 과시하듯 세워졌다.

미쓰코시 백화점은 이상의 소설 「날개」에서 주인공이 아내에게 수모를 당한 뒤 주저앉아 지난 세월을 돌아보던 자리이자 박수근 화백을 모델로 한 박완서의 소설 『나목裸木』에서 화가 옥희도가 미군의 초상화를 그렸던 곳이었다. 이곳은 일제강점기와 한국전쟁을 거치면서 수많은 '모던 보이'와 '모던 걸', 룸펜, 문인, 예술가들의 방황과 훼절, 모멸과 생존이 일어났던 현장이었다. 지금은 거대한 주변 건물에 에워싸여 커 보이지 않지만 일제강점기에 경성 사람들에게는 충격과 동경의 대상이었다.

일제강점기 혼마치本町로 불렸던 충무로와 명동에 몰려든 일본 상인들은 조선시대 5백 년 동안 이어져온 상업 중심가로 종로를 급속히 무력화했다. 혼마치에서 성장한 미쓰코시는 1930년 조선은행(한국은행) 맞은편 자리에 지하 1층, 지상 4층의 최초의 근대식 백화점을 지었다. 설계는 미쓰코시 건축사무소의 하야시 고헤이林幸平가 했다. 1백㎡ 미만의 단층 건물이 대부분이었던 당시에 한 층 면적만 1천4백㎡인 이 건물은 초대형이었다. 서울에는 서양인들이 지은 큰 건축물이 있었지만 대부분 일반인이 쉽게 드나들 수 있는 곳은 아니었다. 미쓰코시 정문을 들어서면 거대

미쓰코시 백화점 달구지를 끌고 가는 무기력한 조선인의 뒤에 버티고 있는 미쓰코시 백화점과 조선저축은행의 빛바랜 사진은 얼핏 초현실적 세계처럼 보인다. ⓒ서울시청

한 매장이 좌우로 펼쳐지고 그 뒤로 새하얀 대리석 계단이 4층까지 이어졌다. '어찔어찔'한 승강기는 시골사람들의 구경거리였고 모던 걸은 옥상정원에서 차를 마시면서 맵시를 뽐냈다. 그러나 달구지를 끌고 가는 무기력한 조선인의 뒤에 버티고 있는 미쓰코시와 조선저축은행(제일은행)의 빛바랜 사진은 얼핏 초현실적 세계처럼 보인다.

백화점을 통해 서양을 동경하고 소비문화에 눈을 뜬 것은 일본도 마찬가지였다. 1914년 동경의 니혼바시日本橋에 들어선 미쓰코시 백화점 본점은 런던의 해로즈, 뉴욕의 워너메이커, 파리의 봉 마르셰를 모델로 삼았다. 한쪽에서는 식민지를 경영했지만 다른 한편에서는 서양의 문물을 충분히 소화하지 못한 채 모방하는 수준이었다. 2004년 니혼바시 점에서 미쓰코시 백주년 기념 대형 포스터를 보았는데, 사무라이 복장에 칼을 찬 남자와 기모노를 입고 종종거리는 여인의 모습은 서양에 대한 열등감과 아시아에 대한 우월성이 묘하게 합성된 것으로 보였다.

에밀 졸라가 소설 「부인들의 행복Au Bonheur des Dames」에서 묘사한 것처럼 백화점은 산업화, 도시화, 대량생산, 소비문화의 산물이었다. 그러나 1930년대 서울은 아무것도 자주적으로 성취하지 못한 식민지 도시일 뿐이었다. 백화점은 민간 상업자본으로 지었지만 일제의 치밀한 도시공간 전략에 따라 세워진 식민건축이었다. 조선을 강점한 1910년대 일제는 식민지 경영에 최우선인 은행과 금융건축을 먼저 세웠다. 남대문로 일대에 조선은행을 포함해 6개의 은행이 들어섰다. 1920년대는 2단계로 경성전기회사(한국전력)를 포함한 10여 개의 업무용 건물을 세웠다. 여건이 조성되자 1930년대에 3단계로 미쓰코시와 조지야丁字屋 같은 상업건축이 들어섰던 것이다. 이와 경쟁하고자 조선인 박흥식이 자본을 대고 최초의 조선인 건축가 박길룡이 설계한 화신백화점도 이때 세워졌다.

서양건축사에서 상업건축은 원칙과 규범에 철저했던 고급건축은 아니었지만 도시를 형성하는 가장 중요한 요소였다. 원칙과 규범에 철저했던 고전건축이 해체되기 시작했던 근대도시의 중심에는 백화점과 아케이드가 있었다. 하지만 성리학적 이념이 지배했던 한양에서도 물건을 사고파는 시전행랑은 가장 아랫것들의 공간이었다. 그러니 5백 년 수평도시 위에 갑자기 솟아오른 미쓰코시 백화점을 일반인들이 어떻게 느꼈는지는 짐작할 수 있다. 암울한 현실과 문화적 동경이 교차하는 근대 도시 건축의 상징이었던 미쓰코시는 한국전쟁의 폭격에도 살아남았다. 반면 조선 상인들이 마지막 자존심으로 여겼던 화신백화점은 1987년 도심 재개발

과정에서 건축계의 별 반대 없이 사라져버렸다.

백화점, 그 이후

이처럼 우리나라의 최초의 백화점은 강점자 일본을 통해서 들어온 수입 건축이었고 그 향유자는 일본인과 극소수의 조선인 상류층이었다. 민족 자본이라는 수식어가 따라다니지만 화신백화점 역시 조선총독부의 간접적 도움과 묵인이 없었다면 감히 일본의 거대자본과 경쟁을 할 수 없었을 것이다. 『한국 백화점 역사』에서 김병도와 주영혁은 한국 백화점의 흥망과 변화를 유통산업적, 경영전략적 관점에서 해부한 바 있다.[36] 이 책에 따르면 한국전쟁이 터지자 일본이 세운 백화점은 미 군정청의 관리 하에 피엑스PX(Post Exchange, 군대매점)가 되었다. 해방 후 동화백화점과 중앙백화점으로 잠시 바뀌었던 미쓰코시 백화점과 조지야 백화점 역시 그 길을 걸었다. 반면 화신백화점의 박흥식은 군사혁명정부에서 부정축재자로 낙인이 찍힌 후 재계에서 사라져갔다.

그 후 백화점은 생성기(1962~1973), 도입기(1974~1979), 성장기(1980~1995)를 거쳐 성숙기(1996~현재)에 이른다고 이들은 분석하고 있다. 이 중에서도 1980년대는 백화점업계가 유통업계의 강자로 자리 잡았던 시기다. 1980년대 초반은 동화백화점을 인수한 신세계, 중앙백화점을 인수한 미도파, 백화점 산업에 뛰어든 롯데 등 3대 백화점이 백화점 산업을 삼분하는 안정기였다. 그러나 1980년대 중반 이후 건설업계와 부동산업계가 강남에 중점적으로 백화점을 세우면서 강남과 강북의 경쟁시대를 맞았다.

백화점의 황금기는 서울올림픽이 열렸던 1988년부터 국민소득이 1만 달러를 넘기 이전인 1995년까지로, 이때부터 재벌기업이 백화점에 뛰어들었고 백화점의 직영화가 본격적으로 추진되었다. 점포의 대형화, 다점포화와 더불어 부동산 재벌의 백화점이 도산하고 지방백화점이 성장한 것도 이때였다. 외환위기 이후 유통산업은 새로운 변화를 맞았다. 그동안 지속되었던 백화점, 슈퍼마켓, 재래시장의 삼각 구도가 할인점의 등장으로 경쟁이 치열해지면서 구도가 재편되어 가고 있다. 또한 백화점은 마트, 슈퍼마켓, 편의점, 홈쇼핑, 인터넷쇼핑 등으로 사업을 다각화하고 있다.[37]

2011년 현재 유통업계는 백화점이라는 이름만으로 파악할 수 없을 정도로 다양한 형태의 판매 시설로 분화되고 바뀌고 있다. 그러나 그 내용을 들여다보면 유럽과 미국, 심지어 이 땅에 백화점의 씨앗을 뿌린 일본과 달리 우리나라에서는 최대 재벌기업이 백화점을 정점으로 선단식 구조를 구축하고 있음을 알 수 있다. 백화점은 법적으로는 판매시설의 하나인 소매시장(「건축법」), 혹은 대규모점포(「유통산업발전법」)에 해당되는데 이에 대한 면적과 운영방법에 대한 요건을 관련법에서 규정하고 있다.[38] 롯데와 현대, 그리고 신세계(삼성)의 삼파전이라고 해도 무방한 현재의 각축전은 이러한 법의 규제를 피해 다양한 방법으로 전개되고 있는데 사회적 문제가 되고 있는 기업형 슈퍼마켓 역시 이러한 유통산업의 구조적 문제에 기인한다.

백화점, 대형 마트, 쇼핑센터, 복합쇼핑몰 이외에도 우리 도시에는 다양한 형태와 옷을 입은 판매시설이 존재한다. 여기에다 오락과 여가의 기능을 합친 상업공간이 '복합'이라는 이름으로 도처에 들어서고 있다.

과연 우리 도시에 이렇게 많은 상업공간을 소화할 여력이 있는 것일까? 상업공간의 과잉에 대해서는 뒤에서 자세히 다루기로 하고 잠시 길옆의 작은 상점으로 돌아가기로 하자.

chapter 5

길모퉁이 상점

거리 문화의 향수

20년 전 미국에서 대학원을 다닐 때 한 수업에서 협동과제를 받았다. 동네를 정하고 그곳의 건축과 도시공간, 그리고 그곳 사람들의 삶에 대한 보고서를 작성해야 했다. 3명이 한 조가 되어 샌프란시스코의 노스트리트Noe Street를 대상지로 정하고 여러 차례 조사를 갔다. 주중과 주말, 아침과 저녁에 동네를 어슬렁거리기도 하고 거리에서 만난 사람들과 면담도 했다.

 이 지역은 샌프란시스코의 중심에서 서남쪽으로 곧게 뻗은 길, 마켓스트리트Market Street가 끝나는 지점으로 1906년 샌프란시스코 대지진으로 초토화되었다가 복구되었다. 처음에는 노동자 주택가로 개발되었지만 서서히 고급화해 지금은 전문직업인이나 젊은 부부가 좋아하는 동네가

샌프란시스코의 주택가 노스트리트 노스트리트에는 블록의 모퉁이마다 한번쯤 들어가보고 싶은 식당과 상점이 있다. ⓒ김성홍

되었다.[39] 20세기 초반부터 미국의 여러 도시는 중산층이 교외로 빠져나가면서 공동화 현상을 겪었는데 그중 샌프란시스코는 도심이 살아 있는 몇 안 되는 곳 중 하나다. 샌프란시스코에는 지진에 약한 벽돌 건물을 지을 수 없게 되자 목조 건물이 주류를 이루게 되었다. 창을 밖으로 낸 독특한 모양을 한 베이윈도우 bay window 양식의 주택은 샌프란시스코 관광엽서에 자주 등장할 정도로 명물이 되었다. 노스트리트도 그런 목조주택이 늘어선 운치 있는 동네였다.

노스트리트의 길모퉁이에는 한번쯤 들어가보고 싶은 식당과 상점들이 군데군데 있었다. 화려하지는 않지만 아늑한 정취가 풍기는 식당에서 동네 사람들이 주말 늦은 아침 식사를 즐기면서 담소하는 장면은 오랫동안 뇌리에 남아 있었다. 그 후 나는 가끔씩 노스트리트를 떠올리며 그 길모퉁이 식당의 매력은 어디서 나왔을까 생각해보았다. 은은한 파스텔 색상을 입은 빅토리아 양식의 건축물 때문이었을까? 녹음을 드리우는 가로수, 품격 있는 벤치와 가로등 때문이었을까?

그때 제출했던 보고서에 담았던 도면을 다시 들여다보았다. 독자들도 구글어스를 열어보면서 책 읽기를 권한다. 병기한 영문 지명을 검색창에 치면 인공위성에서 헬기로 갈아타고 착륙하는 것과 같은 묘미를 맛볼 수 있다. 또한 웹사이트의 오른쪽 상단에 있는 자로 치수도 잴 수 있으니 이 책의 내용이 맞는지도 검증할 수 있을 것이다.

도시의 공간과 형태를 구성하는 세포를 도시조직都市組織이라 하는데 길, 블록, 필지, 건축을 일컫는다. 길, 블록, 필지는 평면이고, 건축은 그 위에 서는 입체다('블록block'은 전문용어로 '가구街區'라 하고 가구를 하나하나의 필지로 나누는 것을 '획지劃地'라 한다. 이 책에서는 '가구'라는 우리말이 독자들에게 혼돈을 줄 수 있어서 '블록'이라는 외래어를 그대로 쓰기로 한다). 노스트리트 주변의 도시조직은 일정한 규칙이 있다. 예컨대 헨리스트리트Henry Street와 만나는 사거리를 중심으로 동서남북 방향의 4개 블록은 가로 175m, 세로 75m의 길쭉한 사각형 모양이고 세로 방향으로는 2켜, 가로 방향으로는 20여 개의 필지로 세분된다. 그 결과 하나의 필지는 폭 8~9m, 깊이 37~38m(면적 약 330m²)의 남북 방향으로 길쭉한 모습을 띤다. 이처럼 비율이 1:4 이상인 좁고 깊은 필지에는 종심형縱深形 집을 지을 수밖에 없다. 종심형 집들은 길을 향해 반복적인 입면立面을 드러내면서도 창, 문, 지붕

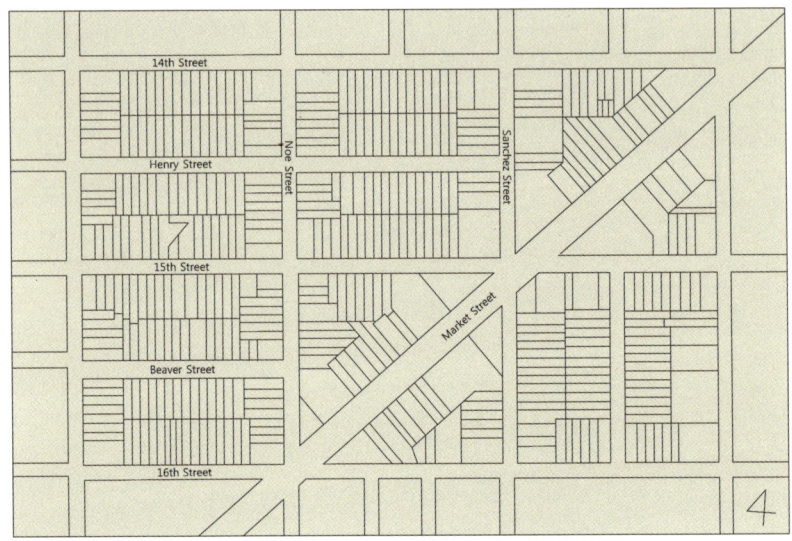

노스트리트의 도시조직 노스트리트의 주변 블록은 가로 방향은 20여 개의 필지로, 세로 방향은 2켜로 나누어진다. 이런 땅에는 폭이 좁고 깊은 종심형 집이 들어설 수밖에 없다. ⓒ김성홍건축도시연구실

의 세세한 모양과 디테일은 개성을 뿜낸다. 이것이 바로 규칙적인 도시 조직 위에 만들어지는 집합적 도시 건축의 원리다.

노스트리트 길모퉁이에서 느끼는 독특한 지역성은 바로 이런 블록-필지-건축의 질서에 바탕을 두고 있다. 게다가 길은 자동차의 통과 동선이라기보다는 동네 사람들의 마당 같은 성격을 띠고 있다. 샌프란시스코의 도시계획가들이 주택가를 관통하는 자동차의 속도를 줄이도록 블록 어귀의 차도는 좁히고 보도는 넓혀 병 모양으로 만들었기 때문이다. 조용한 주택가를 만들기 위해 교통공학에서 문제로 삼는 '병목현상'을 의도한 것이다. 폭이 26m인데 그중 차도가 1/3밖에 되지 않는 여유로운 길을 거닐다가 모퉁이에 서 있는 식당과 상점을 만나게 된다. 이 건물들은 원래부터 상업건물로 지은 것도 있지만 종심형 집을 개조한 경우가 대부

분이다. 길모퉁이 식당과 상점은 도시 속의 시각적, 공간적 마디 지점이 된다. 강물이 굽이치는 곳에는 물길이 깊어지듯이 사람의 발길도 길모퉁이에서 느려진다.

 이에 비해 우리 도시의 집들은 길에서 물러나 거대한 블록 안으로 들어가 있어 집합적인 도시의 얼굴을 만드는 경우가 드물다. 대로변에는 상가가 도열하고 다세대와 다가구주택은 이면의 골목길로 들어간다. 단독주택은 다시 담으로 에워싸여 있어 길과 직접 만나지 않는다. 더구나 집은 전면 폭이 깊이보다 긴 횡장형橫長形 건물이 일반적인데, 필지의 형태가 그렇게 생겼기 때문이다. 그래서 미국의 한 학자는 "서양의 집들은 얼굴을 길로 드러내지만, 동양의 집들은 등을 돌리고 앉아 있다"라고 했을 것이다.[40]

길모퉁이 산책

미국의 사실주의 화가 에드워드 호퍼 Edward Hopper(1882~1967)의 대표작 〈밤을 지새우는 사람들 Nighthawks〉(1942)을 보고 있으면 뉴욕의 길모퉁이에 서서 환한 식당을 들여다보는 것 같은 자신을 발견하게 된다. 식당 안 사람들은 가까이 앉아 있으나 그들 사이에는 묘한 침묵이 흐르고, 나른하고 무기력해 보이기까지 하다. 호퍼가 포착한 고독한 인간의 내면이다. 그러면서도 이 그림은 미국의 도시가 잃어가는 거리 문화의 향수를 불러일으킨다.

 길모퉁이가 모두 낭만적인 것은 아니다. 『길모퉁이 사회 Street Corner Society』(1943)를 쓴 미국의 사회학자 윌리엄 화이트 William Foote Whyte(1914~

에드워드 호퍼의 〈밤을 지새우는 사람들〉 미국 도시가 잃어가는 길모퉁이 건축의 묘한 향수를 불러일으킨다.
ⓒThe Art Institute of Chicago

2000)는 이탈리아 이민자들이 모여 살았던 보스턴의 주택가에 들어가 그들의 삶을 밀착 연구했다.[41] 화이트는 이곳에서 교육을 통해서 수직 신분상승을 하는 부류와, 거리를 방황하며 건달이 되어가는 부류를 발견했다. 성공한 자는 거리를 떠나고 낙오자는 길모퉁이에 남는다. 도시의 어두움과 따뜻함이 공존하는 곳이 길모퉁이다.

미국인들은 도시를 벗어나 넓은 땅과 잘 가꾼 전원의 집에 정착했다. 그러나 주변은 인간미가 탈색된 고속도로와 벌판이었다. 작은 물건을 하나 사려고 해도 자동차를 몰고 황량한 주차장으로 에워싸인 쇼핑몰에 가야 한다. 전원도시에서는 길모퉁이 상점과 식당을 찾아볼 수가 없다. 20세기 중반 미국은 대도시의 외곽에 전원도시를 건설하는 한편 도심 안의 업무지구와 인접한 저소득층의 주거지를 관통하는 고속도로를 건설했다. 도시 인프라를 구축한다는 명분이었지만 골칫거리인 우범지역을 도심으로부터 차단하는 부수적 효과를 노렸다. 이스라엘이 가자지구의 팔레스타인 사람들이 들어오지 못하게 콘크리트 장벽을 쌓는 것보다 더욱 교묘한 도시공학적 분리정책이었다. 이렇게 도시를 갈라놓으면 문제가 해결되는 것 같지만 사실 다양한 삶은 설 자리가 없어진다. 우리 몸의 혈관처럼 도시공간도 막히면 문제가 생긴다. 피가 동맥에서 실핏줄까지 잘 돌아야 사람이 건강하듯, 길이 블록의 깊숙한 곳까지 원활히 이어져야 도시도 건강하다. 고속도로가 거미줄처럼 엮인 대도시나 그 외곽에 포도송이처럼 달려 있던 전원도시에서 느낄 수 없는 거리 문화가 노스트리트의 길모퉁이에는 남아 있었던 것이다.

샌프란시스코의 반대편 미국 동부의 대서양 연안에는 많은 식민도시들이 남아 있는데 그중 조지아 주 사바나Savannah는 유네스코 문화유산으로 지정된 도시다. 그런데 문화유산으로 지정된 이유가 역사적 건축물이나 기념비보다는 독특한 격자형 도시계획 때문이다. 사바나는 대서양과 만나는 강어귀에서 내륙으로 20km 들어간 강변에서 시작되었다. 흥미로운 것은 청교도나 상인들이 세운 북쪽의 도시와 달리 사바나는 신대륙을 점령한 영국군의 야영지로 시작했다는 사실이다.[42] 강을 따라 내륙으로 들어와 상륙한 군대는 강변에 평지를 조성하고 병영과 막사를 배치했다. 이때 군대의 위계조직에 가장 적합한 구조로 격자형을 택했다. 18세기 몽골의 군대가 이동하면서 만든 초대형 유목기지 이흐후레Ikh Khuree, 大圓가 사원을 중심으로 한 원형이었던 점과 비교하면 흥미롭다.

1733년 영국의 장군 오글소프James Oglethorpe(1696~1785)가 세운 사바나는 강을 내려다보는 지역에 4개의 광장과 블록을 기점으로 형성되기 시작

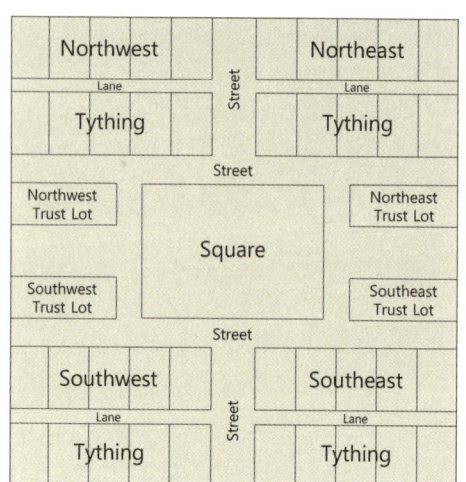

1770년 사바나의 도시계획 사바나의 도시조직은 광장과 공원을 중심으로 좌우에 공공건축을, 네 모서리에 주택가를 배치한 독특한 모습이다. ⓒ김성홍건축도시연구실

했다. 광장의 남북 길이는 약 60m(2백 피트), 동서는 30~90m(1백~3백 피트)로 직사각형이다. 광장은 여러 개의 크고 작은 블록으로 에워싸여 있는데 이 전체를 구區, ward라고 한다. 구의 크기는 210×210m로 정사각형에 가깝다. 앞에서 설명한 샌프란시스코 노스트리트의 블록보다 3배 이상 크다. 광장의 동쪽과 서쪽에는 교회, 학교, 시장과 같은 공공건축을 짓도록 각각 2개의 블록을 구획했다. 광장의 대각선 방향으로는 4개의 블록을 만들었는데, 하나의 블록은 2개의 소블록으로, 소블록은 다시 5개의 필지로 구획했다. 블록을 관통하는 큰 길은 스트리트street, 좁은 길은 레인lane이라고 불렀다. 광장 좌우의 블록에는 공공건축, 네 모서리의 블록에는 주택을 배치하는 도시설계의 수법이다. 이런 방식으로 구가 계속 확장되어 1851년경에는 모두 24개의 광장이 만들어졌다.

사바나는 군대의 병영처럼 계획한 도시이지만 2층 집들이 정렬한 거리를 걸으면 딱딱함보다는 경쾌한 반복과 리듬이 느껴진다. 돌출한 계단

PART 1 수레

미국 사바나의 도심 주택가 영국군의 야영지로 시작한 도시, 사바나의 거리를 걸으면 병영의 획일성보다는 반복과 리듬을 느끼게 된다. ⓒ김성홍

은 물론이고, 멀리서 보기에 비슷비슷하지만 가까이서 보면 저마다의 개성을 지니고 있는 창과 지붕은 즐거운 시각적 운율마저 느끼게 한다. 집이 끝나는 길모퉁이에서 작은 상점이 기다리고 있고, 길모퉁이를 돌면 도심 속의 공원이 반긴다.

샌프란시스코와 사바나, 이 두 도시는 주거와 상업, 사적공간과 공적공간이 자연스럽게 길로 연결되는 공통점이 있다. 사람이 쉬어가는 노스트리트의 길모퉁이에서 차는 멈추어야 한다. 사바나에서 사람은 광장과 공원을 관통하지만 차는 우회전과 좌회전을 반복해야 한다. 길의 주인공은 그 길을 걷는 사람이기 때문이다.

이번에는 대서양을 건너 발트 해를 마주보고 있는 핀란드의 헬싱키로 가보자. 헬싱키 중심가에는 핀란드 최대 일간신문을 발행하고, 출판과 텔레비전 방송을 하는 종합미디어 회사 사노마Sanomatalo 본사 건물이 있다. 1~2층은 로비와 상점, 상층부는 업무공간으로 구성된 복합건물이다. 사면이 도로로 에워싸여 있어 건물 자체가 하나의 블록을 이룬다. 주변에 근대건축의 거장인 에리엘 사리넨Eliel Saarinen(1873~1950)이 설계한 철도역사와 국립박물관, 스티븐 홀Steven Holl(1947~)이 설계한 키아즈마 현대미술관, 퇼뢴 만Töölö Bay 등 헬싱키의 랜드마크가 있다. 사노마의 건축가는 이런 주변 맥락을 고려해 정사각형 평면과 네 지점을 잇는 대각선을 내부공간의 축으로 삼았다. 철도역광장과 국립박물관을 잇는 축에는 1층 출입구를 두고 내부에는 상점과 카페를 배치했다. 호수 쪽으로 향하는 축에는 사노마 본사의 정문을, 키아즈마 현대미술관을 향하는 축에는 경사지의 특성을 살려 2층 출입구를 냈다. 방문객은 이곳으로 들어와 식당과 바를 이용하거나 에스컬레이터를 타고 1층으로 내려갈 수 있다. 두 대각선이 교차하면서 생기는 거대한 삼각형 공간은 9층까지 뚫린 미디어 광장Media Piazza으로 만들었다. 여기에는 일반인에게 개방된 행사, 전시, 음악회가 열린다.

방송과 신문사는 보안을 위해 외부인의 접근을 통제하는 것이 일반적인데 사노마사는 내부공간을 과감히 열어 보행자를 끌어들이는 공간 전략을 구사했다. 사적영역을 공공에 내주는 대신 상업적 이익을 얻은 것이다. 이와 같은 방식으로 헬싱키의 도심에 있는 대형 상업건축에는 길과 길을 잇는 통로가 미로처럼 연결되어 있다. 특히 헬싱키 도심의 등뼈

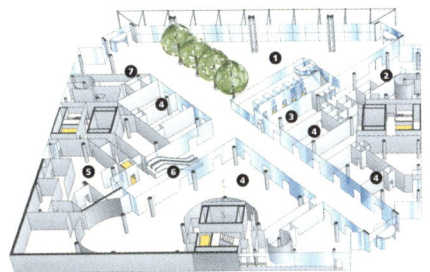

헬싱키 사노마 하우스 사적영역을 공적 통로로 열어주는 대신 보행자를 끌어들여 공공성과 상업성의 절충점을 찾는다. ⓒ김성홍·Sanomatalo

라고 할 수 있는 기다란 공원Esplanadi과 이와 평행인 상업가로Aleksanterinkatu 사이에 있는 백화점과 상점들은 두 공간을 잇는 통로 역할을 한다. 건축의 형태가 곧 블록의 골격이 되는 구조다.

어떻게 이처럼 비싼 땅에 불특정 다수를 위한 길을 내줄 수 있었을까? 헬싱키 도시계획국에서 일하는 한 건축가의 대답은 놀랍다. "헬싱키 땅의 대부분은 국가 소유다. 그 땅 위의 건물은 얼마든지 자유롭고 독창적으로 만들 수 있지만, 시 정부가 세운 도시계획을 따라야 한다. 시 정부는 보행자를 위한 도시공간의 공공성을 중요한 가치로 여긴다. 사노마사가 국가로부터 땅을 구입해서 사옥을 건립할 때도 보행자를 우선하는 공간구성을 권고했을 것이다."43 이처럼 건축과 도시공간을 하나로 엮는 도시설계는 정부의 의지와 노력 없이는 불가능하다. 유럽 도시의 바탕에

헬싱키 도심의 내부통로 헬싱키의 도시 골격은 19세기 중반에 형성되었는데, 큰 건물에는 한쪽 길에서 반대편 길로 연결되는 내부의 통로가 있다. 블록과 도시 건축이 일체화했기 때문이다. ⓒ김성홍

깔린 공공성의 철학을 이해할 때 표피적 형태를 걷어낸 진정한 도시 건축의 의미를 깨닫게 된다. 낮이 짧고 밤이 긴 헬싱키의 겨울이 견딜 만한 것은 바로 길이 살아 있기 때문이다.

공룡블록과 골목길

서울은 어떤가? 자동차가 잘 빠지는 것을 도시계획의 덕목으로 여겼던 1960~1970년대 서울에 육교가 집중적으로 들어섰다. 그러나 2000년대 중반을 지나면서 도시 미관에 대한 시민의 의식 변화와 서울시가 추진했던 청계천 복원이 맞물리면서 육교가 철거되기 시작했다. 2011년 서울시는 서울 시내에 산재한 179개의 육교 중 1/4을 2014년까지 철거하기로 했다.[44]

하지만 여전히 서울에서 길의 주인은 자동차다. 외국인에게 가장 자랑할 만하다는 사대문 안 보행의 거리 명동에서 인사동까지 걸어본 독자라면 길을 걷기가 여간 힘든 일이 아니라는 데에 공감할 것이다. 명동에서 외환은행 본점까지 이어지는 보행로는 즐겁게 내려갈 수 있지만 그 다음부터가 문제다. 서쪽의 을지로입구 지하도로 내려가든지 동쪽의 을지로 2가 사거리 건널목까지 가야 한다. 자동차가 덜 붐비는 을지로 한빛거리로 가려면 반대 방향으로 돌아와야 한다. 장통교를 지나 종로를 만나면 을지로에서와 같은 상황을 반복해야 한다. 그 다음 골목길을 지나 인사동까지 가는 것도 만만치 않다. 서울의 대표적 상점가로 명동과 인사동을 잇는 8백m의 현실이다.

왜 그럴까? 서울은 유럽의 도시처럼 작은 블록이 규칙적으로 모여 이

서울의 육교 자동차가 잘 빠지는 것을 도시계획의 덕목으로 여겼던 1960~1970년대 서울에 육교가 집중적으로 들어섰다. 2000년대 중반을 지나면서 도시 미관에 대한 시민의 의식 변화와 서울시가 추진했던 청계천 복원이 맞물리면서 육교가 철거되기 시작했다. 1966년 당시 신세계백화점 본점 앞 육교 ⓒ서울시청

루어진 도시가 아니다. 서울에서 가장 오래된 도심인 현재 종로타워 뒤쪽 블록은 종각을 기점으로 동서 길이는 380m, 의정국로를 따라 남북 길이 540m인 거대한 삼각형이다. 면적을 비교하면 사바나의 2.5배, 샌프란시스코의 8배의 크기다. 이곳을 가로지르는 태화관길이 있지만 조선시대에는 없던 길이다. 북촌의 정독도서관이 있는 블록의 동서 길이는 450m, 남북 길이는 770m에 달한다. 조선시대부터 도시조직의 골격은 크게 변하지 않았던 서울은 이처럼 거대블록으로 이루어졌다.

조선시대 서울에는 궁궐과 관아를 제외한 집들이 물길과 자연지형을 따라 들어섰고, 상점건축인 시전행랑이 이런 거대한 지역을 에워쌌다. 겉과 안을 만드는 공간의 논리와 질서가 달랐던 것이다. 사대부 집들은 길에 면한 것이 아니라 대로에서 깊숙이 들어간 곳에 담이나 행랑채로 에워싸이고, 그 안에서 풍수지리나 음향오행과 같은 우주론적 질서에 따라 좌향이 정해졌다. 반면 길에 면한 시전은 불규칙한 도시의 내부를 감싸는 병풍 역할을 했다.

이러한 거대블록이 강북의 도심에서만 있는 것이 아니다. 1970년대 이

후 근대적 도시계획에 의해 만들어진 강남에서도 마찬가지다. 강남역을 기점으로 북쪽의 논현역까지는 750m, 동쪽의 역삼역까지는 850m에 이른다. 이 안을 관통하는 직선 도로는 거의 없다. 무려 사바나의 15배, 샌프란시스코의 47배 크기다. 세계 주요도시인 뉴욕, 런던, 파리, 도쿄, 베이징의 도심과 비교해도 이처럼 큰 블록은 찾기가 어렵다. 서울은 공룡블록의 도시다.

한국의 근대 도시계획가들은 강남에 왜 이런 공룡블록을 만들었을까? 1970년부터 1977년까지 서울시의 요직을 역임하고, 서울의 도시계획사를 집대성한 서울시립대 손정목 교수에게 물어보았다. 손 교수가 도시계획국장으로 임명되었을 때는 강남의 도시골격이 이미 결정된 후였는데 당시 블록은 500×500m의 크기로 자르는 것이 통념이었다고 한다. 강남 개발의 최초 구상자는 종로에 화신백화점을 지은 박흥식이었는데 부동산 개발을 통해 천문학적 이익을 생각한 박흥식은 지금의 경기도 과천에서 잠실까지에 이르는 8천만m²(2천4백만 평)를 새로운 택지로 구상했다. 영동지구와 잠실지구를 합친 면적의 1.5배 이상, 여의도의 30배에 이르는 거대한 땅이었다. 이 구상은 무산되었지만 그 후 군사정부가 주도한 강남 개발에는 박흥식의 생각이 어느 정도 반영되었다는 것이다.[45]

그 후 정부와 서울시의 관리하에 토목기술자들이 강남의 도시계획을 수립했다. 김병린 전 서울시 도시계획국장은 당시 강북에서 강남(영동지구)을 잇는 다리는 한남대교와 영동대교 두 곳 밖에 없었고 이 사이를 큰 덩어리로 나누는 것 이외에 다른 방법은 생각할 수도 없었다고 술회했다. 또 김익진 전 서울시 구획정리계장은 당시 강남은 굴곡이 심한 자연지형이어서 블록 내부의 경사지를 이용해 불규칙한 패턴으로 계획할 수

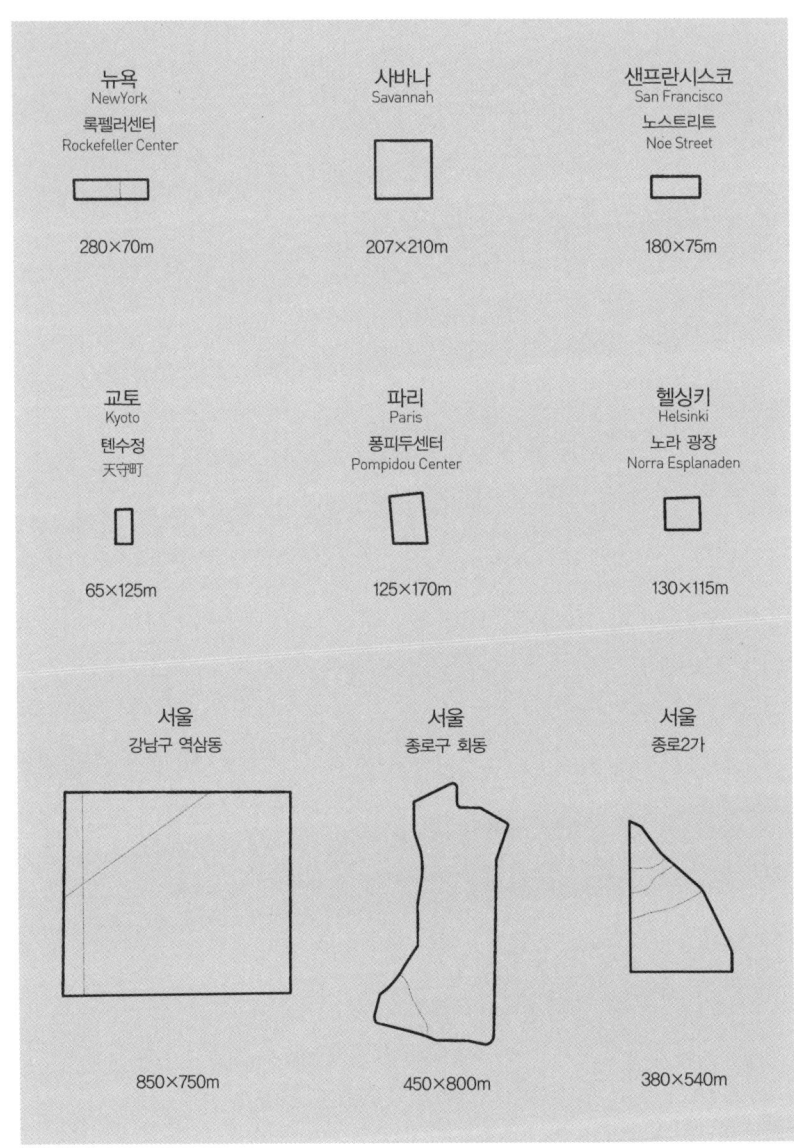

블록의 크기 비교 서울은 강북이나 강남이나 거대한 블록으로 이루어져 있다. 강남역 동북쪽 블록은 강남역을 기점으로 북쪽의 논현역까지는 750m, 동쪽의 역삼역까지는 850m에 이른다. 사바나의 15배, 샌프란시스코의 47배 크기다. 점선은 블록으로 구분하기에는 폭이 좁거나 구불구불한 길이다. ⓒ김성홍건축도시연구실

없었다고 설명했다.⁴⁶

　강남의 거대블록은 이처럼 '인식의 관성'과 '산업화 시대의 개발 논리'가 복합된 결과였다. 격자형으로 만든 동아시아의 여타 수도와 달리 거대하고 불규칙한 도시조직을 몇 개의 가로로 감쌌던 한양의 도시구조가 근대의 도시계획가와 관료, 부동산 개발업자에게 관성처럼 남아 있었던 것이다.

　강남이 개발되었던 1970년대는 하루가 달리 외곽으로 뻗어나가는 서울에서 한 뼘의 땅이라도 더 확보해야 하는 (그것도 가공할 속도로) 상황이었다. 관료와 토목기술자들은 '토지구획정리사업'이라는 근대적 도시계획 수법을 사용했지만 늘 보아왔던 기존 도시조직의 특성을 새로운 땅에 관성처럼 대입했다. 다른 나라의 도시와 체계적으로 비교하고 문제점을 파악할 여유도 없었고, 전문가 집단도 많지 않았던 때였다. 16차선의 영동대로 같은 광활한 길과 슈퍼블록을 만들었지만 블록 내부는 강북과 크게 다르지 않은 단층 주택지를 생각했던 것이다. 그 결과 강남은 격자형 도시계획이라고 하지만 광로廣路와 골목길, 거대블록과 주택지가 극단적으로 양립하는 독특한 구조가 되었다.

　하지만 현재의 문제는 블록의 크기가 아니라 블록 속의 길이 점차 사라지는 데 있다. 우리의 도시는 크고 불규칙한 블록으로 이루어졌지만 실핏줄처럼 깊숙한 곳까지 닿는 구불구불한 길이 있었다. 유럽처럼 세련되지는 않았지만 골목 모퉁이에 상점이 살아 있었다. 그런 길들이 재개발과 재건축으로 사라지고 있다. 이렇게 들어서는 거대한 아파트 단지에는 길모퉁이 상점이 없다. 울타리 밖으로 밀어낸 거대한 상가가 있을 뿐이다.

PART 2
자동차

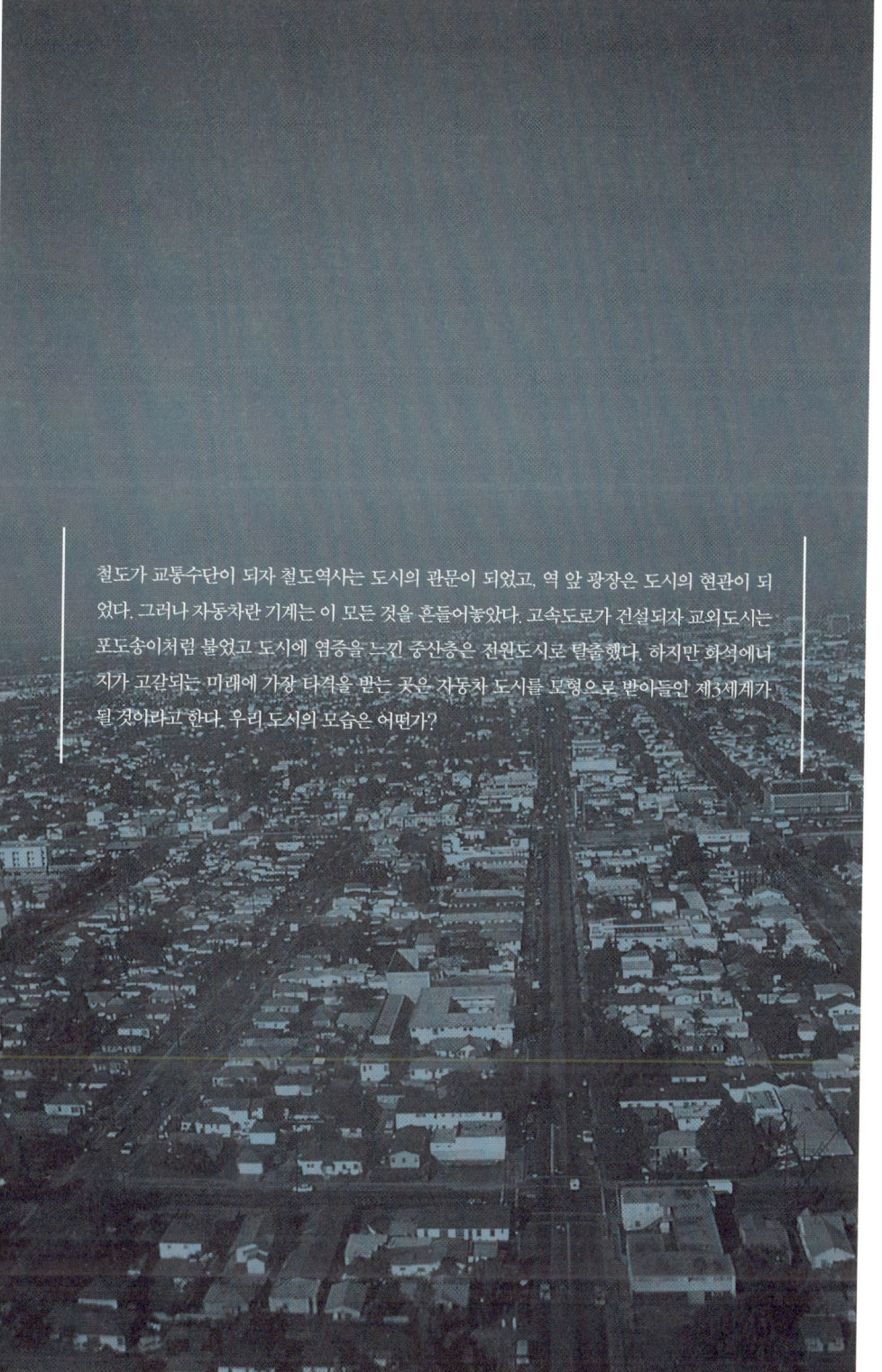

철도가 교통수단이 되자 철도역사는 도시의 관문이 되었고, 역 앞 광장은 도시의 현관이 되었다. 그러나 자동차란 기계는 이 모든 것을 흔들어놓았다. 고속도로가 건설되자 교외도시는 포도송이처럼 불었고 도시에 염증을 느낀 중산층은 전원도시로 탈출했다. 하지만 화석에너지가 고갈되는 미래에 가장 타격을 받는 곳은 자동차 도시를 모형으로 받아들인 제3세계가 될 것이라고 한다. 우리 도시의 모습은 어떤가?

chapter 6

신작로와 고속도로

―― 죽령竹嶺 마루를 굽이굽이 돌아 내려오는 산길은 읍내 천변을 따라 30리를 뻗어나갔다. 자갈 바닥 위로 완행버스가 털털거리고 지나갈 때면 뿌연 먼지가 양편의 미루나무 위로 올라앉았다. 어린 내게는 '신장노'라고 들렸던 고향의 길이다. 일제가 남기고 간 잔재지만 개인적으로 아릿한 기억의 조각이다. 1970년대 초반 읍내에서 가까운 곳부터 아스팔트를 덮기 시작했다. 땅거미가 이는 저녁, 자전거를 타고 포장이 끝난 곳까지 달릴 때면 30리 길이 모두 포장되면 얼마나 좋을까 생각했다. 그러나 아스팔트를 포장하자 자전거 페달을 한가로이 밟던 '신작로新作路'는 '도로道路'가 되어 갔다. 먼지가 풀풀 날렸지만 신작로 주변에는 광주리를 인 아낙들을 맞는 가게, 국수집, 그리고 대폿집이 있었다. 포장도로를 자동차에게 내주면서 길모퉁이 점포들은 '신작로'라는 말과 함께 우리 주위에서 사라졌다.

길에 관한 우리나라 최초의 책은 조선 영조 때 실학자 신경준申景濬 (1712~1781)이 쓴 『도로고道路考』(1770)다. 이 책은 왕이 선대의 능을 행차할 때 다니던 능행로, 온천과 행궁의 길, 팔도 각 읍의 사방 경계와 감영監營, 병영兵營, 수영水營의 거리, 팔도의 역로驛路와 해로海路를 기록했다.[1] 왕실 중심의 정치사가 다루지 못한 경제·지리적 공백을 메운 '길의 역사서'다.

옛길이 근대적 도로로 바뀌기 시작한 것은 대한제국 정부 내에 치도국治道局이 만들어진 1906년이었다. 하지만 도로규칙을 공포하고 관리하기 시작한 것은 일제가 한반도를 강점한 1911년 이후였다. 신작로란 말은 조선 후기에 생겼지만 일제가 도로 정비를 하면서 널리 퍼졌다. 그런데 당시 도로망의 건설은 낙후된 국토를 근대화하는 것보다는 군사거점을 연결하려는 색채가 강했다. 또한 철도망과 함께 농수산물을 수탈하는 도구로 사용되었다.[2] 내 고향 신작로도 소백산 자락의 금계 광산을 개광한 1911년경 닦은 것으로 보아, 일제강점기에 전국의 신작로 건설을 본격화한 것으로 보인다.[3] 한국전쟁 때 군사적 목적으로 넓혀진 신작로는 1960년대 이후 경제개발 시기에 고속도로로 바뀌기 시작했다. '일일 생활권—日生活圈'이라는 거창한 구호와 함께 1968년 개통된 경인고속도로와 1970년대 개통된 경부·호남고속도로는 본격적인 자동차 시대의 서막이었다.

1960년대 남한을 대각선으로 가로지르는 고속도로를 건설한다는 것은 당시 우리의 경제적 역량에 비춰볼 때 비현실적인 것으로 보였다. 그러나 박정희 대통령은 경제 도약을 위해 고속도로는 반드시 건설되어야 한다고 믿었고, 50여 년이 지난 지금 고속도로 건설은 그의 가장 큰 치적 중 하나로 평가받는다. 물론 경제적 관점의 제한된 평가이지만 말이다. 고속도로 건설에 얽힌 에피소드도 많다. 조선시대 지방 거점도시였으나 철도와 고속도로를 거부했던 곳은 고도 성장기를 거치면서 침체했다. 옛 것에 대한 지나친 자존심이 시대의 변화를 따라가지 못했던 것이다. 고속도로와 자신의 집 마당을 곧장 연결해달라는 주문을 하는 촌로村老도 있었다고 한다. 평생을 걷고 살았던 시대의 사람들이 시속 1백km의 속도를 짐작하기란 어려웠을 것이다.

시골에서 태어나 자랐던 세대에게 신작로는 질경이가 덮인 오솔길이 포장된 국도로 바뀌는 중간쯤에 있는 존재가 아닐까 싶다. 하지만 신작로에 대한 향수를 회고와 낭만 때문이라고만 할 수 있을까? 나는 우리 모두에게 느릿느릿한 길에 대한 귀소본능이 있다고 생각한다. 속도는 분명 편리함과 윤택함을 안겨주었다. 그러나 도로의 발달은 시공간에 대한 인식과 삶을 근본적으로 흔들어놓았다.

미국인의 신작로

자동차의 편리함을 거부하는 사람은 없다. 한국에서도 자동차는 이제 선택이 아닌 필수품이 되었고, 경제적 지위와 문화적 취향을 가늠하는 잣대가 된 지 오래다. 그러나 자동차가 몸의 일부처럼 체화體化된 미국에 비견할 바는 못 된다. 자동차는 이동의 자유를 위한 가장 기본적인 수단이기 때문에 이를 제한하는 것은 신체의 구금과 같다고 여기는 나라가 미국이다. 자동차면허증이 유일한 신분증이라는 사실을 처음 들었을 때 선뜻 이해할 수 없었다. 운전을 못하면 사람도 아니라는 말인가.

PART 2 자동차

캘리포니아 죽음의 계곡 (Death Valley) 미국인들은 광활한 대지를 가로지르는 그들의 신작로에서 개척 시대의 이상적 고향을 찾는다. ⓒ김성홍

미국에서 자동차가 일상이 된 제2차 세계대전 이후 자동차 여행을 줄거리로 삼는 영화 장르, 로드 무비road movie가 할리우드에 생겨났다. 일상을 탈출해 광활한 사막을 지나 서부로, 혹은 멕시코로 월경하는 이야기에는 공통 코드가 존재한다. 원조 격인 영화 〈이지 라이더Easy Rider〉(1969)에서는 두 남자 주인공이 자유를 찾아 오토바이를 타고 미국의 남서부를 여행한다. 히피 운동, 마약, 패거리 문화 등 1960년대 미국이 직면했던 사회 문제가 이 전설적 영화에 녹아 있다. 영화 〈델마와 루이스Thelma & Louise〉(1991)에서는 두 주인공이 자동차와 함께 몸을 협곡으로 던지는 막다른 길을 선택한다. 한산한 도로 옆으로 트레일러하우스, 모텔과 주유소가 보이고 저 멀리에는 독특한 애리조나의 붉은 산이 배경으로 등장한다. 해피엔딩이든 비극적 결말이든 모든 여정은 종착지가 있기에 길은 삶의 축소판이다.

산업화 시대에 고향을 떠났던 한국의 중년 세대가 신작로에 막연한 향수를 가지고 있듯이, 미국인들은 광활한 대지를 가로지르는 그들의 신작로에서 개척 시대의 이상적 고향을 찾는다. 이를 특유의 방식으로 글에 녹였던 학자가 제이비 잭슨John Brinckerhoff Jackson(1909~1996)이다. 잭슨은 미국은 언어, 가치관, 삶의 방식이 너무 다양해서 공통분모로 엮을 수 있는 균질한 사회가 아니라고 보았다. 현대 미국의 도시에서 길이나 광장은 더 이상 공동체를 위한 공적공간의 역할을 하지 못한다. 공동체의 중심은 사람들이 모인 도시가 아니라 개인과 자연이 만나는 전원이다. 도시를 탈출해 자연과의 만남을 가능하게 함으로써 다양한 삶을 추구하도록 도와주는 것이 자동차다. 자동차로 갈 수 있는 모든 곳은 새로운 의미에서의 공적공간이라는 것이 그의 지론이었다.[4] 잭슨의 시각에서 보면 끝없이 펼쳐진 대지를 가르는 길은 미국만이 가진 자산이다. 잭슨은 유럽의 역사도시와는 차별화된 미국의 도로변 풍경을 옹호함으로써 자동차 중심의 길에 미학적 근거를 부여했다.

자동차를 몸의 일부라고 생각하는 미국인에게 잭슨의 주장은 공감을 주기에 충분하다. 그러나 그의 주장은 바깥에서 보면 팽창하는 도시계획에 지나치게 관대하고, 미국적 대중문화를 옹호한다는 비판을 받는다. 도시와 전원을 섞은 경관은 광활한 그들의 땅에서는 서정적일지 몰라도, 산업화의 후발주자이면서 땅이 좁고 과밀한 제3세계에서는 현실적으로 가능하지 않다. 서울을 벗어나도 전국 어디에서나 만나게 되는, 간판으로 뒤덮인 도로변 풍경은 서정적인 것과는 거리가 한참 멀다.

고속도로와 섬이 된 도시

시골구석까지 텔레비전이 보급되지 않았던 1970년대 후반, 〈달라스 Dallas〉란 미국의 연속극이 방영되었다. 유전과 목장을 소유한 부유한 가문에서 일어나는 탐욕, 음모, 암투가 줄거리였는데 경쾌한 비트의 음악과 함께 'DALLAS'라고 굵게 쓴 타이틀이 고속도로가 실타래처럼 엮인 텍사스의 상공에 포개지면서 연속극이 시작되었다. 당시 수학여행으로 겨우 서울 나들이를 할 정도로 시골뜨기였던 나에게 미국의 시원스런 도시 풍경은 호기심을 넘어 충격 그 자체였다. 미국에서 〈달라스〉는 10년 이상 방영되었고 90여 개의 나라로 수출되었는데, 주인공이 살해된 방영분을 본 사람은 나를 포함해 전 세계의 3억 6천만 명이었다.[5] 비록 흑백으로 방영되었지만, 미국 도시의 장엄한 스케일에 매혹된 사람이 꽤나 많았을 것이다. 1990년대 중반, 텍사스의 달라스, 쌍둥이 도시 포트워스 Fort Worth, 휴스턴에 갈 기회가 처음으로 생겼다. 그때 텔레비전에서 보여주는 이미지가 현실을 얼마나 왜곡할 수 있는지 깨달았다. 기대와 달리 세 도시는 고속도로와 주차장으로 에워싸인 황량한 섬이었다.

특히 텍사스의 최대 도시인 휴스턴은 거대한 주차장을 방불케 했다. 미국의 건축역사학자 코스토프 Spiro Kostof(1936~1991)는 "휴스턴은 자동차 도시를 상징한다. 시민의 95%가 자동차에 의존하고, 도심의 70% 이상이 도로와 주차장이다. 빈 땅은 개발을 기다리고 있다"라고 했다.[6] 항공사진으로 본 휴스턴은 마치 폭격을 맞아 초토화된 잔해처럼 보인다. 휴스턴은 미국의 대도시 중에서도 인구 1인당 휘발유를 가장 많이 소비하는 도시다. 유럽은 물론이고 뉴욕, 시카고, 샌프란시스코처럼 밀집된 다른 미국의 도시보다도 기름을 많이 쓰는 에너지 고비용의 도시다.[7] 도시학자 루이스 멈포드는 고속도로와 주차장이 결국 도시를 고사시킬 것이라고 예견했다.[8]

빅터 그루엔 Victor Gruen(1903~1980)이라는 건축가는 침체한 도시 포트워스의 업무지구를 살리는 야심찬 재개발 계획을 세운 바 있다. 고속도로로 에워싸인 1백만m²가 넘는 도심의 상업과 업무지역의 보행공간을 옥외주차장과 완전히 분리했다.[9] 대학 1학년 때 본 건축 투시도법 책에는 그루엔의 포트워스 계획안이 실렸다. 벤치에 여유롭게 앉아 신문을 읽고 걸어다니는 사람들로 활력이 넘치는 광장의 풍경은, 건축에 입문했던 내게 연속극 〈달라스〉 못지않게 강렬한 이미지로 각인되었다. 인간과 도시가 조화롭게 공존하는, 얼마나 근사한 풍경이었던가. 그 후 외부공간을 설계할 때 이 그림을 늘 모범사례로 삼았었다. 하지만 그루엔의 야심찬

PART 2 자동차

빅터 그루엔의 텍사스 주 포트워스 광장 투시도 실현되지 않은 빅터 그루엔의 포트워스 업무지구 재개발 계획. 벤치에 여유롭게 앉아 신문을 읽고 걸어다니는 사람들로 활력이 넘치는 광장의 풍경은 주차장으로 에워싸인 황량한 미국의 도시를 미화하는 그림으로 남았다. ⓒGruen Associates**10**

계획은 실현되지 못했다. 설사 실현되었다 하더라도 투시도처럼 살아 있는 도시공간은 되지 못했을 것이다. 보행자를 중시했던 그의 도시설계 개념은 궁극적으로 거대한 쇼핑몰로 귀결되었다는 것이 이를 증명했다. 다음 장에서 다시 다루기로 하겠지만 그루엔의 계획안은 주차장으로 에워싸인 황량한 미국의 도시를 미화하는 그림으로 남았다.

미국에서 고속도로가 건설되기 시작한 것은 1920년대이지만 연방정부 차원에서 고속도로망을 본격적으로 정비한 것은 아이젠하워가 대통령에 재임하던 1950년대 중반이었다.**11** 제2차 세계대전 중 연합군 사령관으로 유럽에서 전투를 지휘했던 아이젠하워는 상업의 발전뿐만 아니라 군사적 목적을 위해서도 독일의 아우토반Autobahn 같은 고속도로망이

미국 루이지애나 주 배턴루지(Baton Rouge) 야심차게 건설한 고속도로는 인종과 계층을 분리하는 공간적 수단으로 악용되기도 한다. ⓒ김성홍

반드시 필요하다고 생각했다. 군수품의 보급과 군대의 이동을 위해서는 빠르고 효율적인 보급로가 필수적이기 때문이었다. 미국의 고속도로 체계가 이때 완성되었는데, 동서 방향의 고속도로는 두 자리 짝수, 남북 방향은 두 자리 홀수, 도시 외곽을 에워싸거나 간선에서 갈라지는 지류는 세 자리 짝수를 매기는 등 통일된 번호 체계를 수립한 것도 이때다.[12]

그런데 이렇게 야심차게 건설한 고속도로는 도심을 관통하기도 하고 교차하기도 하는데 왕복 10차선이 넘는 경우 차도, 진출입도로, 갓길, 완충녹지를 포함해서 폭 1백m가 넘는 거대한 띠가 된다. 이것이 도심 한가운데를 자르고 지나간다고 생각해보자. 국제 규격 크기 축구장의 긴 쪽을 붙여나가는 것과 비슷하다. 고속도로 2개가 교차하는 경우에는 5백m가 넘는 교통의 섬지대가 생겨나기도 한다. 이 거대한 공백지대는 인종

과 계층을 분리하는 공간적 수단으로 악용되기도 한다.

1960년대 미국에서는 도시 고속도로 건설을 반대하는 운동이 본격화되었는데, 저소득층의 주거지를 파괴하는 데 대한 분노가 발단이었다. 고속도로 건설이 무산되었던 보스턴, 볼티모어, 캔자스시티, 로스앤젤레스, 세인트루이스의 계획 노선은 실제 흑인 주거지를 관통할 계획이었다. 교통공학자들이 도시계획의 사회적 파장을 과소평가한 반면 그곳에서 살았던 사람들은 분노에 휩싸였다.[13] 이렇게 건설한 도심 고속도로의 한쪽은 고층건물이 즐비한 국제적 업무지구가 되었지만 다른 한쪽은 쇠락해가는 소수민족이나 저소득층의 주거지가 되었다. 미국의 고속도로는 도심의 구심력을 살리는 것보다는 교외도시로 향하는 원심력에 힘을 실어주는 결과를 낳았다. 의도적이든 결과론적이든 고속도로는 사회 계층을 분리하는 역할을 했던 것이다.

우리나라에서도 일제 때 놓은 철로가 옛 도시를 두 동강 내어, 나중에 이를 외곽으로 돌리거나 입체화하기 위해 많은 사회적 비용을 들여야 했다. 한편 유럽에서는 철로가 도시를 관통하지 않도록 역사를 외곽에 분산시켰는데 파리의 북역, 동역, 리옹 역, 생 라자르 역, 몽파르나스 역이 좋은 예다.

교외도시 논쟁

미국의 고속도로가 낳은 최대의 부산물은 교외도시suburbia, suburban city다. 19세기 말에 처음 생긴 교외도시가 본격적으로 확산된 것은 전국적 고속도로망이 갖추어진 제2차 세계대전 후다. 1947년에서 1951년 사이에 뉴욕 근교에 세운 레빗타운Levittown은 교외도시의 전형으로 꼽힌다.[14] 제2차 세계대전 당시, 군인주택을 대량 생산하기 위해 사용했던 공법을 응용해 단기간에 건설한 레빗타운은 상업적으로 대성공을 거두었는데, 1951년경에는 레빗타운의 주변에 1만 7천 채가 넘은 단독주택이 들어서 미국 최초이자 최대 규모의 교외도시가 되었다. 레빗타운이 성공을 거두자 교외도시는 급속히 미국 전역으로 퍼져나갔다. 부동산 업자들은 고속도로의 진출입구의 주변에 택지를 조성하고 단독주택, 학교, 커뮤니티 시설을 건설했다. 전원의 느낌이 나도록 블록과 도로는 의도적으로 구불구불하게 만들었다. 차고가 달린 단독주택 앞에는 잔디를 깔고 뒤쪽은 아이들이 뛰놀거나 고기를 구워 먹을 수 있는 뒷마당으로 계획했다. 비싼 집은 농구장과 수영장이 딸려 있기도 한다. 텔레비전 드라마나 영화에서 흔히 등장하는 교외도시의 이상적 집이다.

자동차와 텔레비전은 교외도시를 환상의 가족 안식처로 미화하는 효과적인 도구였다. 사람들은 텔레비전에 빠져 도심으로 나갈 시간이 점차 줄어들었고 마침내 텔레비전이 공간적 거리를 극복해준 것처럼 느끼게 되었다. "자동차가 집이 되고, 텔레비전이 도시가 되었던 것이다."[15] 그러나 도심을 벗어나 교외에 자리 잡았던 대다수는 백인 중산층이었고, 교외도시는 인종, 소득, 직종을 분리하는 수단이라는 사회학적 비판을 피할 수 없었다. 레빗타운은 백인에게만 집을 임대하거나 매매하는 악덕 규정으로 유명했다. 집과 일터를 갈라놓음으로써 여성을 생산의 현장으로부터 소외시켰다는 페미니스트들의 비판도 받았다.[16] 이런 민감한 문제를 떠나 교외도시는 개발업자들이 상업적 이익을 추구하기 위해 만든 급조한 공동체였다.

반론도 만만치 않다. 교외도시는 나쁜 것이 아니라 다를 뿐이라는 주장이다. 이들은 교외도시를 비판하는 사람들이 유럽의 전통적 도시를 예찬하는 복고론적 미학주의자라고 되받아친다. 사회학적 비평이 과장되었다는 주장도 있다. 교외도시의 삶은 도심의 삶과 특별히 다르지 않을뿐더러 설사 다르다고 하더라도 도시의 구조가 삶에 부정적 영향을 준다는 확실한 증거가 없다는 것이다. 도시의 형성 과정은 너무 복합적이고 다면적이어서 좋고 나쁨을 단정할 수 있는 하나의 관점이나 시각은 존재하지 않으며, 교외도시에 대한 비판은 사회 계층에 대한 편견일 뿐이라는 주장이다.

영국의 도시역사학자 피터 홀 Peter Hall(1932~)은 찬성과 반대, 어느 한쪽에 손을 들어주지 않고 재미있는 해석을 내렸다. 자동차를 소유하고, 고속도로를 이용하고, 전원으로 나가고 싶은 사람이 많으면 많을수록 교외도시에 대한 전반적인 사회의 평가도 관대해진다는 것이다. 피터 홀은 대중이 표를 많이 던지는 쪽이 승자일 수밖에 없다는 현실론으로 학자로서의 판단을 유보한다.[17] 논의는 하되 평가는 주저하는 학자들이 내리는 전형적인 양비론이다.

길에서 멀어진 건축

그렇다면 건축가들은 자동차가 도시를 분산시키는 것에 대해 어떤 생각을 갖고 있었을까? 건축가들은 학자들과는 달리 비판보다는 상황을 받아들이고 행동으로 옮기는 직업인이다. 미국의 자동차 문화가 궤도에 오른 1950년대는 서양의 근대주의 건축이 정점을 지나 서서히 퇴조하는

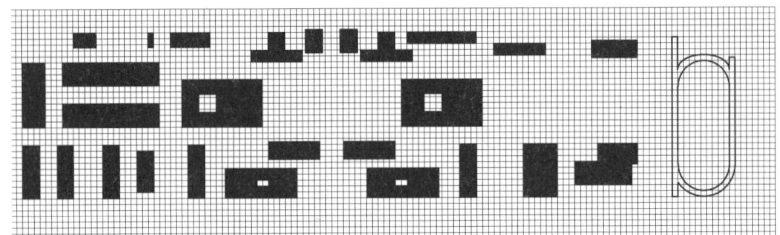

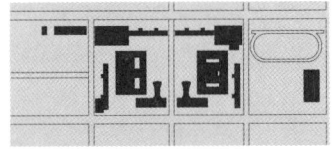 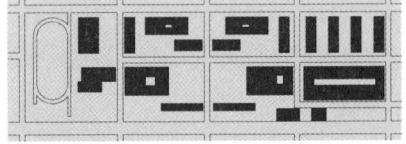

일리노이공과대학 캠퍼스 플랜(1939) 블록형 도시 건축의 규범에서 벗어나 건축과 길이 독립적 존재가 되었다는 것을 상징적으로 보여준다. ⓒ김성홍건축도시연구실

시기로 거장 건축가들의 완숙기라고 할 수 있다. 유럽에서 근대주의의 절정기를 보내고 생애 후반기를 미국에서 마감한 독일의 천재 건축가 미스 반 데어 로에Mies van der Rohe(1886~1969)를 보자.

 나치의 탄압을 피해 미국으로 건너간 미스는 시카고에 정착한다. 1938년 일리노이공과대학IIT의 건축학과장으로 임명되면서, 44만 5천m² 넓이의 새로운 캠퍼스 계획을 맡았다. 유럽의 거장 건축가가 미국에서 대규모 도시 건축을 설계할 기회를 갖게 된 것이다. IIT 캠퍼스는 시카고 도심에서 남쪽으로 5.5km 떨어져 있는데 고속도로가 캠퍼스와 평행으로 지나간다. 도심보다는 밀도가 낮지만 이미 만들어진 8개의 격자형 블록에 세운 도시형 캠퍼스다.¹⁸ IIT 캠퍼스는 유럽의 근대건축 원리가 미국의 도시에 어떻게 실현되었는지를 보여주는 상징적 사례다.

일리노이공과대학의 크라운홀 미스는 강의실, 실험실, 강당 등 여러 크기의 방에 공통적으로 적용할 수 있는 3차원 모듈개념을 착안했다. ⓒ김성홍

미스는 강의실, 실험실, 강당 등 여러 크기의 방에 공통적으로 적용할 수 있는 3차원 모듈개념을 착안했다. 하나의 모듈은 가로 7.3m(24피트), 세로 7.3m(24피트), 높이 3.6m(12피트)의 상자 모양이다. 철골구조공법상 가장 효율적인 단위에서 이 치수를 도출했다고 한다. 모듈의 교차점에는 건물의 하중을 지탱하는 기둥을 세웠다.

미스는 캠퍼스 전체에 모눈종이를 그리고 그 위에 건물을 배치하는 방식으로 모듈개념을 내부에서 외부공간으로 확장했다. 동서 도로를 축으로 남쪽 캠퍼스와 북쪽 캠퍼스가 중심부에서는 대칭을 이루다가 주변으로 가면서 비대칭이 되도록 계획했다.[19] 미스의 대표작 중 하나로 꼽히는 크라운홀 S.R. Crown Hall(1950~1956)은 대칭구도를 부분적으로 변형한 결과다. 건축에서 대칭과 비대칭을 결합하는 수법은 새로운 것이라 할 수 없는데, IIT가 이전의 고전건축과 다른 점은 건물이 길에서 멀리 떨어져 독립적으로 서 있다는 데 있다. 같은 격자형 블록으로 만들어졌지만 시카고 도심의 건축물과 비교하면 차이점이 확연하게 드러난다. 구글어스에서 시카고의 도심과 IIT를 비교해보면 바로 알 수 있다.

우리나라 건축법에는 도로에서 일정한 거리를 후퇴한 건물 벽의 가상선을 의미하는 '건축선建築線'이라는 용어가 있다. 도로의 개방감을 확보하기 위해 정해준 선을 건물이 넘지 말라는 것이다. 그러나 이 경우 어떤 건물은 건축선에 정확히 정열하기도 하지만 옆의 건물은 더 물러날 수도 있다. 개방감은 살릴 수 있지만 길을 따라 건물이 들쑥날쑥하게 되는 결과가 생기는 것이다. 이를 피하고자 벽면을 강제적으로 정렬시키는 선을 '건축지정선'이라고 한다.[20] 그런데 유럽의 역사도시에는 건축지정선을 법으로 정하기 이전부터 건물을 도열시키는 '블록형 도시 건축'이 보편화했다.

미스의 IIT 캠퍼스 계획은 블록형 도시 건축의 규범에서 벗어나 건축과 길이 독립적 존재가 되었다는 것을 상징적으로 보여준다. 도시는 배경으로 물러나고, 건축이 주인공이 되는 것이다. 미스는 미국의 심장부 뉴욕의 맨해튼에 세운 시그램 빌딩 Seagram Building(1954~1958)에서 이러한 개념을 더욱 과감히 드러냈다. 땅값이 비싼 도시 내에서 법이 정한 최대한도까지 면적과 높이를 채우는 것은 당연하다. 더욱이 전 세계에서 땅값이 최고인 맨해튼에서는 말할 것도 없다. 그런데 시그램 빌딩의 건축주는 법의 한도보다 작은 규모로 건물을 짓기로 결정했다. 초고층건물의 상징성도 살리면서 부동산 임대수익을 절충한 선택이었다. 미스는 건축주보다 한 걸음 더 나아가 건물을 도로에서 30m 후퇴시키고 그 자리에

뉴욕의 시그램 빌딩 미스의 대표작 중 하나인 맨해튼의 시그램 빌딩은 자동차에서 보기 위해 만든 기단 위에 얹힌 예술작품이라는 비평을 받기도 한다. ⓒEzra Stoller/Esto

광장을 만들었다. 파크 애비뉴Park Avenue에 면한 고층건물 중에서 시그램 빌딩처럼 전면을 과감히 비워낸 곳은 없다. 이를 어떻게 해석할 수 있을까? 개인의 땅을 길거리 사람들에게 내주는 공공적 행위로 보아야 할 것인가? 아니면 고도의 상업적 전략인가?

건축가이면서 미국의 도시를 연구한 간델소나스Mario Gandelsonas는 이런 해석을 했다.

시그램 빌딩은 자동차에서 보기 위한, 기단 위에 얹힌 예술작품이다. 길이라는 무대 위에 건축의 오브제를 올려놓은 것이다. 걷는 사람들에게는 느린 속도로 건물을 보여주는 한편, 자동차를 탄 사람들에게는 빠른 속도의 이미지를 보여주기 위해 비워진 광장이 필요했던 것이다. 두 가지의 속도를 대립시킴으로써 새로운 시각체계를 제시한다.[21]

미스의 기술적 완벽함과 정제된 건축미학은 근대건축에 새로운 가능성을 열어주었지만 건축의 시각적 독립성을 우선함으로써 역사도시와 결별해갔다.

전위건축가들이 이처럼 건축의 자율성을 새로운 방식으로 해석하고 실험하는 동안 도로변 문화roadside culture는 상업주의와 결합해갔다. 자동차에서 보는 거리 풍경에 미학을 부여했던 잭슨에서 한 걸음 더 나아가, 홀리데이인 모텔, 드라이브 인 맥도날드 같은 도로변 상업건축, 요란한 유흥건축에서 새로운 가능성을 찾는 건축가들이 나타났다.[22] 로버트 벤츄리Robert Venturi의 라스베이거스 예찬론은 미국식 포스트모더니즘으로 비판을 받고 단명으로 끝났지만 대중문화 속으로 깊숙이 파고들었다.

많은 사람들이 이제 자동차는 선악이 문제가 아니라 선택의 문제라고 말한다. 자동차 천국인 미국에서는 물론이고 역사도시를 존중하는 유럽에서도 마찬가지다. 하지만 화석에너지가 고갈되는 미래에 기름 한 방울 나지 않은 우리 도시에서 이런 양비론을 쉽게 펼 수 있을까? 더구나 인구의 절반이 모여 사는 수도권에서 포도송이처럼 생겨나는 신도시를 지속할 여력이 과연 있을까? 한동안 우리가 모델로 삼았던 고속도로의 나라, 미국에서 벌어졌던 도시의 변화와 반전을 다음 장에서 살펴보기로 하자.

chapter 7

교외도시와 쇼핑몰

언제부터인지 '개구리 주차'란 말이 생겼다. 보도 위에 차바퀴 한쪽을 올려놓은 모습이 짝 다리를 짚은 개구리와 같아서다. 엄연한 불법인데도 강하게 단속하지 않는 것은 건물주와 단속기관 사이에 적당한 관용의 게임이 있기 때문이다. 관용이 넘쳐 아예 상점 앞 보도 위를 제집 주차장처럼 쓰는 경우도 많다. 좁은 땅 한국의 주차 기술과 편법은 세계 최고 수준이다.

앞서 설명했지만 우리나라 건축법에서는 도로와 대지의 경계선에서 어느 정도 거리를 두고 건물을 짓게 한다. 개인의 땅이지만 길의 공공성을 높이는 것이 취지다. 그런데 이렇게 확보한 공지를 버젓이 주차장으로 쓴다. 자동차 길이만큼 공지가 부족한 경우에는 자동차 꽁무니가 보도를 점유하게 되는데, 합법과 불법의 애매한 틈새에서 보행자를 위해 만든 여유 공간이 오히려 불편해지는 것이다.

스트립 미국의 소도시에서 흔히 볼 수 있는, 상점건축이 띠 모양으로 늘어선 가로를 스트립이라고 한다. ⓒ김성홍

스트립몰 슈퍼마켓, 약국, 세탁소, 잡화점, 주차장을 한 덩어리로 묶어 계획, 설계, 시공, 관리를 하는 미국의 보편적 스트립몰의 모습이다. ⓒ김성홍

자동차가 없던 시대에 길과 도시 건축은 뗄 수 없는 관계였다. 건물이 길에 바짝 붙어 있어서 문만 열면 곧바로 내부공간으로 연결되었다. 이탈리아 비첸차에서 보았듯이 지붕을 덮으면 근사한 내부공간이 될 수 있을 정도로 길은 건축과 한 몸이었다. 실제 유리지붕을 덮은 아케이드는 도시의 외부공간과 건축의 내부공간이 구분되지 않는 곳이었다.

길과 건물 사이에 끼어든 주차공간은 이런 도시와 건축 사이의 내밀함을 깨트리기 시작했다. 변화는 자동차의 나라 미국에서 시작되었다. 미국의 부도심이나 소도시에서는 도로에서 멀찍이 떨어져 1~2층의 상업건축이 서 있는 것을 흔히 볼 수 있다. 띠 모양으로 건물이 붙어 있다는 이유에서 이런 길을 스트립strip이라고 하는데, 개발업자들은 아예 이런 형태로 슈퍼마켓, 약국, 세탁소, 잡화점, 주차장을 한 덩어리로 묶어 계획, 설계, 시공, 관리를 하기에 이른다. 많은 경우 길쭉하게 늘어선 건물 전면에 보도가 있기 때문에 이를 '스트립몰strip mall'이라고 한다. 그러나 '몰'은 주차장에 차를 세우고 상점으로 들어가는 통과 동선일 뿐 길과는 성격이 다르다. 도로와 직접 연결되지 않는 사유지 안의 통로일 뿐이다.

스트립몰은 자동차를 타고 오는 고객을 위해 구상한 건축유형이다. 자동차 없이는 한 블록도 움직일 수 없다고 생각하는 미국인이 스트립몰에 의존할 수밖에 없는 이유다. 그런데 스트립몰에서 한 걸음 더 나아가 '몰'이 건물 내부로 들어가고 외부공간과 공간적, 시각적으로 완전히 분리된 건축이 등장한다. 바로 쇼핑몰이다.

쇼핑센터와 쇼핑몰

그렇다면 쇼핑몰과 쇼핑센터shopping center는 어떻게 다른가? 쇼핑센터는 "자체의 주차장을 완비하고, 한 단위체로 계획, 개발, 소유, 관리가 이루어지는 상업시설의 집합체"로 정의된다.[23] 쇼핑센터가 복합 상업시설을 통칭하는 말이라면, 쇼핑몰은 길을 내부화한 건축유형을 지칭한다. 그러나 많은 경우 두 용어를 구분 없이 쓰기 때문에 일단 쇼핑센터는 쇼핑몰을 포함하는 모든 종류의 복합 상업시설로 이해하기로 하자.

미국에서는 쇼핑센터를 근린 쇼핑센터neighborhood shopping center, 커뮤니티 쇼핑센터community shopping center, 광역 쇼핑센터regional shopping center, 초광역 쇼핑센터super-regional shopping center등 규모별로 나눈다. 우리의 관심사는

마지막 유형이다. 작게는 6만m²에서 크게는 40만m² 이상의 땅에 지은 임대면적 4만 6천~14만m²의 초광역 쇼핑센터다. 이 안에는 최소 3개 이상의 백화점이 들어간다. 자동차로 30분 거리에 있는 반경 20km의 지역과 30만 이상의 인구를 상권으로 잡는 규모다. 물론 인구밀도가 우리와 비교할 수 없을 정도로 낮은 미국의 교외도시 기준이다. 쇼핑센터의 확산이 절정에 오른 1988년 미국에는 약 3만 개의 쇼핑센터가 있었는데 그중에 319개가 9만m² 이상의 초광역 쇼핑센터였다.[24] 서울의 코엑스몰 (11만 9천m²) 규모의 쇼핑센터가 1980년대 후반 미국에 3백 개 이상 있었다는 이야기다.

쇼핑센터가 급격이 늘어난 것은 제2차 세계대전 후 미국 경제의 활황, 인구증가, 넓은 땅, 그리고 값싼 에너지 때문이었다.[25] 자동차를 타고 도심 멀리까지 가는 데 경제적으로 아무런 부담이 없었고 환경문제가 대두되지 않던 시대였다. 1950년대부터 도시 외곽에 하나둘씩 들어서기 시작한 스트립몰의 잠재력을 그냥 지나치지 않은 건축가도 있었다. 오스트리아 출신의 빅터 그루엔은 비엔나의 예술학교에서 고전건축을 배운 사람이었다. 유럽의 여러 건축가들처럼 나치를 피해 미국으로 건너간 그는 뉴욕의 건축사무소에서 견습생으로 일한 뒤 로스앤젤레스로 이주해 1951년 사무실을 열었다. 자동차와 소비문화가 미국 중산층의 삶에 깊숙이 들어선 시기였다. 오스트리아 이름을 버리고 개명을 할 정도로 그루엔은 미국의 상업문화를 적극적으로 흡인했다. 몇 번의 시도를 거쳐 그는 서양건축 교과서에는 없었던 '쇼핑몰 shopping mall'이라는 새로운 건축유형을 만들어냈다. 당시 잡지 《뉴요커 New Yorker》가 "20세기에 가장 영향력 있는 건축가"라고 평을 내릴 정도로 그루엔은 미국 도시에 엄청난 영향을 미쳤다. 물론 건축역사나 이론서에서는 값싼 상업주의로 무시하거나 언급을 하지 않는다.

그루엔이 개발한 쇼핑몰은 19세기 유럽에서 만든 아케이드와 백화점의 변종이라고 할 수 있다. 최초의 쇼핑몰은 미니애폴리스 근교의 사우스데일센터Southdale Center(1956)다. 이 건물을 짓기 이전에 개발업자들은 치밀하게 상권을 분석했는데, 연소득이 3만 3천 달러 이상이고, 1.7명의 가족을 가진 평균 40.3세의 여성을 주 고객층으로 삼았다. 이 표준 여성은 125달러의 외투와 1년에 평균 6켤레의 구두를 살 수 있는 구매력을 갖고 있었다. 분석에 따라 저가의 상품을 밀어내고 그 자리에 고급 여성의류를 진열했으며 부티크를 세웠다.[26] 정확한 상권 분석에 따른 매장 설계는 몰 전체의 배치계획과 연동시켰다. 그루엔은 몰의 양 끝에는 백화점, 몰의 좌우에는 상점을 배치해 이용객의 동선을 통로에 집중시켰다. 통로의 길이는 지루함과 피로를 느끼지 않는 적당한 길이로 정했고, 통로 가운데에는 정원을 설치해 자연을 실내로 끌어들였다.[27] 이렇게 결합된 건물을 거대한 옥외주차장으로 에워쌌다.

복도 끝에 백화점이 붙은 몰의 평면 형태는 아령과 비슷해 '아령형 평면dumbbell plan'이라고 부르기도 한다. 아령형 평면은 L, H, T, X, 십자형 등으로 변형되어 몰의 내부를 여러 방향으로 확장시킨다. 고객이 느끼는 적정 보행거리 범위 안에서 최대한 많은 길을 집중시키는 방법이다. 스트립형이 진화해나온 유형 중에는 중정형court type, 클러스터형cluster type도 있었지만 아령형 평면이 가장 보편적인 형식으로 자리 잡으면서 북미 전역으로 확산되었다.[28] 미국에는 변형된 쇼핑몰로 아울렛몰outlet mall도 있는데 상품을 쌓아두는 창고에 인접한 교외지역에 여러 개의 브랜드 상점

미국 애틀랜타의 레녹스스퀘어 쇼핑몰이 교외도시의 풍경을 바꿀 정도로 파급력이 있었던 것은 쇼핑의 편리함뿐만 아니라 길에 대한 향수를 녹였기 때문이다. 그러나 거대한 몰의 주차장은 길과 건물을 고립시킨다. ⓒ김성홍

을 엮어 몰과 비슷한 배치를 한 것을 말한다. 반면 1960년대 미국의 도심에서 백화점은 하나둘씩 문을 닫기 시작했다.[29]

쇼핑몰 속으로 들어간 세상

쇼핑몰이 교외도시의 풍경을 바꿀 정도로 파급력이 있었던 것은 쇼핑의 편리함뿐만 아니라 길에 대한 향수를 녹였기 때문이다. 교외로 이주했던 사람들은 도심의 길은 복잡하고 더럽고 위험하다고 생각하면서도 도회성을 완전히 잃고 싶지는 않았다. 그래서 길이 가진 단점을 없애고 장점만을 취한 '모조 도시 건축'이 등장하자 이에 매료되었다. 가로등, 벤치, 인공 조경 등 도시의 향수를 불러일으키는 가로시설물을 재현함으로써 도회성과 전원풍을 결합한 환상의 공간을 만들어냈다.[30] 게다가 쇼핑몰은 비와 눈을 피할 수 있고 춥거나 덥지도 않다. 감시카메라와 자체 경찰이 있어 밤길을 두려워하는 사람들에게도 안전한 공간이라는 인식을 주었다.

쇼핑몰이 성공을 거두자 '몰'은 단순히 상품을 사고파는 소비공간을 넘어 다양한 건축과 결합해나가며 진화했다. 거대한 공항은 탑승구와 휴게공간을 꿰는 공간의 축으로 몰을 도입했다. 고급화를 추구하는 대형 병원은 병실과 완전히 동선을 분리한 외래병동에 쇼핑몰의 판매시설과 여가시설을 넣었다. 테마파크 같은 레저 기능과 결합하자 쇼핑몰 자체는 작은 도시가 되었다. 마침내 "미국을 몰로 만들기 Malling of America"란 말이 생겨났다.[31]

쇼핑몰의 전설로 꼽히는 곳은 1981년 개장한 캐나다의 에드먼턴몰 West

캐나다의 에드먼턴몰 1.6km에 달하는 이 거대한 쇼핑몰은 "세상이 쇼핑몰 속으로 들어갔다"라는 비평을 만들어냈다. ⓒ정원채

Edmonton Mall이다. 면적 57만m²로 전 세계에서 가장 큰 쇼핑몰의 지위를 2000년대 중반까지 누렸다. 서울의 강남 고속버스터미널 센트럴시티(약 39만 6,674m²)보다 약 1.5배 더 넓지만 3층 높이여서 옆으로 낮게 퍼져 있으니, 건물이 차지하고 있는 땅이 얼마나 넓은지 짐작할 수 있다. 몰을 감싸는 건물과 주차장을 포함하면 2백m 길이의 블록을 가로로 8개, 세로로 3개 붙여놓은 것과 같다. 몰의 길이는 1.6km로 서울의 광화문 사거리에서 종묘 앞에 이르는 거리다.

에드먼턴몰 안에는 8백 개의 상점, 11개의 백화점, 360실의 호텔, 20개의 영화관 이외에도 테마파크, 워터파크, 수중 쇼 관람장, 아이스링크, 미니 골프코스, 레크리에이션 센터가 있다. 디자인은 유럽의 거리, 뉴올리언스의 프랑스 거리, 하와이의 자연경관, 그리고 이를 모방한 디즈니

랜드를 다시 모방했다. "세상이 쇼핑몰 속으로 들어갔다"라는 비평이 나올 정도였다.[32]

길을 등진 건축

문제는 초대형 쇼핑몰이 전적으로 자동차에만 의존한다는 데 있었다. 에드먼턴몰에는 1만 4천 대의 자동차를 수용하는 주차장이 있지만 대중교통수단은 버스정류장 단 하나가 전부다. 이를 환산하면 임대면적 25m²당 1대의 주차장을 설치하고 있는 셈인데 1대의 주차장을 만드는 데 약 25m²가 필요하므로 임대면적 대 주차면적의 비율은 1:1이다. 미국의 쇼핑몰 산업계는 이보다도 더 여유롭게 주차장 수를 제시한다.[33] 참고로 우리나라 상업시설의 법정 주차대수는 100~125m²당 1대이다.

이런 주차장 비율을 서울에 적용하면 어떻게 될까? 대규모 복합 상업 건축인 용산 민자역사(아이파크몰)에 대입해보자. 전체 연면적(27만 2,155m²)에서 판매시설과 문화집회시설 등 임대면적은 전체의 60%가 넘는다.[34] 에드먼턴몰 기준을 대입하면 최소 6,530대 이상의 주차장이 필요하다는 계산이 나온다. 용산 아이파크몰의 법정 주차대수는 2천 대이고, 실제 건설한 것은 2,105대이다. 적어도 3배 이상의 주차공간을 만들어야 미국 쇼핑몰 기준에 근접하게 된다.

강남 센트럴시티는 어떨까? 임대면적이 60%라고 가정해도 미국 기준으로 9,520대의 주차장이 필요하다. 센트럴시티의 주차장은 2000년 개장 당시 3,650대로 알려져 있다.[35] 법정 주차대수는 충족했지만 미국의 기준이 되려면 적어도 2.6배의 주차장이 필요한 것이다. 주말에 센트럴

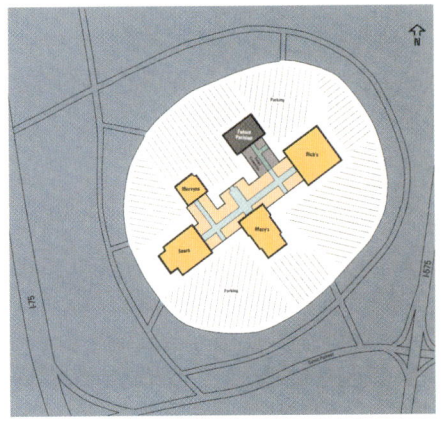

미국 조지아 주 코브카운티의 타운센터 쇼핑몰 속의 길은 백화점과 백화점을 연결하는 시작과 종점이 있는 선분이다. 그 바깥은 거대한 주차장이다. ⓒJMB/Urban Development Co.

시티 주변 블록 전체가 지하주차장으로 들어가려는 자동차의 행렬로 에워싸이는 것은 당연한 결과다.

에드먼턴몰은 하나의 건축유형이 복제, 대량생산, 파급될 경우 도시조직에 엄청난 영향을 준다는 것을 보여준다. 첫째, 쇼핑몰 속의 길은 건축이라는 외피에 감싸여 도시와 등을 돌리고 있다. 몰 속의 길은 백화점과 백화점을 연결하는 시작과 종점이 있는 선분이다. 그 바깥은 주차장이다. 반면 도시의 길은 시작과 끝이 없는 무한한 선이며 연결망이다. 길이 모이고 중첩되어 연결망을 만드는 것이다.

거대한 엔터테인먼트의 세계를 내부공간에 집약시키기 위해서는 건물보다 더 넓은 주차장을 만들 수밖에 없다. 땅값이 싼 북미에서는 굳이 지하주차장이나 주차타워를 만들 필요가 없기 때문에 거대한 몰의 주차장은 길과 건물을 고립시키는 역할을 한다. 실제 이러한 주차장은 비수기와 평일에는 한산한 공간으로 남는다. 안전한 내부공간과 달리 주차장은 밤이 되면 황량한 곳으로 바뀐다. 쇼핑몰 간의 경쟁에서 도태된 경우 주차장은 우범지대가 된다. 실제 경쟁에서 밀린 쇼핑몰이 점차 싸구려 잡화점으로 전락하거나 텅 빈 채 남아 있는 것을 미국 여러 도시에서 목격할 수 있다.

둘째, 대형 쇼핑몰은 주택가의 작은 상점을 고사시킨다. 쇼핑몰에 들어서는 일용 생활용품점, 잡화점, 가전제품점, 음식점은 대부분 프랜차이즈다. 도소매업과 음식점의 자영업자 비율이 전 세계에서 가장 낮은 미국의 산업구조가 이러한 도시구조를 만들고 있는지, 반대로 도시구조가 산업구조에 영향을 주고 있는지는 경제·산업적 분석이 필요하겠지만 미국의 교외도시와 쇼핑몰 주변에는 길모퉁이 작은 상점이 없다.[36] 담배 한 갑이나 우유 한 통을 사기 위해서도 자동차를 타지 않으면 안 되는 곳이 대부분의 미국 도시다.

그러나 1970년대 후반에 교외 상권이 포화 상태에 이르면서 교외 쇼핑몰 열풍도 한계에 부닥쳤다. 인구증가보다도 빠른 속도로 교외도시와 쇼핑몰이 건설되었기 때문이다. 쇼핑몰을 유치하고자 도로, 상하수도 같은 도시 하부구조의 건설을 기꺼이 부담했던 지방정부도 건설비용을 개발업자의 몫으로 돌리기 시작했다. 에너지 비용도 급격히 증가하자 중앙정부의 입장도 반대로 돌아섰다. 미국 환경보호국 Environmental Protection Agency은 쇼핑몰의 무분별한 개발이 자동차 배기가스로 인한 대기 오염의 원인이라고 판단했다. 1973년 미국 정부는 교외도시에 거대한 주차장을 건설하는 것에 제동을 거는 법안을 통과시켰다.[37] 개발업자들이 도심으로 돌아오기 시작한 것은 환경과 도시를 걱정해서가 아니라 교외에 건설하는 비용보다 기존의 도시에 건물을 짓는 것이 더 경제적이었기 때문이다.

공룡건축의 부메랑

빅터 그루엔이 새로운 건축유형인 '쇼핑몰'을 창안했을 때 건축가로서 나름대로 상업과 디자인을 결합하면서 사라져가는 길을 새로운 건축 속에서 재현하려는 의도도 있었을 것이다. 그러나 그루엔이 창안한 아령형 쇼핑몰은 개발업자의 상업주의와 반反도시적 정서와 맞물려 공룡건축으로 변형되었고 결국은 도시 전체에 부메랑이 되어 돌아왔다. 거대한 주차장으로 둘러싸인 쇼핑몰의 환경적 폐해는 파악할 수 있을 것이다. 그러나 수치로 환산할 수 없는 도시의 일상과 문화에 드리워진 그림자는 깊고 오래갈 것이다.

  교외도시와 거대 쇼핑몰이 도시민의 일상에 미친 결과를 직접 체험할 기회가 있었다.[38] 교외화 이후 post-suburban 미국 도시 건축의 변화를 연구하기 위해 커뮤니티 재생운동을 가장 일찍 시작한 시애틀에서 1년을 보낸 2006년이다. 한인들이 많이 몰려 있는 교외를 피해 학교에서 가까운 중산층 주택가에 집을 구하고 대중교통을 이용해 학교를 다녔다. 그런데 도착한 지 얼마 안 되어 시애틀에서조차도 교외화의 심각한 문제를 피해갈 수 없다는 것을 알게 되었다. 예산을 절감한다는 이유로 폐교 결정을 내린 학교 명단에 아들이 다녔던 초등학교가 포함된 것이다. 교장과 학부모회조차 예상치 못한 결정이었다. 의사결정 과정이 최대의 자랑거리라는 미국에서 사전 예고 없이 언론에 일방적으로 폐교 계획을 발표했던 것이다. 각 학교는 대책위원회를 구성했고 여러 차례의 공청회가 열렸다. 말이 공청회지 각 학교별로 자신의 학교가 포함된 것을 조목조목 반박하거나 폐쇄 결정을 신랄하게 비판하는 자리였다.

고전적 도시계획에서 커뮤니티의 중심은 초등학교다. 1920년대 클레런스 페리Clarence Perry라는 도시이론가는 초등학교를 중심으로 도보 5분 거리를 근린주구近隣住區, neighborhood로 정의했다. 그 이론이 조금이라도 유효하다면 공립초등학교는 여전히 도시 세포의 핵이다. 공립초등학교는 경쟁과 효율을 위해 문을 닫거나 통폐합하는 대학이나 사립학교가 아니다. 작은 예산을 절감할 수 있을지는 모르나 도시 세포들을 죽임으로써 큰 것을 잃는다. 폐쇄 기준의 이면에는 다양성, 형평성에 어긋나는 이데올로기가 숨어 있다. 공청회에서 이런 비판이 쏟아져 나왔다. 다행히 우리 아이가 다녔던 학교는 대상에서 제외되었지만 나머지 10개 학교는 폐쇄의 길을 밟았다.

미국 대부분의 도시와 달리 시애틀의 도심은 여전히 활력이 넘친다. 바다와 울창한 수림, 마이크로소프트와 보잉사 같은 배후의 첨단산업이 공존하는 이상적 현대도시로 보인다. 그런데 왜 이 부유한 도시가 1년에 50억 원을 줄이려고 공립초등학교 문을 닫는 수치스럽고 비교육적 결정을 해야만 할까? 미국의 도시는 우리나라의 광역도시처럼 크지 않다. 행정구역상 시애틀은 서울시 면적의 1/3, 인구 57만의 작은 도시에 불과하다. 대신 주변 도시를 묶어 인구 320만의 광역도시 푸제 사운드Puget Sound를 형성한다. 이런 도시구조에서 중산층이 교외로 이주하게 되면 작은 단위 도시의 세금이 줄어들게 된다. 결국 시 정부는 재정 적자를 줄이기 위해서 고육지책으로 공교육 예산을 삭감하는 것이다. 교육당국자와 지역 정치인들은 자신들이 살고 있는 도시의 장점과 매력을 몰라서가 아니라 자동차와 고속도로가 만들어놓은 도시구조 앞에 어찌할 수 없이 당하는 것이다. 미국에서도 가장 살기 좋다는 이곳의 고속도로 정체는 한국을 능가한다. 석유 에너지가 고갈되고 그 값이 오르는 도시의 미래는 더욱 불확실하다. 가끔 시애틀의 온라인 라디오방송을 듣곤 하는데 몇 년이 지난 지금도 고속도로 정체는 여전하다.

건축과 도시의 상관관계를 연구하는 나에게 미국은 철저한 여과 과정이 필요한 비교 표본이었다. 막대한 에너지를 소비하면서 버티는 기형적 도시구조와 애물단지 쇼핑몰에서 과연 우리는 무엇을 배울 수 있을까?

미국에서 이런 문제가 서서히 드러나는 동안에도 한국에서는 복합몰의 열풍이 한동안 계속되었다. 서울에 들어선 코엑스몰, 아이파크몰, 잠실 롯데쇼핑몰, 센트럴시티, 엔터식스몰, 건대 스타시티, 영등포 타임스퀘어 등 복합쇼핑몰은 젊은 세대의 라이프스타일을 바꿀 정도로 인기 몰이에 성공했고 이러한 트렌드에 힘을 얻은 대형 유통업체들은 앞다퉈 전국의 복합몰 경쟁에 나섰다.[39] 하지만 대형 상업건축이 과잉 공급된 결과는 미국발 금융위기 이후 서서히 드러나고 있다. 뒤에서 다루겠지만 각종 복합몰, 대형 마트가 포화 상태에 이르자 한쪽에서는 대형 상업건축 개발프로젝트가 무산되고, 다른 쪽에서는 기업형 슈퍼마켓으로 생존 전략을 바꾸고 있다. 그런데도 우리 사회는 이런 현상을 기업이나 상인의 경쟁과 생존의 문제로 볼 뿐 도시공간의 구조적인 문제로 접근하지 않고 있다. 도시와 건축학계의 비평적 논의 또한 활발치 않다. 반면 후기 자본주의의 구조적 문제를 파헤친 데이비드 하비 David Harvey(1935~)와 같은 학자들은 후기 자본주의의 문화 논리는 도시 간의 경쟁을 부추기고 상업과 문화시설의 과잉투자로 이어진다고 오래 전 경고한 바 있다.[40]

창의와 혁신을 왜곡하는 '상업주의의 진부함', '공공성을 훼손하는 상업공간'을 논의의 장으로 끌어내기에는 우리는 아직 개발과 성장에 젖어 있다. 고상한 문화 비평이라고 일축한다고 하더라도, 쇼핑몰이 들어서면 무더기로 가게 문을 닫아야 할 13.6%에 달하는 자영업자들의 퇴로는 어떻게 열어줄 것인지 반문하지 않을 수 없다.

chapter 8

도심 몰

슈퍼블록의 최후

1972년 4월 22일, 텔레비전을 타고 미국 전역에 극적인 장면이 생중계 되었다. 미국 정부가 중부 도시 세인트루이스에 있는 20년도 안 된 푸르이트이고 주거단지Pruitt-Igoe Housing를 폭파한 것이다. 사람 나이보다 젊은 건물을 허문다는 것은 우리에겐 익숙한 일이지만 유럽과 미국에서는 아주 특별한 경우였다.

푸르이트이고는 미국의 연방정부가 지은 아파트 단지로, 23만m²의 땅에 2,870세대가 들어가는 11층 높이의 33개 동 건물이었다. 이 면적은 서울 강남의 고속터미널이 앉아 있는 블록 전체와 비슷한데, 이 정도면 미국에서는 초대형 블록이다. 1955년에 짓고 1972년 폭파할 때까지 미국 정부가 5천7백만 달러, 우리 돈으로 7백억 원을 쏟아 부은 야심찬 도심 복원사업이었다. 게다가 당시 미국 연방정부가 건설한 다른 아파트보다 60% 이상 비쌀 정도로 괜찮은 아파트였다. 1950년 설계안이 나왔을 때 언론은 "올해 최고의 고층아파트"라는 찬사를 보냈다.

그때부터 20년이 채 지나지 않았던 1970년 초, 푸르이트이고는 마약과 범죄가 우글거리는 곳이 되었다. 기숙용으로 지은 16개 동을 제외한 17개 동에는 불과 6백 명만 살고 있었다.[41] 건물을 그대로 두고서는 문제를 해결할 수 없다고 판단한 정부는 이를 폭파하는 전대미문의 결정을 내렸다.

이 건물은 젊고 의욕이 넘쳤던 일본계 건축가 미노루 야마사키Minoru Yamasaki(1912~1986)가 설계했는데 2001년 9·11 테러로 사라진 뉴욕의 월드트레이드센터World Trade Center 쌍둥이 건물도 야마사키의 작품이다. 데뷔작과 최고작이 모두 폭파되고만 참으로 운이 없는 건축가다. 이유는 달랐지만 근대주의 건축을 상징하는 두 건물이 폭파된 것은 우연의 일치라고 보기에는 묘한 결과다. 근대건축을 신봉하다 탈근대건축을 옹호하는 입장으로 재빨리 변신한 약삭빠른 건축가 찰스 젠크스Charles Jencks는 이 사건을 "근대건축의 죽음"이라고 선고해버렸다.[42] 반면 닉슨 대통령은 도시 위기가 끝났다고 공식적으로 선언했다.[43] 당시 학생들과 젊은 건축가들은 이성적인 근대건축의 시대가 저물고 감성적인 탈근대주의의 시대가 찾아왔다고 믿었다. 푸르이트이고는 실패한 근대건축의 오명을 쓰고 탈근대건축을 받아들이는 제물이 되었던 것이다.

하지만 푸르이트이고의 실패가 건축형태나 양식의 문제였을까? 우리나라의 아파트 단지에 공동체 의식이 없다고 비판할 때 흔히 반복적인 상자 갑 모양을 이유로 든다. 그렇다면 평평한 아파트를 경사지붕으로 씌우거나, 비싼 재료로 포장한다고 공동체가 복원될까? 요즈음 주변에는 꼭대기에 이상한 모자를 쓴 것 같은 아파트가 심심찮게 눈에 띈다. 심의위원회가 아마도 단순한 상자 갑 모양을 탈피해보라고 훈수를 두었거나 이를 의식한 건축사사무소가 먼저 제안했을 것이다. 하지만 이런 처방은 건축의 사회·문화적 기능을 외면하고 표피적 이미지 속에 건축을 가두는 단견이다.

푸르이트이고 폭파의 밑바닥에는 미국 도시가 안고 있는 계층과 인종 갈등이 깊게 깔려 있었다. 인종과 계층을 공간적으로 분리시킴으로써 갈등을 수면 아래로 가라앉히는 고도의 공간 전략이 그것이다. 야마사키가 설계한 아파트가 이런 문제를 해소하지 못하고 오히려 악화시켰던 것이다. 이 건물 주변에는 비슷한 저소득층 흑인 주거지가 있었지만 이처럼 공동화되지도 않았고 범죄도 없었다. 푸르이트이고 단지의 텅 빈 외부공간은 위험이 도사리는 곳으로 변했다. 반면 길에 바짝 붙어 있었던 주변의 저층 아파트는 북적댔지만 훨씬 안전했다. 푸르이트이고의 실패는 주변과는 격리된 슈퍼블록, 공공공간의 구실을 못하는 건물의 저층부, 위험한 복도 등 슬럼화를 부채질하는 공간구조에서 시작되었다.

흔히 아파트 단지가 주택가보다 훨씬 안전하다고 생각한다. 하지만 길과 분리된 고층건물이 길과 밀접한 저층건물보다 더 위험하다는 사실이 푸르이트이고에서 증명되었다. 보안 카메라와 경비가 지키고 있지 않다면 우리나라의 아파트 단지가 주택가보다 안전하다고 확언할 수 있는 실증적 근거는 없다.

결국 푸르이트이고는 도시의 섬이 되었던 것이다. 고속도로가 놓이면서 백인 중산층은 교외도시로 빠져나가고 흑인 빈민층만 도심에 남았다. 흑-백, 빈-부, 업무-주거를 가르는 도시 건축의 공간구조가 실패의 근원이었다. 하지만 여론은 다수의 힘에 끌려간다. 자동차로 출퇴근하는 사람이 더 많은 도시에서 걷는 사람들의 목소리는 약하다. 1950년대 세계의 최강자로 군림하며 풍요를 구가했던 미국에서 자동차 문화에 제동을 건다는 것은 쉽지 않았다.

작고 낮고 낡은 곳의 생명력

그런데 푸르이트이고 사건이 일어나기 훨씬 이전에 미국의 도시계획을 신랄하게 비판하고 행동으로 옮기는 데 앞장선 한 여성이 있었다. 1961년 『미국 대도시의 죽음과 삶』을 쓴 제인 제이콥스 Jane Jacobs(1916~2006)다. 그는 전문 지식을 가진 도시계획가가 아니라 행동하는 언론인이자 시민운동가였다. 하지만 그는 자신의 책에서 누구도 감히 말하지 못했던 문제를 단순 명쾌한 논리와 문학적 감수성으로 호소력 있게 제기했고, 그 결과 미국 도시계획사의 흐름을 반전시켰다.

이 책을 한 문장으로 요약한다면 도시의 다양성과 복합성을 없애는 대규모 재개발과 고속도로 건설에 대한 비판과 성찰이다. 도심을 살리려는 취지로 시작했던 1950년대의 도심 재개발이 도리어 커뮤니티를 파괴하고 섬처럼 고립시켰다는 것이다. 제이콥스는 살고, 일하고, 소비하고, 즐기는 곳을 분리시키는 지역지구제 zoning 대신 이 모든 기능이 한곳에 섞인 고밀도 공동체를 보존할 것을 역설했다. 사례로 든 곳은 맨해튼의 주거지 그리니치빌리지 Greenwich Village였다. 당시 이곳에는 값싼 임대료 때문에 작가, 시인, 예술가, 학생이 모여들었고 클럽, 극장, 커피숍은 자유롭고 역동적인 보헤미안 풍경을 연출했다. 제이콥스의 책은 그리니치의 재

맨해튼의 그리니치빌리지 제인 제이콥스가 살고, 일하고, 소비하고, 즐기는 기능이 한곳에 섞인 고밀도 공동체의 사례로 제시한 곳이다. ⓒ김성홍

개발 계획을 저지시키는 데 결정적 역할을 했다.

그 후 그리니치는 예술, 상업, 주거가 결합된 고급 주거지로 변모했다. 마천루가 빽빽이 들어찬 맨해튼 한가운데 남은 낡은 저층 건물이 부자들에게 오히려 인기를 끌었다. 이 때문에 가난한 예술가들이 브루클린이나 롱아일랜드로 밀려나는 역설적 현상이 벌어졌다. 그래서 예술가와 역사학자들은 보헤미안 시대가 사라진 것을 아쉬워한다. 제이콥스와 시민단체가 지켜낸 도시 공동체가 결과적으로 차별화된 부유층의 주거지가 되었던 것이다.

제이콥스에 대한 평가는 엇갈리지만 그는 크고, 높고, 새로운 건물에 중독된 1950~1960년대 미국인에게 무엇이 중요한지를 깨닫게 해주었다. 당시 뉴욕의 도시계획을 좌지우지했던 기린아 로버트 모스Robert

Moses(1888~1981)의 대척점에 제이콥스가 있었다. 모스는 뉴욕의 오스만이라고 불릴 정도로 뉴욕 도시계획에 막강한 영향력을 행사했던 행정관료였다. 모스는 뉴욕의 해안선을 바꾸고 다리와 터널을 건설하고, 새로운 교외 주거지를 개발했다. 현재의 롱아일랜드도 모스가 주도한 도시 고속도로 건설 때문에 생겨날 수 있었다. 이처럼 막강했던 모스가 밀어붙이려고 했던 맨해튼의 고속도로 계획을 저지시킨 사람이 제이콥스였다. 그 후 캐나다로 이주한 제이콥스는 시민운동을 계속했고 토론토의 고속도로 건설계획도 무산시켰다.

제이콥스에 대한 찬사만큼 비판도 따른다. 19세기 도시의 근본적 문제를 제대로 보지 못하고 미화했다는 것이다. 사람들이 도시를 탈출해 교외로 빠져나갔던 이유는 도심이 중산층이 살기에는 열악했기 때문이었다. 그러다가 그리니치와 같은 뉴욕의 도심이 살아났던 것은 중산층이 빠져나간 자리에 새로운 도시의 계층이 들어서면서 서서히 변화했기 때문이었다. 이 과정에서 원주민은 비싼 땅값과 임대료 때문에 밀려나고 부르주아지 도시문화를 즐기는 여피yuppies들이 그 자리를 차지하게 되는, 이른바 고급화현상gentrification이 일어난 것이다.

현대도시를 움직이는 힘은 제이콥스가 생각하는 것보다도 훨씬 복잡하다. 생산과 소비가 기름을 잘 친 바퀴처럼 돌아가는 도시를 희망했던 제이콥스의 생각은 부동산 투기 자본의 눈으로 보면 낙관적이고 순진하다.[45] 제이콥스에 대한 가장 설득력 있는 비판은 진보학자 데이비드 하비나 마누엘 카스텔Manuel Castells(1942~)이 파고들었던 도시 계층 간 갈등과 같은 구조적 문제를 감성적으로 접근했다는 것일 테다.

하지만 일리가 있는 비판일지라도 제이콥스의 업적을 뒤집지는 못한다. 그가 사망한 뒤 2007년 록펠러재단은 최고의 도시설계가에게 주는 '제인 제이콥스상'을 제정했고, 같은 해에 토론토 시는 '제인 제이콥스의 날'을 만들었다. 도시 문제를 몸으로 체험했던 제이콥스는 정통학자와 행정가들보다 논리적이지는 않았지만 도시의 미래를 더 멀리 내다볼 줄 알았다. 북적대는 도심에 질긴 생명력이 있다는 사실을 예견한 것이다.

도심 상업건축의 매력적인 복원

1970년대 후반부터 미국의 도시계획에 변화가 일어나기 시작했다. 의식 있는 학자와 행정가들이 새로운 대안을 찾았고, 부동산 개발업자들도 생각이 바뀌기 시작했다. 고속도로가 놓이는 곳이면 어디든지 따라갔던 쇼핑몰이 도심으로 돌아오기 시작한 것도 이때다. 그 시발점이 된 건물이 보스턴의 퍼네일홀 Faneuil Hall 이다.

퍼네일홀은 1742년에 지은 건물로 1층은 시장, 위는 집회장으로 썼던 복합건축물이었다. 역사적 건물이 대부분 그렇듯이 화재로 불타서 고치기도 하고, 증축도 여러 차례 했다. 1823년 보스턴 시가 3동의 길쭉한 건물로 확장해 오늘의 모습이 되었다. 그런데 1900년대 초에 이르자 혼잡한 길과 교통 체증 때문에 상인들이 하나둘씩 이곳을 떠나기 시작했다. 1956년 마침내 보스턴의 도시계획위원회는 건물을 철거하고 고층 상업건축을 건설하려는 계획을 세웠다.

그러나 보스턴의 한 컨설팅 회사는 이 건물을 재래시장으로 남길 것을 권고했고, 케빈 린치 Kevin Lynch 같은 학자들도 이에 힘을 실었다. 1970년대 말 마침내 상업건축의 전문가 벤저민 톰슨 Benjamin Thompson & Associates 과

미국 보스턴의 퍼네일홀 퍼네일홀은 오래된 역사적 건물을 허물지 않고서도 매력적인 공공공간으로 탈바꿈시킨 사례가 되었을 뿐만 아니라, 상업적으로도 큰 성공을 거두었다. ⓒ김성홍

부동산 개발회사인 라우즈Rouse Company가 손을 잡고, 오랫동안 방치되었던 시 소유의 건물을 상업건축으로 개조하는 사업을 시작했다. 개발에 필요한 돈은 민간자본과 공공기금에서 충당했다. 1981년 건물이 완성되었을 때 150여 개의 상점과 20여 개의 식당이 들어섰다.

3동 가운데 중앙에 있는 것이 퀸시마켓Quincy Market인데 복원사업이 끝나자 건물 양편의 좁고 길쭉한 외부공간은 이내 도시의 명소가 되었다. 이런 이유 때문에 퍼네일홀은 퀸시마켓으로도 불린다. 퀸시마켓은 물건을 사고파는 상업공간, 시민들의 축제공간, 유명 정치인이 대중 앞에 나서는 정치공간을 모두 아우르는 활기 넘치는 다목적 공간이 되었다.

퍼네일홀은 오래된 역사적 건물을 허물지 않고서도 매력적인 공공공간으로 탈바꿈시킨 사례가 되었을 뿐만 아니라, 상업적으로도 큰 성공을

미국 샌디에이고 호턴플라자 미국에서 성공한 도심 몰로 인정받았던 호턴플라자는 부동산 전문 개발업자 어니스트 한이 1985년 개장했다. ⓒ김성홍

거두었다. 그 후 민간과 공공이 협력한 도심 상업건축 복원사업의 열기를 뜻하는 '퍼네일 현상faneuilization'이란 신조어가 생겼다.

보스턴에서 실력을 입증한 라우즈-톰슨 팀은 볼티모어 항만Baltimore Inner Harbor 재개발, 뉴욕 사우스스트리트 항구South Street Seaport District 재개발 등 복원사업을 이어갔다. 침체된 도심지역이 살아나고 세수가 늘어나자 미국 전역의 도시가 비슷한 사업에 뛰어들었다. 그 결과 보스턴, 볼티모어, 필라델피아 등의 동부지역에서는 제임스 라우즈James Rouse, 로스앤젤레스, 샌디에이고 등 서부지역에서는 어니스트 한Ernest Hahn과 같은 전문 부동산 개발업자가 탄생했다.

샌프란시스코의 관광명소 기라델리스퀘어Ghirardelli Square도 복원사업의 성공사례로 빼놓을 수 없는 곳이다. 1893년 기라델리Domingo Ghirardelli는 샌프란시스코 수변의 땅을 구입해서 초콜릿공장을 만들었다. 1960년대 건물은 마카로니 회사에 팔렸는데 본사가 다른 곳으로 이사하자 매물로 나왔다. 샌프란시스코에 살았던 윌리엄 로스William Roth는 이 자리에 아파트가 들어서는 것을 막기 위해 땅을 샀다. 그 후 로스는 캘리포니아의 저명한 조경건축가 로렌스 할프린Lawrence Halprin에게 벽돌 외벽을 살리면서 내부는 식당과 상점용도로 쓸 수 있도록 설계를 의뢰했다. 1964년 기라델리의 이름을 따서 개장한 기라델리스퀘어는 보스턴 퍼네일홀의 명성에 가려졌지만 미국에서 역사적 건물을 재생하는 데 성공한 첫 번째 사례였다. 태평양을 바라보는 근사한 쇼핑·여가공간으로 탈바꿈한 것이다. 1982년 이 건물은 미국의 사적지National Register of Historic Places로 등록되었다.

퍼네일홀과 기라델리스퀘어에서 보듯이 대서양과 태평양, 호수와 강에 면한 수변 도시를 따라 상업건축의 복원사업이 확산되고 성공을 거둔 것에는 두 가지 이유가 있다. 첫째, 수변을 따라 형성되었던 대도시에는 수운교통에 필요한 공장이 많이 남아 있었는데 이런 건물들은 구조적으로 튼튼했기 때문에 부수지 않고도 다른 용도로 쉽게 개조할 수 있었다. 또한 산업용 건물의 거친 이미지는 현대건축에 식상한 사람들에게 오히려 신선한 매력을 주었다.

둘째, 수변 도시들은 내륙의 도시보다 교통 체증을 더욱 심하게 겪으면서 도심을 살려야 한다는 공감대가 먼저 형성되었다. 내륙의 도시가 동심원 모양으로 뻗어나간 반면 수변 도시는 한 방향으로 확산할 수밖에 없었기 때문에 교통문제가 더욱 심각했다. 자동차의 폐해와 함께 역사적 건축을 허무는 것이 능사가 아니라는 것도 먼저 깨달았던 것이다.

도심 몰, 절반의 성공

퍼네일 현상이 의미하는 것은 무엇일까? 미국인들이 집과 직장, 집과 쇼핑몰을 잇는 고속도로와 녹지대에서 무엇인가를 잃어버렸다고 느끼기 시작했던 것이다. 거대한 녹지대는 쾌적한 환경을 제공해주지만 차창 밖으로 스치는 풍경에 머문다. 자동차 때문에 편리함과 쾌적함을 얻은 반면 무미건조한 거리와 황량한 쇼핑몰의 주차장이 부메랑이 되어 돌아왔다. 퍼네일 현상은 잃어버린 도시문화의 향수를 대변한다. 쇼핑몰 안의 모조거리에서 북적대는 도심의 길로 사람들을 끌어낸 것이다.

하지만 도심 복원사업은 건물 단위의 재생사업에서 도시적 차원으로 발전되지는 못했다. 도시구조가 근본적으로 변하지 않는 이상 도시민의 행동반경은 집과 회사와 주차장을 연결하는 선을 크게 벗어나지 않는다. 대부분의 직장인은 도심에서 일하더라도 주변을 걸어다니지 않고, 주말에는 마음을 먹지 않는 이상 가족을 데리고 도심으로 들어오지 않는다. 그러다보니 도심 몰은 관광객을 상대하는 값싼 상점 수준을 벗어나지 못하고 있다는 비판을 받았다. 시 정부가 개발업자에게 주는 인센티브에 비해 지역경제에 미치는 효과도 미미했다. 주로 흑인과 소수민족을 고용하는 저임금 일자리라는 비판도 나왔다.[46] 도심 내의 경제적 격차와 문화적 불균형을 포장하는 탈근대주의의 스펙터클 전략에 불과하다는 진보 학자들의 비판도 만만치 않다.[47]

건축적으로도 보스턴의 퍼네일홀, 샌프란시스코의 기라델리스퀘어, 시카고의 노스피어 North Pier[48]와 같은 몇 개의 사례를 제외하고는 좋은 평가를 받지 못했다. 대중적 취향을 최우선하는 개발업자들의 요구를 건축

미국 시카고의 노스피어 1990년 시카고 강변의 오랜 공장 건물을 재생한 복합 상업건축. 하부의 3개 층은 상점과 레스토랑, 상부 4개 층은 사무공간으로 개조했다. ⓒ김성홍

미국 로스앤젤레스의 산타모니카몰 미국 최고의 실험적 건축가로 꼽히는 프랭크 게리가 빅터 그루엔과 공동설계한 산타모니카몰은 상업·건축적으로 성공하지 못했다. ⓒ김성홍

가들은 따를 수밖에 없다. 미국 최고 건축가 반열에 오른 프랭크 게리 Frank Gehry(1929~)도 명성을 얻기 이전에는 닥치는 대로 일을 했다. 게리는 쇼핑몰을 개발한 빅터 그루엔과 합작으로 로스앤젤레스의 산타모니카몰 Santa Monica Place 을 설계했는데 반복적인 아령형 평면을 탈피하고자 과감한 시도를 했지만 상업적으로 성공하지 못했다.[49]

몰을 설계 하고 난 다음 게리는 "부동산 업자들과 건축설계를 하는 것이 이렇게 힘들지 몰랐다"고 고백했다. 국제적 명성을 얻은 그의 작품 연보에는 이 건물이 슬그머니 빠져 있다.

우리 시대 최고의 실험적 건축가로 꼽히는 프랭크 게리가 쇼핑몰에서 성공을 거두지 못한 것은 그리 놀랄 일이 아니다. 이는 건축의 실패라기보다는 고속도로 그물망으로 엮인 미국 도시의 한계다. 이런 도시에서 실험적 건축을 많이 시도할 수 있지만 성공적인 공공건축을 만들기는 어렵다. 보스턴의 퍼네일홀과 샌프란시스코의 기라델리스퀘어를 절반의 성공이라고 보는 것도 바로 그런 이유다.

chapter 9

〈트루먼 쇼〉, 허상의 도시

　　영화 〈트루먼 쇼 The Truman Show〉(1999)의 주인공 트루먼(짐 캐리 분)은 간호사로 일하는 아내와 시헤이븐 Sea Heaven Island City에서 평범한 보험회사 직원으로 살고 있다. 길에서 만나는 사람들을 대부분 알고 지낼 정도로 시헤이븐은 바다 한가운데 있는 작은 섬이다. 어릴 때 배를 타고 바다로 나갔다가 파도에 휩쓸려 부모를 잃은 후 트루먼은 이 섬을 벗어나본 적이 없다. 다만 대학에 다닐 때 사랑했던 실비아가 사는 피지 Fiji에 가고 싶은 희미한 희망은 마음 한구석에 남아 있다.

　트루먼이 살고 있는 도시 시헤이븐은 실제는 텔레비전 드라마의 세트다. 이 사실을 모르고 있는 사람은 트루먼 혼자뿐이다. 그는 태어날 때부터 자신도 모르게 텔레비전 프로그램 〈트루먼 쇼〉의 주연으로 선택되었고, 마을 사람 모두는 그를 위한 조연으로 출연한 배우들이다. 파도에 휩쓸려 실종된 아버지와 어머니, 가장 친한 친구 말론, 심지어 아내 메릴도

〈트루먼 쇼〉를 위한 배우들이다. 트루먼 주변의 모든 사람은 그가 시헤이븐을 벗어나지 못하게 바다의 공포를 각인시키는 숨은 역할을 맡았다. 트루먼이 그가 사는 세계가 허구라는 사실을 알게 되는 순간 인기 최고의 드라마를 중단해야 하기 때문이다. 트루먼 주변의 모든 것은 광고다. 그가 먹는 음식, 입는 옷, 건물의 간판 모두가 광고용이다. 세탁기에 넣을 세제를 들고 아내 메릴이 몰래 카메라를 향해 어색하게 중얼거리지만, 트루먼은 이 사실을 전혀 눈치채지 못한다.

시청자들은 그 어떤 드라마보다도 사실적인 〈트루먼 쇼〉에 열광한다. 5천 개의 몰래카메라가 찍는 트루먼의 일거수일투족은 달을 가장한 텔레비전 조정실을 거쳐 전 세계의 안방으로 실시간 중계된다. 제작자가 의도하는 것은 하루 24시간, 1년 365일 동안 쉬지 않고 계속되는 대본 없는 진짜 드라마다. 미국 정부도 이 쇼에 천문학적 돈을 지원한다.

영화 말미에 트루먼은 피지로 가기 위해 파도를 헤쳐나간다. 풍랑은 물론 기계장치로 만드는 세트 속의 가짜다. 그러다가 트루먼이 탄 배는 세트 벽을 찢고 멈추어 선다. 그리고 트루먼은 세트를 박차고 진짜 세계로 걸어나온다.

영화 속 도시 시헤이븐의 촬영지는 미국 플로리다 시사이드 Seaside(1980~)다. 여러 번 자동차를 몰고 이곳에 가본 적이 있는데, 멕시코 만의 해안도로를 따라 푸른 바다와 눈부신 백사장이 펼쳐지고 반대쪽으로는 파스텔 색깔의 예쁜 지붕으로 덮인 마을이 나타났다. 그 모습은 그 후 이곳을 강타한 허리케인 카트리나나 유전 사고로 기름이 둥둥 떠다니는 끔찍한 광경을 연상하기 어려울 정도로 아름다운 풍경이었다.

도시를 떠나 어디론가 탈출하고픈 생각을 가진 사람이라면 이곳을 종

미국 플로리다의 시사이드 파빌리온 플로리다의 해안도로를 달리다보면 옥빛의 바다와 눈부시게 하얀 해변, 이를 내려다보는 파빌리온이 나타난다. ⓒ김성홍

착지로 여길 만하다. 시헤이븐은 일상이 분주한 작은 도시로 그려지지만, 실제 시사이드는 따뜻한 기후와 바다를 즐기기 위해 찾아온 부자들의 조용한 휴양지다. 그리고 시사이드는 뉴어버니즘 New Urbanism이라는 새로운 도시 개념을 구현한 최초의 도시로 손꼽힌다.

새로운 도시설계 운동

뉴어버니즘은 1991년 미국 캘리포니아의 주도 새크라멘토 Sacramento에서 몇 사람의 전문가들이 모여 작은 마을을 위한 도시설계의 원리를 개발하면서 시작되었다. 참여자들이 개발한 원리는 수백 명의 지방 공무원들로부터 큰 호응을 얻었다. 이들 전문가들은 1993년 시카고에서 처음 학술대회를 개최한 이후 매년 미국의 도시를 순회하면서 열고 있다. 그 결과 뉴어버니즘은 새로운 도시설계를 실현하는 전 방위적 운동으로 널리 알려지게 되었다. 이들이 지향하는 바는 '뉴어버니즘 헌장'에 다음과 같이 쓰여 있다.

> 이웃neighborhoods은 다양하게 구성되어야 하고, 공동체communities는 보행자와 대중교통에 편리해야 한다. 도시cities and towns의 중심에는 공공공간과 공공시설이 있어야 한다. 도시의 장소urban places는 지역의 역사, 기후, 생태, 기술을 반영하는 건축과 조경으로 꾸며야 한다.[50]

건축과 도시 분야에서 일하는 사람에게는 너무나 당연한 말이다. 그런데 어떻게 이것이 도시설계의 새로운 패러다임이 될 수 있었을까? 그 답은 '뉴어버니즘'이 대척점으로 설정한 '어버니즘'의 정체를 알게 되면 분명해진다.

> 비슷한 사람들끼리 모여, 비슷한 용도로 마을을 만들고, 도시는 자동차를 타지 않으면 가기 어렵게 하며, 중심은 쇼핑몰과 같은 거대한 상업시설로 채우고, 도시의 장소는 전 세계의 어디서나 볼 수 있는 보편적 재료, 기술, 양식의 건축과 조경으로 꾸민다.

뉴어버니즘의 헌장을 반대로 만들어보면 이렇게 된다. 이런 곳이 있을까 의문이 들겠지만 20세기 초 서양의 도시계획가들이 꿈꿨던 이상 도시가 왜곡되면 이렇게 된다. 실제 이를 극단적으로 실현한 나라가 미국이다. 교외도시는 소득과 인종이 비슷한 집단으로 채워져 있고 주거와 상업, 사는 곳과 일하는 곳은 '지역지구제'라는 도시계획 기법으로 구분해 놓았다. 끝없이 뻗어나가는 교외도시를 고속도로가 연결하고, 교외도시와 고속도로가 만나는 곳에는 예외 없이 거대 쇼핑몰이 웅크리고 있다.

뉴어버니즘은 바로 미국이 수십 년간 만든 흉측한 교외도시에 대한 반성이자 대안이다. 하지만 1991년 새크라멘토에 모인 전문가들이 이런 생각을 처음 한 것은 아니다. 많은 도시계획가, 건축가, 언론인들이 교외도시와 고속도로의 건설에 오래전부터 반대했다. 앞 장에서 다룬 제인 제이콥스는 이를 실천으로 옮긴 언론인이자 시민운동가였다. 그러나 제이콥스를 포함한 개발 비판론자들은 반대 이상의 구체적 대안을 내놓지 못했다. 뉴어버니즘이 주목을 받는 것은 바로 새로운 도시설계의 기법을 제시하고 현실화한 것에 있다. 이 점에서 뉴어버니즘이 실현된 시사이드는 에베네저 하워드 Ebnezer Howard(1850~1928)의 유토피아적 전원도시 이론에 따라 건축가 레이몬드 언윈 Raymond Unwin(1863~1940)이 1904년 런던의 교외에 만든 레치워스 Letchworth와 비슷하다.[51] 뉴어버니즘의 영향을 받아 미국 전역에서 적어도 6백 개 이상의 신도시나 마을이 이를 모델로 만들어졌고, 유럽으로도 확산되었다.

삶이 빠진 화보집의 도시

시사이드는 미국 교외에 흔한 이른바 '집장사'들이 지은 집들과는 달리

시사이드의 관광안내소 영화 속 주인공이 출퇴근하면서 지나다니던 광장 모퉁이의 관광안내소는 건축가 스티븐 홀이 설계했다. ⓒ김성홍

시사이드의 길 영화 〈트루먼 쇼〉에는 하늘에 떠 있던 몰래카메라가 사고로 떨어지는 장면이 나오는데 바로 이 길이다. ⓒ김성홍

품격 있는 집들이 모여 전체를 이루고 있다. 영화 〈트루먼 쇼〉의 주인공이 출퇴근하면서 지나다니던 광장 모퉁이의 관광안내소는 건축가 스티븐 홀Steven Hall이 설계를 했고, 방사형으로 뻗어나간 길 양편의 집들도 대부분 미국의 이름 있는 건축가들이 손을 댔다. 영화에는 하늘에 떠 있던 몰래카메라가 사고로 떨어지는 장면이 나오는데 사진에서 보이는 길이 바로 그곳이다. 그 뒤로 소공원의 파골라가 있고, 오른쪽으로 건축가 레온 크리어Leon Krier가 설계한 집이 높게 솟아 있다. 워낙 찾아오는 관광객이 많아서인지 집 앞에는 '여기는 실제 사는 곳이니 제발 방해하지 말아주세요'라고 푯말을 세워두었다.

건축 책에 나오는 거장의 작품은 감동적이기는 하지만 막상 살고 싶다는 생각이 들지 않는다. 르 코르뷔지에가 설계한 파리 근교의 사보이 주택Villa Savoye(1929)은 근대건축의 새로운 원리를 이야기할 때 단골로 등장하는 곳이다. 그런데 주말 별장으로 설계되었지만 실제 이곳에서 사람들이 살았다는 기록은 없다. 20세기의 새로운 삶을 제시한 일종의 모델하우스인 셈이다. 미국 피츠버그 주의 숲속에 있는 프랭크 로이드 라이트의 낙수장Falling Water(1937) 역시 자연과 어우러진 장관에 입을 다물 수 없게 하지만 과연 사람이 살 수 있을까 하는 생각이 든다(흐르는 계곡과 바위 위에 올라앉아 있으니 동양의 풍수적 관점에서는 결코 좋은 집이라 할 수도 없다). 피츠버그의 부호였던 이 집의 주인은 이곳을 손님을 위한 별장으로 설계했지만 살았던 적은 없다. 지금은 라이트를 위한 일종의 박물관으로 쓰인다.

그런데 시사이드의 집들은 심오한 건축적 메시지를 품고 있지는 않지만 한번쯤 살고 싶다는 생각을 하게 한다. 자동차가 다니면서도 사람들이 걸을 수 있는 즐거운 길, 작은 마당과 파스텔 색깔의 경사지붕이 있는 목조주택, 미국 남부의 기후에 알맞게 내민 현관과 차양, 이 모든 풍경이 치밀한 계획에 따라 조성되었다. 로버트 데이비스라는 개발업자는 부모로부터 물려받은 땅에 휴양 콘도미니엄 단지를 짓기로 결심하고 부부 건축가 듀아니와 플레이터-자이버크Andres Duany and Elizabeth Plater-Zyberk에게 전체 설계를 의뢰했다. 이 부부는 1980년 플로리다의 마이애미에 건축사 사무소를 열었을 때만 해도 무명이었는데 시사이드를 설계한 다음 일약 국제적인 조명을 받게 되었다.

듀아니 부부는 32만m²의 부지에 350채의 별장 주택, 1백~2백 실의

시사이드의 주택 집 한 채부터 마을 전체에 이르기까지 크기, 양식, 재료, 색채를 통일했다. ⓒ김성홍

숙박시설, 상점, 회의시설, 레크리에이션 시설을 배치했다. 각 용도에 맞는 건축유형을 개발했고, 길 폭과 건물과의 이격거리도 유형화했다. 모든 집의 외벽은 일정 면적을 길에 면하도록 해서 아늑한 길의 느낌을 살렸다. 현관과 아치도 일정 길이 이상으로 만들도록 했다.[52] 이런 방식으로 집 한 채부터 마을 전체에 이르기까지 크기, 양식, 재료, 색채를 통일했다. 일반인이 이해하기 쉽도록 이런 규약을 도표와 그림으로 만들었고, 집을 짓고자 하는 사람들은 전체 마스터플랜과 건축규약을 따르도록 했다. 그 결과 사사이드는 영화의 배경이 될 정도로 아름다운 풍경을 연출하게 된 것이다.

그런데 이렇게 만든 도시 시사이드는 실제 어떤 곳일까? 나는 여러 번 이곳에 갔지만 영화처럼 분주히 사람들이 움직이는 광경을 본 적이 없다. 첫 인상은 아기자기하고 아늑하고, 여유로웠지만 몇 시간을 머무는 동안 결코 하루하루 바쁘게 살아가는 도시의 삶과는 거리가 멀다는 것을 깨닫게 되었다. 집마다 문패가 붙어 있었는데 '뉴욕 주 ○○○', '일리노이 주 ○○○', '조지아 주 ○○○'와 같은 식이었다. 미국 전역에서 오는 부자들이 휴가 때 잠시 머물러가는 도시다 보니 길에서 사람을 볼 수 없었다.

시사이드는 교외도시가 잃어버린 복고적 경관을 연출한 것이 분명하지만 현대도시가 직면한 문제의 핵심을 두드리지는 못한다. 뉴어버니즘 헌장에서 천명했듯이 도시는 다양한 계층을 아우르고 땅과 건축은 다양한 삶을 담아야 한다. 시사이드는 길과 건축의 물리적 품질을 높였지만 도시·사회적 문제는 처음부터 비껴갔다. "부유층을 상대로 만든 시사이드를 결코 도시라고 할 수 없다"라는 비판은 건축과 학생들로부터 나왔다.[53] 전적으로 합당한 비평은 아니다. 건축가와 도시설계가는 주어진 상황과 조건에서 최적의 결과를 만들어내는 전문가이지 사회운동가는 아니기 때문이다. 시사이드의 한계는 부동산 개발 전략의 당연한 결과이지 건축가의 역량 탓은 아닌 것이다.

그런데도 시사이드의 비판에 주목하는 것은 이곳이 근대주의 도시계획가들이 꿈꾸었던 전원도시와 미국 교외도시의 단점을 보완하는 대안으로 알려지고 있기 때문이다. 시사이드를 가보지 못한 도시행정가, 개발업자, 도시 건축가들에게 그 이미지는 매력적이다. 〈트루먼 쇼〉의 감독 피터 위어Peter Weir가 영화 촬영을 위해 세트를 지으려고 할 때, 그의 부인이 건축 잡지에 난 시사이드의 사진을 보고 세트장을 짓는 것보다 이곳에서 직접 촬영을 하는 것을 권했다는 사실만 보더라도 시사이드의 이미지가 얼마나 시선을 끄는지 알 수 있다.[54]

시사이드는 다양한 것들이 공존하는 '도시city'라기보다는 비슷한 것만

모아놓은 '단지cluster'다. 〈트루먼 쇼〉가 증명하듯이 거대한 '세트'다. 수려한 자연, 걷고 싶은 거리, 고품격의 건축이 어우러진 훌륭한 세트다. 그러나 거기까지다. 현대도시가 직면한 사회계층의 공간적 분리, 교통과 환경의 문제는 담지 못했다. 단지 안은 자동차의 매연과 소음이 없고, 친환경적인 곳이기는 하다. 그러나 기차나 버스와 같은 대중교통이 전혀 없기 때문에 많은 휘발유를 태우면서 갈 수밖에 없다. 그런데도 교통과 환경문제를 해결하는 지속가능한 환경도시로 높이 평가되곤 한다. 대중매체가 유포하는 이미지의 힘이리라.

형식주의를 넘어선 지속가능한 도시

영화 세트장과 마찬가지였던 시사이드는 우리에게 의미 있는 질문을 던진다. 첫째, 요즘 유행처럼 번지고 있는 '지속가능한 건축'이 건물 단위에서 머물고 있는 것은 아닌가 하는 점이다. 태양열을 이용한다거나 벽과 창의 단열 성능을 높임으로써 '친환경 건축'을 만드는 기술적 접근은 도시 단위로 확장되지 못한다면 한계가 있다. 경사지에 지은 전원주택 하나하나가 에너지를 절감하는 우수한 건축이라고 하더라도 단지를 조성하기 위해 녹지를 훼손한다면 이를 환경친화적이라고 할 수 있을까. 태양광과 풍력발전소 등 신재생에너지 발전소가 국토의 삼림을 오히려 파괴하고 있다는 비판이 제기되는 것도 수단이 틀리면 목적도 정당성을 얻기 힘들다는 것을 보여준다.[55] 더구나 친환경 도시로 자칭하는 곳이 주거·상업·산업 기능을 골고루 갖지 못해서 자족적 기능을 하지 못한다면 결국 사람들은 이동하기 위해 많은 에너지를 소비해야 한다. 현재 우리나라 수도권 근교에 위치한 대다수 전원주택은 실제 도시 생활권에 있기 때문에 인기가 있다. 그러나 이런 곳 대부분은 대중교통이 닿지 않는 곳이다. 결국 더 많은 에너지를 써서 적은 에너지를 절감하는 건축 속으로 들어가는 꼴인 것이다. 현재 우리나라 국가 에너지 기본계획에서는 건물의 설계 단계에서 에너지효율 관리를 강화하고 에너지절약형 리모델링을 활성화하겠다는 건물 단위의 전략은 있으나 건축, 도시, 교통을 결합한 총체적 비전은 제시하지 못한다.[56]

뉴어버니즘 학회는 미국의 환경 관련 협의회와 공동으로, 개별 건물에서 단지 단위로 친환경 평가방법을 확대한다고 한다. 즉 뉴어버니즘의 원리와 친환경 인증 시스템을 결합한 도시 건축의 종합적 평가기준을 마련한다는 것이다.[57] 이 기준을 적용한 좀 더 많은 친환경적인 단지가 생겨나기를 기대하지만, 이는 어디까지나 인구밀도가 우리나라의 1/15밖에 되지 않는 미국의 대안이다. 인구 3억의 미국이 소비하는 에너지는 13억의 중국과 8억의 인도를 합친 것보다 많다.[58] 화석연료 소비를 감축하는 데 가장 소극적인 선진국이 바로 미국이다. 미국은 위기가 닥쳐도 쓸 기름을 충분히 비축한 나라다. 반면 미국의 도시계획 모델에 깊은 영향을 받는 우리나라는 기름 한 방울 나지 않고, 에너지의 97%를 해외에서 수입한다. 도시화가 83%를 넘고, 인구의 절반이 수도권에 몰려 사는 기형적인 상황에 처한 우리나라는 한국형 친환경 도시 모델을 찾아야 한다. 단위 기술 개발과 더불어 많은 사람이 좁은 곳에 부대끼고 살 수 밖에 없는 집약도시compact city 속에서 해법을 찾아야 한다.

둘째, 하드웨어가 말끔해지면 소프트웨어도 좋아질 것이라는 형식주의에 대한 각성이다. 이런 생각은 각종 도시 재개발이나 대규모 개선사업을 추진하기 위한 명분으로 사용된다. 지난 수년간 서울시가 추진했던 '뉴타운사업'은 낡고 위험한 아파트를 개별적으로 고치지 말고 광범위한 지역단위로 개선하자는 논리 아래 추진되었다. 그러나 사업의 결과 원래 주민은 정착하지 못하고 도시 외곽의 값싼 지역으로 물러나고 있다. 도시는 깨끗해졌지만 정작 사는 사람들은 그 혜택을 받지 못하는 한국적 고급화현상이 계속되고 있는 것이다. 소프트웨어를 생각하지 않는 하드웨어는 이처럼 개발 논리를 정당화하는 수단으로 종종 동원된다.

도시 경쟁력을 높이려고 추진하는 '디자인 서울' 정책도 또 다른 형식주의다. 서울시가 주력한 디자인은 CI, 캐릭터, 가로시설물, 포장, 간판 등 일상공간을 감싸고 있는 표피적인 것이다.[59] 물론 공공이 쉽게 손댈 수 있는 곳이 이런 곳뿐이기는 하다. 그러나 사람이 사는 일상공간은 모두 개발주체들에게 맡기고, 건물 높이, 지붕 모양, 색상과 같은 형태만 간섭하는 것은 또 다른 형식주의다. 몸 속 병은 두고 얼굴만 성형수술을 하는 것과 같다. 물론 공공이 민간의 병을 직접 고칠 수는 없다. 그러나 거대한 도시 건축 사업이나 몇 개의 명품 건축보다 도시 전역의 작은 부분에 침을 놓아 전체를 조금씩 바꾸어가는 간접적 방법은 얼마든지 가능하다.

뉴어버니즘을 대표하는 시사이드는 훌륭한 휴양지이자 〈트루먼 쇼〉에서처럼 손색없는 영화 촬영지다. 그러나 도시로서의 시사이드는 미국 교외도시의 '낭만 버전' 이상으로 나아가지 못했다.

chapter 10

대형 할인점

오랜 유학생활을 끝내고 돌아와 처음 쓴 논문이 한국에 진출한 대형 할인점에 관한 것이었다. 건축과 언어의 상관관계를 다룬 제법 난해한 학위 논문으로 씨름했던 내가 건축 미학적으로 진부하다고 여겨지는 할인점을 논문의 주제로 선택한 것은 이를 한국 도시의 새로운 징후로 읽었기 때문이었다. 학계의 논문은 극소수의 독자가 읽고 묻히는 것이 대부분인지라 그 후 할인점에 관한 에세이를 여러 군데 기고했다.[60] 상업건축을 새로운 시각에서 관찰한 것이 재미있다고 이곳저곳에서 인터뷰를 요청해왔다. 하지만 경제학이나 유통산업을 전공하지 않은 나는 골리앗 할인점이 다윗 상점을 죽일 것이라는 산업적 전망보다는 주로 건축적 관점에서 이야기를 했다.

1996년 5월 6일자 신문에는 전 세계 17개국에 279개 대형 매장을 거느린 다국적 하이퍼마켓 체인 까르푸 Carrefour의 다니엘 B. Daniel 회장 인터뷰가 실렸다.

> 인터넷 등을 이용한 홈쇼핑은 한계가 있다. 쇼핑하면서 차도 고치고 은행 일은 물론 남편과 외식도 하는 원스톱 쇼핑 유통업체만이 경쟁력을 갖게 될 것이다.[61]

1996년 12월 1일 같은 신문에는 일산 신도시 까르푸의 등장으로 대형 유통업체가 무한경쟁에 돌입했다는 기사와 함께 국내유통관계자의 우려와 냉소가 섞인 말이 실렸다.

> 새로운 유통센터가 들어서면 호기심 때문에 일시적인 매출감소 현상은 피할 수 없다. 그러나 이런 현상이 3개월 이상 가진 않을 것이다.

그러나 다음 해인 1997년 1월 7일에는 다음과 같은 기사가 실렸다.

> 국내 유통업체들이 프랑스에서 날아온 까르푸의 가벼운 주먹 한방에 휘청거리고 있다. 까르푸는 작년 8월 한국에 데뷔한 지 4개월 만에 부천, 일산, 대전 등지에서 국내 유통업체들을 연거푸 녹다운 시키고 있다.[62]

1998년에는 전 세계에 3천4백여 개의 점포를 거느린 세계 최대의 유통업체인 미국 월마트 사가 네덜란드계 할인점 마크로를 인수하면서 한국에 진출했다.[63] 3년 후인 2001년 4월 17일자 신문은 국내업체 이마트가 그해 안에 개장되는 15개의 매장을 포함해 모두 43개의 매장을 거느

리게 되어 롯데·까르푸와 격차를 벌이고 있다고 보도했다. 4월 27일자 신문에는 외국계 대형 할인점의 국내 진출이 행정기관의 비협조와 보이지 않는 차별대우 등으로 좌초 위기에 직면해 있다는 기사를 실었다. 사활을 건 국내와 해외 유통업계의 싸움이 외환위기를 극복한 후 본격적으로 시작되었던 것이다.

그러나 '백화점형 할인점'을 원하는 까다로운 한국 주부들의 마음을 잡지 못한 세계 1, 2위의 '창고형 할인점' 월마트와 까르푸는 각각 진출 8년, 10년 만인 2006년 모두 철수했다.[64] 창고처럼 천장까지 물건이 쌓여 있고 직원도 찾기 어려운 외국계 할인점은 서비스의 기대치가 아주 높은 한국 주부들을 만족시키지 못했다. 또 투박하고 거친 외국계 할인점의 내부보다는 백화점처럼 다채로운 품목을 화려하게 진열한 토종 할인점의 분위기를 한국 주부들이 좋아했다.

하지만 결정적으로 토종 할인점의 승리는 '가격 파괴' 때문이었다고 할 수 있다. 높은 건축비와 인테리어 비용을 들이고도 상품을 싸게 팔 수 있는 한국적 유통 시스템을 개발한 것이다. 토종 할인점들은 그중에서도 판촉사원 제도라는 운영방식을 내세웠다. 할인점에 물건을 납품하는 제조회사의 직원이 할인점에 상주하면서 물건을 파는 것이다. 할인점은 인건비를 들이지 않고도 판매 서비스를 고객에게 제공할 수 있었다. 익명을 요구한 유통업계의 한 관계자는 할인점이 내세우는 이러한 운영방식은 한국의 후진적인 유통 시스템을 그대로 보여주는 것이라고 했다. 외국계 할인점을 밀어낸 것을 선전으로 포장하지만 결국은 '갑'의 우월적 지위를 이용해 '을'의 희생을 강요한 결과라는 것이다. 이는 제조업의 경쟁력을 약화시킬 뿐만 아니라 궁극적으로는 소비자들이 고품질의 제품을 살 기회를 빼앗는다. 하지만 이보다 더 직접적인 피해가 주변에서 벌어지고 있다.

　외국계 할인점을 모두 밀어낸 지 5년이 지난 지금 이마트, 롯데마트, 홈플러스의 3강 구도가 형성되었고 여기에다가 전국에 4백여 개에 이르는 대형 마트가 가세해 동네 상점과 구멍가게의 생존을 위협하고 있다.[65] 외국계 할인점이 처음 들어섰던 1990년대 중반으로 다시 돌아가보자.

할인점의 건축적 특성

1996년 일산에 등장했던 해외 하이퍼마켓은 생활용품을 대량 판매하는 할인점과 식품류를 판매하는 슈퍼마켓을 결합해 우리 도시의 상황에 맞도록 변형한 건축유형이었다. 그런데 하이퍼마켓이라는 이름은 나중에 할인점이라는 말로 보편화되었기 때문에 할인점이라고 부르기로 한다.

　할인점은 매장이 여러 층에 분산되지 않고 한 층에 모여 있는 요건을 갖춰야 한다. 일주일 동안 먹을 식료품과 일상용품을 카트에 싣고 다니려면 백화점처럼 층이 나누어지면 곤란하다. 할인점이 등장할 당시 영업성을 위해서 매장면적이 최소 7천5백m^2 이상은 되어야 한다는 것이 업계의 정설로 알려져 있었다. 까르푸의 연면적은 12,562m^2, 마크로는 11,812m^2였다. 당시 일산에 있었던 2개의 국내 할인점보다 2~3배 넓었다. 특히 한 층의 바닥면적도 국내 할인점의 2~3배였다. 백화점과 비교하더라도 까르푸와 마크로의 연면적은 백화점의 1/3 정도이지만 한 층의 바닥면적은 2~3배 넓었다.

　그런데 까르푸와 마크로는 우리 도시에서는 보기 힘든 이례적인 특징

일산 까르푸 전경 1996년 일산 신도시에 세워졌던 까르푸는 매장 위에 주차장이 올라타는 '상주차 하매장' 이라는 한국에서는 볼 수 없었던 새로운 수직공간 분할방식을 취했다. ⓒ김성홍

을 갖고 있었다. 외환위기를 맞기 이전에 우리 도시에서는 주거든 상업이든 짓기만 하면 분양과 임대가 가능했고, 땅을 가지고 부동산 개발에 나서는 사람은 누구나 법이 정한 최대의 건폐율과 용적률을 채워 집을 지었다. 연면적이 늘어나면 법이 정한 주차장 대수도 상대적으로 늘어난다. 서울에서 자동차 한 대를 주차하기 위한 공간을 마련하는 데 수천만 원이 들어간다. 건설비보다 땅값이 비싸기 때문이다. 지상에 건물을 세우는 것보다 2배가량의 공사비가 들어가는 지하를 개발하는 것은 법이 정한 최대 연면적을 지상에 채우고 지하에 주차 공간을 만들 수밖에 없는 땅값-공사비의 함수관계 때문이다. 고층건물이 들어찬 뉴욕 건축들이 우리 생각과 달리 지하가 깊지 않은 것은 그만큼 비경제적이기 때문

이었다.

　할인점은 자동차를 타고 오는 가족을 주 고객으로 하기 때문에 이들이 쉽게 주차하고 쉽게 매장으로 들어갈 수 있도록 설계해야 한다. 그래서 미국의 대형 할인점이나 슈퍼마켓은 대부분 단층 건물이며, 건물과 인접해 옥외주차장을 둔다. 문제는 우리나라에서는 이 정도 넓은 땅을 찾기도 어려울뿐더러 설사 있다고 하더라도 땅값이 비싸서 단층 할인점으로는 투자비를 만회할 수 없다는 데 있다. 이런 상황과 조건으로부터 대형 할인점의 '한국형 버전'인 까르푸와 마크로가 탄생한 것이다.

　일산 까르푸는 해외에서 개발한 단층 건축유형이 한국의 도시에 맞게 어떻게 수직화했는지 잘 보여준다. 까르푸는 지하 1층, 지상 7층의 건물인데 매장은 2, 3, 4층에 두고, 지하와 지상 5, 6, 7층에 주차장을 배치했다. 마크로는 지하 1층, 지상 1층을 매장, 지상 2, 3층에 주차장을 두었다. 매장 위에 주차장이 올라타는 '상주차 하매장上駐車下賣場'은 우리 도시 건축에서는 찾아볼 수 없었던 새로운 수직공간 분할방식이었다. 5백 대 이상의 자동차 주차를 위해 차로는 매장을 빙빙 감싸며 상층부로 올라가고 있는데, 이처럼 생경한 모습이 건축 입면에 그대로 드러났었다.

　할인점은 하나의 회사가 개발, 계획, 설계, 운영, 관리한다는 점에서 다른 복합 상업건축과 다르다. 남는 공간을 임대하지도 않고, 기존 건물을 임대해서 사용하지도 않는다. 까르푸, 마크로와 경쟁을 벌였던 일산의 국내 할인점 두 곳은 이미 지은 건물에 입점을 했던 경우다. 국내의 복합 상업건축은 최대 규모로 건물을 세우고 시장 상황에 따라 공간을 분할해서 임대를 한다.

　반면 까르푸와 마크로는 건물 전체를 사용하고 관리하는 계획을 세우고 건물을 지었다. 땅값, 시공비, 상권분석 등 사전조사를 한 뒤 자체 개발 매뉴얼에 따라 적정 면적을 산정하고 건물을 세운 것이다. 굳이 최대한도의 건물을 세우지 않았다. 시공비용도 백화점의 절반밖에 되지 않는다. 필요한 부분에는 돈을 들이고 거친 콘크리트나 천장의 설비를 그대로 노출시킨다. 높은 천장까지 쌓아놓은 다양하고 엄청난 상품이 할인점의 실내장식을 대신한다.

해외 할인점의 맹목적 이식

이렇게 보면 할인점은 군더더기가 없는 매우 합리적이고 검소한 건축이며 값싼 상품을 편리하게 공급하는 미덕을 갖춘 건축이라는 생각이 든다. 수업 시간에 할인점을 비판적으로 이야기하자 신혼의 대학원생이 "우리 같은 중산층을 위해 만든 할인점이 왜 나쁘단 말인가요?"라고 반문한 것도 이 때문이었을 것이다.

미국의 쇼핑몰이 전원도시와 고속도로가 만든 합작품이라면, 할인점은 미국의 자동차 문화에 대한 동경의 부산물이다. 가족과 함께 할인점에서 일주일 동안 필요한 물품을 사고 여가를 즐기는 삶은, 신도시가 만들어지기 전에는 상상할 수 없었다. 북적대는 재래시장을 찾을 수밖에 없던 소비자들은 이제 값싼 제품, 다양한 상품, 넓은 매장에 쉽게 다가가는 기회를 갖게 되었다. 잠재되었던 한국 중산층의 새로운 소비행태에 대한 갈망이 신도시의 할인점을 계기로 분출한 것이다. 문제는 '한 지붕 아래에서 모든 것을'이라는 까르푸의 구호에 함축된, 자동차에 의지하는 쇼핑과 여가 생활을 과연 우리의 도시가 감당할 수 있는가 하는 의문이다.

일산은 계획인구 27만 6천 명, 면적 1,573헥타르의 한국의 대표적 계획도시이자 계획, 설계, 시공, 입주의 전 과정을 6여 년 만에 끝낸 초고속 도시다. 수백 년에 걸쳐 형성된 독일의 수도 본이나 이탈리아의 베네치아에 버금가는 인구 규모의 도시를 10년 안에 뚝딱 해치웠으니 서양의 도시계획 역사에서 찾아볼 수 없는 (물론 최근 중국 전역에서 이를 능가하는 일이 벌어지고 있지만) 전대미문의 사건이다. 일산의 주거 밀도는 1헥타르당 530명으로, 같은 시기에 건설된 서울 다른 신도시의 평균밀도인 640명/헥타르보다 낮고, 녹지비율이 높아 전원도시라는 수식어가 붙었었다. 서울 시내에서 재개발되는 공동주택의 밀도가 1헥타르당 1천3백 명에서 1천9백 명까지 육박하는 것과 비교하면 일산은 비교적 양호한 주거조건을 갖추고 있다고 할 수 있다.

하지만 일산을 외국의 신도시와 비교하면 이야기는 달라진다. 영국의 대표적 신도시 밀턴 케인즈Milton Keynes의 인구는 25만 명으로 일산보다 조금 적지만 밀도는 일산의 1/6 정도밖에 되지 않는다. 게다가 1헥타르당 40명 이상을 넘지 않는 미국의 교외주택지와 비교하면 일산은 무려 10배 이상의 고밀도 주거환경인 셈이다. 결국 1990년대 후반에 등장한 대형 할인점은 미국의 전원도시에 적합한 건축유형을 인구밀도가 10배나 높은 한국 신도시에 이식한 꼴이다.

당시 해외 유통업체가 선호하는 곳은 넓으면서도 땅값이 싼 도시 외곽지역, 신도시, 방치된 공업용 부지 등이었다. 자동차 중심의 할인점은 거리에 구애받지 않고 광범위한 도시권역을 상권으로 볼 수 있었다. 심지어 외국계 자문회사들은 해외유통업계의 진입이 원활하도록 제도와 법령이 완화되어야 한다고 압력을 가해 정부가 자연녹지지역에 대형 할인점 건축을 허가하기도 했다. 한국의 전원 신도시라는 명예를 가졌던 일산에서 원스톱 쇼핑은 불완전하지만 가능했는지 모른다. 문제는 이 모델이 전국적으로 확산되고 기존의 도심으로 깊숙이 침투하면서 생기는 부작용에 있다.

길의 불친절한 만남

전 세계에 공통되는 상점의 성공을 위한 세 가지 조건이 있다. '첫째는 입지location고, 둘째도 입지고, 셋째도 입지'라는 것이다. 위치가 모든 것을 결정한다는 이야기다. 도시 내의 백화점과 복합 상업건축은 사람들의 발길이 잦은 지하철역 주변, 이른바 '역세권'을 선호한다.

　대형 할인점은 이러한 한국 도시의 '역세권 전략'에 얽매이지 않는다. 까르푸는 일산 신도시를 관통하는 지하철 노선에서 벗어난 곳에 있었고, 1990년대 후반 주변은 잡초만 무성한 미개발 중심 상업지역이었다. 걸어오는 사람을 잠재적인 고객으로 생각하지 않기 때문에 보행 접근성보다는 자동차의 편리한 진출입이 중요하다. 주차장으로 에워싸인 건물은 그래서 길과 어색하게 만난다. 백화점이나 상점처럼 길을 향한 쇼윈도도 필요 없다. 할인점은 관류하는 공간, 배회하는 공간이 아니라 분명한 구매 의지를 가지고 자동차를 타고 가는 목적공간이다. 같은 상업건축이지만 백화점과 아케이드가 복합하게 얽힌 도시구조 속에서 생존한다면, 쇼핑몰과 할인점은 느슨한 도시구조에서 탄생한 비도시적非都市的 건축이다.

　신도시에서 출발해 공격적으로 도심으로 진출했던 까르푸는 프랑스

회사다. 그런데 나는 파리의 도심에서 까르푸를 보지 못했다. 기존 도시의 틀을 흔드는 대형 건물을 통제하고 균형을 잡는 사회적 시스템이 구축되어 있기 때문이다. 프랑스에서는 1천m² 이상의 점포는 대규모로 분류해서 인근 상인과 주민을 모아 공청회를 열거나 허가를 받아야 지을 수 있다.[66] 일산 까르푸의 1/10밖에는 되지 않는 규모에 대해서도 이처럼 강한 규제를 하고 있다. 프랑스 회사가 개발한 할인점은 정작 자국에서는 쉽게 발붙이지 못하는 것이다. '더 빠르고, 더 편리한 쇼핑'의 욕구 때문에 할인점의 건축은 더 많은 자동차를 불러들인다. 대형 할인점이 모여 '유통의 격전지'[67]라고 불리는 서울의 양재동 사거리는 주말이면 자동차로 북새통이다.

그간 우리는 쇼핑과 레저를 즐기는 미국식 전원도시 생활 방식을 따라 할 수 있다는 환상에 젖어 있었다. 반면 학계는 상업의 경쟁논리와 소비자의 욕구가 맞아 떨어진 결과가 고비용의 도시구조를 만들어가고 있다는 사실에 대해서 침묵을 지켰다. 그러나 말하지 않는다고 문제가 사라지진 않는다. 할인점은 이제 도시 건축의 문제를 떠나 산업구조의 아킬레스건을 건드리고 있다.

시장의 몰락과 변종 할인점

2007년 현재 우리나라의 경제활동인구 중 자영업자는 31.8%이고, 그중에서도 도·소매, 음식·숙박, 운수업 등 영세 자영업자의 비율은 13.8%이다. 미국(1.2%), 일본(1.9%), 영국(2.8%), 독일(3.2%) 등 OECD 선진국에 비해 무려 10% 이상 높다. 거리에 식당과 카페가 즐비한 이탈리아(8.8%)나 경제적으로 우리보다 후발인 멕시코(11.5%)보다도 높다.[68] 그런데 선진국형 산업구조에 근접할수록 이 비율은 줄어들며 좀 더 많은 사람이 금융과 서비스업 같은 3차 산업으로 이동할 것이라는 게 경제일 반론이다. 문제는 아주 짧은 시간에 이들이 몰락하면서 양극화의 어두운 그림자를 드리우고 있다는 점이다.[69]

할인점의 팽창은 도·소매, 음식·숙박업자들의 몰락을 가속화하고 있다. 연면적 1만m^2의 할인점이 하나 들어선다고 가정하면 1백m^2 안의 가게 1백 개가 문을 닫아야 한다는 단순한 계산이 나온다. 「유통산업발전법 시행령」에 따르면 3천m^2 이상의 매장은 대규모 점포로 분류하고 이것이 전통상업 보존구역에 있을 때에는 시장·군수·구청장은 등록을 제한하거나 조건을 붙일 수 있다.

하지만 전통상업 보존구역에서 1km를 벗어나거나, 이보다 작게 하면 일반 주거지역에 들어가도 큰 문제가 없다. 최근 문제가 되고 있는 SSM을 3천m^2 미만으로 쪼갤 경우 대부분의 주거지역에 입점이 가능하다는 이야기다. 1백m^2 가게 30개에 해당하는 크기다. 또한 「국토의 계획 및 이용에 관한 법률 시행령」에서는 1천m^2 미만의 근린생활시설은 전용 주거지역에까지 건축을 허용하고 있어, 1천m^2 이하의 작은 변종 SSM은 모든 주거지역까지 파고들 수 있다. SSM과 편의점이 그물망처럼 포진할 수 있는 것도 이처럼 판매시설의 허가요건이 관대하기 때문이다.[70]

대형 및 중소 유통기업의 상생 발전을 위한 일종의 자율 조정권을 시·도지사에게 위임했지만 할인점, 대형 슈퍼마켓, 재래시장, 상점의 공존 문제는 단순히 지역의 문제가 아니다. 산업구조와 도시구조를 동시에 다루어야 하기 때문에 지식경제부와 국토해양부가 정책을 수립하고 조율

하지 않으면 해결이 어렵다. 선거철이면 정치인들은 시장으로 나가서 상인들을 살리겠다고 말하지만, 재래시장의 몰락을 소비자의 변화를 쫓아가지 못하는 뒤처진 영세 자영업자들의 문제로만 보는 한, 문제의 근원을 건드리지 못한다.

석유가 고갈되어가는 미래에는 할인점이 시대에 뒤처지는 공룡이 되고, 간판이 더덕더덕 붙어 산만해 보이는 동네의 상점이 살아남을 수 있다. 실제 프랑스 국립교통안전연구원은 도시 외곽의 대형 할인점이 에너지 소비의 주범 중 하나라고 주장한다. 반면 도심에 있는 근거리 상권은 전체 에너지 소비를 절반으로 줄인다고 한다. 에너지 위기 시대에는 걸어서 갈 수 있는 동네 시장과 가게의 장래가 오히려 밝을 것이라고 전망한다.[71]

2005년 현재 월마트는 세계 최대의 석유회사 엑슨 모빌, 세계 최대의 자동차 회사 GM을 제치고 전 세계에서 가장 큰 회사의 자리를 지키고 있었다. 월마트는 전 세계의 교외도시에 각종 할인점을 세워서 돈을 번 회사다. 그런데 이 회사가 저탄소 쇼핑몰을 선보였다고 한다. 재생에너지와 에너지 절감기술을 활용한 할인점을 내세우면서도 여전히 자동차를 타고 오는 소비자를 유인하는 이율배반적인 태도다. 『재생도시 Renewable City』의 저자 피터 드로즈 Peter Droege 는 월마트의 시도가 립서비스이기는 하지만 이 때문에 미국인들이 석유 에너지의 고갈을 깨닫게 되었다고 애써 긍정적 평가를 내린다.[72]

우리는 에너지를 적게 쓰는 상점도 이미 공급 과잉인 상태에서 지난 15년 동안 에너지를 더 쓰는 할인점을 도시 외곽에 지어왔다. 수도권의 4대 신도시인 일산, 분당, 중동, 산본의 모델이었던 도쿄의 신도시들은 상권이 몰락하고 집값이 추락하면서, 은퇴한 노인만 남은 정지된 도시로 변해가고 있는데 남의 일로만 볼 것이 아니다.[73] 인구감소와 고령화를 비슷하게 겪고 있는 상황에서 우리 신도시와 할인점의 미래가 결코 이웃 나라와 다를 것이라는 낙관론에 기댈 수 있는 근거는 어디에도 없다.

PART 3
승강기

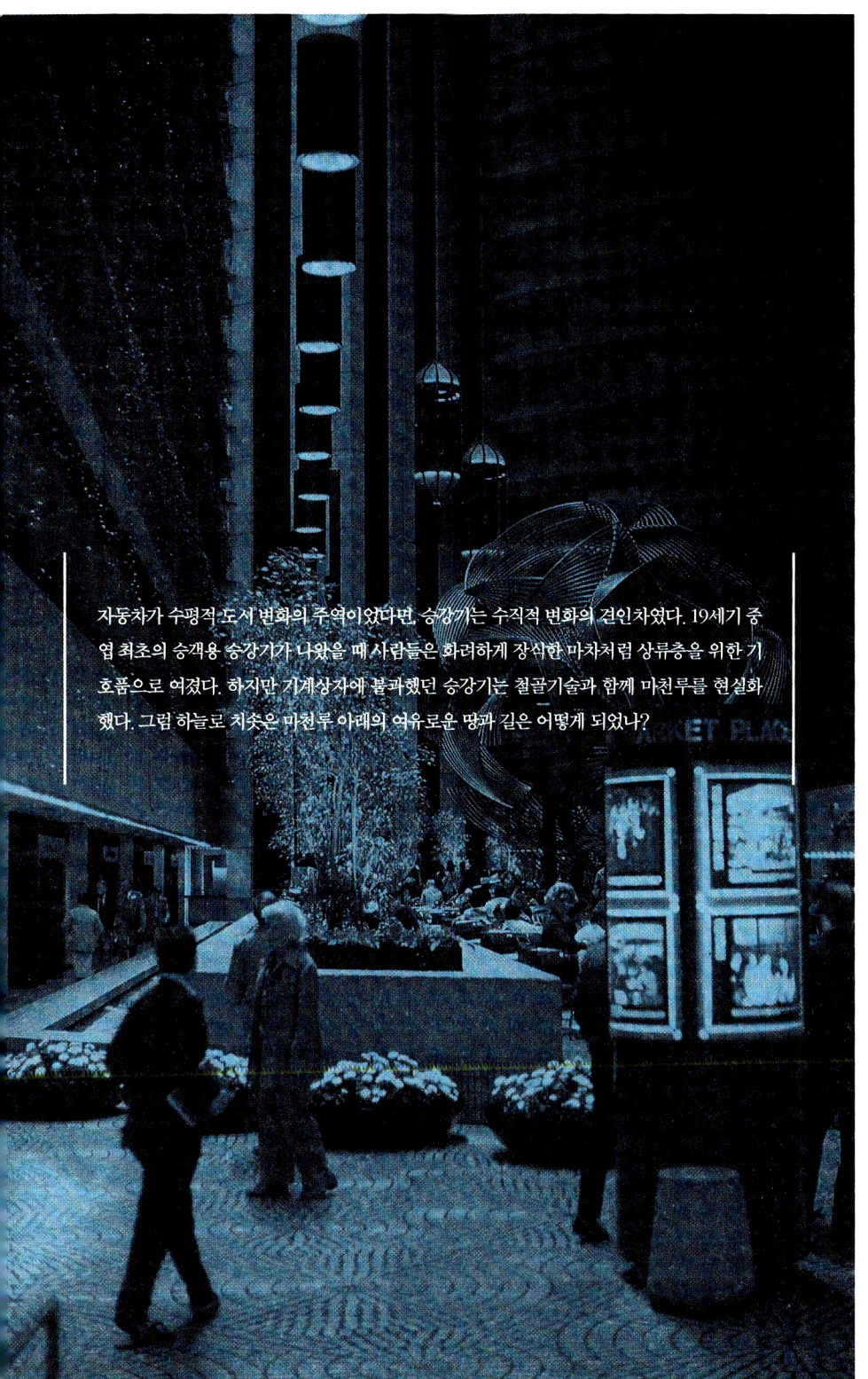

자동차가 수평적 도시 변화의 주역이었다면, 승강기는 수직적 변화의 견인차였다. 19세기 중엽 최초의 승객용 승강기가 나왔을 때 사람들은 화려하게 장식한 마차처럼 상류층을 위한 기호품으로 여겼다. 하지만 기계상자에 불과했던 승강기는 철골기술과 함께 마천루를 현실화했다. 그럼 하늘로 치솟은 마천루 아래의 여유로운 땅과 길은 어떻게 되었나?

chapter 11

수직 고속도로

───　1930년 서울 경성은행 맞은편에 세워진 4층 건물 미쓰코시 백화점에 승객용 승강기가 설치되었다. 이 승강기는 곧 장안의 명물이자 시골사람들의 구경거리가 되었다. 이태준의 소설 「어머니」에는 어쩔어쩔한 승강기를 타본 사람들의 대화가 이렇게 이어진다.

　尹承漢 : (담배를 뻑뻑 빨다가) 그 에레탄가 무슨 탄가 말이다. 집 속에서 타
　　구 쭉 올라가구 쭉 내려가구 하는 것 말이다. (萬玉이가 얼굴을 숙이고 웃
　　는 걸 본 듯) 이년 웨 웃니?
　萬玉 : 에레타가 뭐야요 아저씨두 그냥 승강기구나 그리서요 승강기.
　尹承漢 : 뭐이? 승냥이? 말승냥이가 어떠냐? (어머니 萬玉 모다 웃음) 아무
　　튼지 좋더라, 누님 거 우리가 서너 번 탔지요 아마?
　어머니 : 그럼 난 내려갈 땐 어쩔해서 좋은 줄두 모르겠드면서두.

尹承漢 : 세 번이야 올라가기 세 번 내려가기 세 번 여섯 번을 탔거든 헤!
고년의 계집애들이 다 내려왔어요 다 올라왔어요 하구 내리라고 성화
만 안하면 두어 번 더 탔겠더라만서두.[1]

승강기의 등장

구한말, 서울 정동 일대에는 서양인이 세운 높은 건물이 들어서기 시작했지만 여전히 서울은 대부분이 단층 건물이었다. 1898년 종현鐘峴에 정궁 경복궁을 정면으로 내려다보는 명동성당이 세워졌을 때 조선 왕실은 심한 굴욕감을 겪었다. 그러나 이는 수백 년 동안 외부세계에 닫혀 있었던 조용한 유교 도시와 서양건축이 충돌하는 서막에 불과했다. 일제는 1910년대부터 남대문로 일대에 식민경영에 필요한 은행건축을 시작으로 1920년대는 업무건축을 단계적으로 세워나갔다. 그러나 일반인이 직접 받은 충격의 절정은 1930년대 등장한 대형 상점건축이었다. 값진 상품, 넓고 화려한 매장, 1층에서 옥상정원을 연결하는 승강기는 이태준의 소설에 나오는 것처럼 신기함을 넘어 동경의 대상이 되었다.[2]

일본에서도 예외는 아니었다. 1911년 도쿄의 시로가야白木屋 백화점에 승강기가 설치되었다. 당시 일본은행 본점 등에 승강기가 있었지만 다중이 이용하는 승강기는 이곳이 처음이었다. 제복을 입은 엘리베이터보이가 지키고 있었고, 안에는 벤치가 놓여 고급스런 분위기를 내려고 했다. 시로가야 백화점 기록에는 승강기를 타보려고 사람들이 머리를 들이미는 사진이 나온다. 그로부터 3년 뒤인 1914년, 도쿄의 니혼바시에 지상

5층의 미쓰코시 본점이 세워졌다. 백화점 최초로 에스컬레이터를 설치하고 에스컬레이터 상하에 사람을 배치해 운전을 했다. 에스컬레이터는 기능적으로 제 역할을 하지 못했지만 고급스런 이미지 때문에 계속 남아 있었다.[3] 미쓰코시는 그 후 오사카, 경성, 중국의 다롄大連에 지점을 세웠는데, 경성지점이 바로 지금의 신세계백화점으로 바뀐 우리나라 최초의 근대적 백화점이었다.[4] 당시 일본은 서양의 근대건축과 기술을 완진히 소화하지 못한 채 짧은 기간에 식민지에 이식하는 처지였다.[5] 지배자 일본인은 물론 피지배자 조선인과 중국인 모두에게 승강기는 자신들의 일상과 동떨어진 공간 속에 갑자기 모습을 드러냈던 것이다.

승강기는 19세기 후반에 발명한 것으로 생각되지만 그 역사는 훨씬 이전으로 거슬러 올라간다. 인류는 고대로부터 무거운 물건을 들어올리는 각종 도구들을 써왔다. 그런데 산업혁명 이전까지는 사람이나 가축의 힘을 빌려 물건을 들어올리는 방식을 벗어나지 못했다. 19세기에 들어서면서 증기의 힘을 이용한 도구들을 쓰기 시작했지만 끈이 끊어져 철제상자가 추락하는 문제를 해결하지 못한 상태였다. 1853년 엘리사 오티스Elisha Graves Otis가 승강기의 추락을 방지하는 안전장치를 발명했다. 이는 산업혁명 이후 발전해 온 여러 종류의 승강기가 승객용으로 바뀌게 되는 획기적 전환점이 되었다. 증기를 이용해 위로 상자를 밀어올리는 유압 방식과 함께 오티스가 발명한 안전장치를 부착한 승강기는 10~12층 건물도 오르내릴 수 있게 되었다.

그런데 흥미로운 것은 승강기가 대중에게 선보인 곳이 우리나라와 일본뿐 아니라 미국에서도 상점건축에서였다는 점이다. 1857년 세계 최초의 승객용 승강기가 설치된 곳은 뉴욕 맨해튼 소호에 있는 5층 건물 하우워트 상점E.V. Haughwout & Company이었다. 하우워트는 명품 도자기를 판매하는 상점으로 부자들이 주 고객이었다. 이 건물의 입면을 주철鑄鐵 디테일로 마감했는데 이는 당시 맨해튼의 큰 건물에 일반적으로 사용했던 장식으로, 독특하다고는 할 수 없었다. 그러나 세계 최초의 승객용 승강기 덕분에 이 건물은 1965년 뉴욕의 랜드마크로 지정되었고 그 승강기는 지금도 남아 있다.

왜 승강기가 가장 각광을 받은 곳이 대형 상점건축이었을까? 건축역사책이나 기술책을 아무리 찾아보아도 이에 대한 질문이나 해설이 없지만, 산업혁명 이후 서양건축의 대형화 과정과 그 결과에서 답을 찾을 수 있다. 서양건축은 수천 년에 걸쳐 크고 높은 건축물을 만들려는 노력으로 진화해왔지만, 그 대상은 주로 종교건축과 궁전건축이었다. 산업혁명과 함께 시민사회가 도래하자 공공건축과 민간건축으로 대형화가 진행되었다. 박물관, 도서관, 철도역사, 백화점처럼 이전에는 없던 크고 새로운 건축유형이 등장했는데 그중에서도 백화점은 넓은 바닥을 여러 층으로 쌓기 때문에 계단보다 편리한 수직 이동수단이 가장 필요한 건축이었다. 반면 도서관이나 철도역사는 높긴 했지만 기능이 한 층에 집중되어서 사람들의 수직이동은 상대적으로 적었다. 서울을 예로 들면 1930년대 당시 미쓰코시 백화점의 건축면적은 조선은행이나 경성역사의 절반 정도였지만 일반인이 접근할 수 있는 한 층의 면적은 조선은행보다 컸고, 4층 면적을 합한 연면적은 경성역사보다 더 넓었다.[6]

상품을 수직적으로 분류하고 진열하는 근대적 판매 전략merchandising principles을 도입하면서 고객을 상층부로 자연스럽게 유인해야 하는 것도 상점건축이 승강기를 가장 필요로 하는 이유였다. 예를 들어 미쓰코시

미쓰코시 백화점의 옥상정원 값진 상품, 넓고 화려한 매장, 그리고 1층에서 옥상정원을 수직으로 연결하는 승강기는 소설에 나오는 것처럼 신기함을 넘어 동경의 대상이 되었다. ⓒ신세계백화점

백화점은 1층에 화장품, 신발, 고급음식 등 시선을 자극하는 상품, 2층에는 일본식 여성의류, 3층에는 남성의류와 여성양장, 4층에는 보석, 가구, 커피숍, 식당, 옥상에는 갤러리, 찻집, 정원, 온실, 어린이 놀이터를 배치했다. 저층부에는 거리의 사람을 유혹하는 상품을, 상층부에는 단골고객이나 상류층을 공략하는 판매원칙을 적용한 것이다. 편리하고 우아하게 수직으로 이동하는 것이 가장 절실했던 유형이 백화점이었다.

그러나 이러한 효용의 관점만으로는 설명이 충분치 않다. 높은 건물을 만들려는 인간의 도전 자체가 산술적 계산으로는 설명하기 힘들기 때문이다. 바벨탑을 쌓아 신의 영역에 가까이 가려는 구약시대 인간의 욕망은 신의 응징으로 좌절되었지만 수직의 건축역사는 계속되었다. 물론 이는 오랫동안 종교건축과 절대 권력의 건축에만 허용되었다. 그러나 근대로 들어서면서 높은 곳을 경험하고 싶은 보통 사람들의 욕망은 새로운 소비공간에서 서서히 현실화되었다. 왕실이나 귀족들만 우아하게 오르내릴 수 있었던 화려한 계단이 일반인의 발아래에 놓였고, 도시를 내려다보는 옥상이 차를 마시는 정원으로 탈바꿈했다. 이태준의 소설 속에 등장하는 인물들처럼 어찔어찔하긴 하지만 몇 번이라도 더 타보고 싶은 승강기는 조선인에게는 열등감과 동경이 교차하는 대상이었다.

건물의 중심을 장악한 기계

엘리사 오티스가 안전장치를 발명한 이전과 이후의 도시 건축은 전혀 다른 모습으로 전개되었다. 1903년에는 유압으로 상자를 밀어올리는 대신 전기를 이용해서 상자를 위에서 끌어당기는 견인방식이 상용화되었다. 철골기술과 함께 승강기는 19세기 도시와는 전혀 다른 마천루 skyscraper의 도시를 탄생시켰다.

　1910년대 뉴욕의 맨해튼에는 울워스 빌딩 Woolworth Building(1910∼1913, 59층, 241m)을 비롯해 30층 이상의 건물이 들어섰고, 1930년대에는 엠파이어스테이트 빌딩 Empire State Building(1930∼1931, 102층, 381m)이 100층을 돌파하며 최고 높이를 자랑했다. 1960∼1970년대에는 2001년 9·11테러로 폭파된 월드트레이드센터 World Trade Center(1966∼1973, 110층, 415m)와 시카고의 시어스 타워 Sears Tower(1970∼1974, 100층, 442m)가 세워졌다. 1990년대에 들어서면서 아시아와 중동이 초고층건물 건설에 가세했다. 쿠알라룸푸르의 페트로나스 타워 Petronas Tower(1992∼1998, 88층, 452m), 타이베이의 타이베이101 Taipei 101(1999∼2004, 101층, 508m), 두바이의 버즈두바이

Burj Dubai(2003~2009, 160층, 560m)가 세워지면서 몇십 년 주기로 초고층건물의 경쟁이 계속되었다.[7]

우리나라에서는 건축가 김중업이 설계한 31층의 삼일빌딩이 1970년 세워져 10여 년간 서울의 랜드마크로 자리했다. 1980년대 중반 63빌딩(1980~1985, 60층, 249m)이 들어서자 많은 사람들이 우리나라에도 초고층 건물이 생긴 것에 뿌듯해했다. 2000년대 초반 주거용 건물로는 높이가 전 세계에서 다섯 번째 안에 꼽히는 도곡동 타워팰리스(2001~2004, 73층, 264m)가 세워졌다.

이렇게 마천루의 경쟁이 계속되고 있지만 도시 전체가 마천루라 할 수 있는 곳은 뉴욕 맨해튼이다. 19세기 말에서 20세기 초에 이르는 짧은 기간 동안 맨해튼에는 엄청난 자본이 모여들었는데 공간 수요에 비해 땅값이 비싸서 개발 압력이 거셌다. 그러나 수직 확장은 안전하고 정교한 기계의 도움이 없이는 불가능했다. 승강기가 없었다면 그렇게 짧은 기간에 뉴욕이 마천루의 도시가 되지는 않았을 것이다. 기술 혁신과 고층건물의 경쟁이 주기적으로 들어맞았다는 사실이 이를 증명한다. 이는 역설적으로 초고층건물은 승강기에 가장 의존적인 건축유형이라는 말도 된다. 승강기, 계단, 화장실, 각종 전기와 기계관을 한곳에 모아놓은 건물의 중심부를 코어$_{core}$라고 부른다. 코어는 수직 동선의 중심과 각종 서비스 공간뿐만 아니라 건물 전체의 하중을 구조적으로 떠받친다. 식물의 줄기이자 사람의 등뼈 같은 역할을 하는 곳이다.

이렇게 보면 초고층건물의 코어는 과거에 내부공간을 구성하는 방법과 반대다. 동서양을 막론하고 전통건축의 중심부는 가장 위계적으로 높고 상징적인 공간이었다. 평면이 십자가형 모양인 교회의 중심부는 돔이

미국 애틀랜타의 메리어트 호텔 호텔의 꼭대기에서 내려다보면 아트리움은 마치 동물의 갈비뼈 속을 들여다본 것 같은 환영을 일으킨다. ⓒ김성홍

나 아치와 같은 높은 천장 아래 제대와 회중석이 교차하는 지점이었다. 궁전이나 대저택의 중심부 역시 높은 천장 아래의 넓은 홀이었다. 근대주의 전위 건축가들은 이러한 중심을 기하학적으로 해체하려고 했지만 위상학적으로 보면 중심부는 여전히 남아 있었다. 계단과 같은 수직 동선이 기하학적 중앙에서 비껴나 있지만 여전히 내부공간의 중심부를 형성하고 있다. 승강기를 가장 먼저 도입한 백화점은 매장에서 눈에 띄지 않는 가장자리에 코어를 배치한다. 대신 중앙은 상품을 향한 사람들의 시선, 사람끼리의 시선을 방해하지 않는 열린 공간으로 만든다. 매장 중앙의 에스컬레이터는 화려한 계단을 대체하면서 내부공간의 수직적 상승감을 극대화한다.

초고층건물의 내부를 비운 경우도 있다. 미국 애틀랜타에 있는 메리어트 호텔 Atlanta Marriott Marquis (1985, John Portman)은 47층 내부가 아트리움으로 비워져 있는데 밖에서 보면 배가 불룩 나온 모양이다. 호텔의 꼭대기에서 내려다보면 마치 동물의 갈비뼈 속을 들여다본 것 같은 환영을 일으킨다. 상하이의 진마오 타워Jin Mao Tower(1994~1998, Skidmore, Owings & Merrill)는 88층 중 53~87층은 호텔로, 그 아래는 사무공간으로 쓴다. 호텔이 있는 상층부는 애틀랜타의 메리어트 호텔처럼 중앙부를 비워내 장엄한 시각적 효과를 낸다. 그러나 사무공간으로 쓰는 대부분의 초고층건물 코어는 승강기와 각종 기계·전기 설비가 차지하는 덩어리가 되었다.

건물이 하늘로 치솟을수록 전체 연면적도 늘어나 점차 많은 승강기가 필요하게 되었다. 1910년대 초고층건물의 상징이었던 맨해튼의 울워스 빌딩에는 모두 24대의 승강기가 설치되었다. 1930년대 이후 수십 년간 세계 최고의 건물이라는 영예를 누렸던 엠파이어스테이트 빌딩에는 무려 64대의 승강기가 설치되었다. 그러나 이때까지만 해도 임대공간은 코어를 중심으로 해 벽이나 칸막이로 나누어진 방으로 구성되어 있었다. 철골구조의 발전과 함께 방의 중간에 서 있던 기둥의 간격이 멀어지다가 마침내 기둥이 없는 무주無柱 공간으로 변해갔다. 월드트레이드센터가 대표적인 예로, 외벽과 코어의 기둥만으로 이루어진 튜브 구조가 모든 수평·수직 하중을 흡수했다. 그 결과 내부공간은 기둥이나 벽의 방해 없이 자연 채광이 되는 완전한 열린 공간이 되었다. 건축가 미노루 야마사키와 컨설팅 엔지니어들은 102층을 3개의 영역으로 구분하고 44층, 78층에 스카이 로비를 만들었다. 이곳의 23개의 급행 승강기와 72개의 완행 승강기가 만나는 수직 정거장과 같은 역할을 한다. 승객용 승강기 이외에 물건만 운반하는 대형 운송 승강기도 4대 설치되었다. 1백 대가 넘는 승강기가 값비싼 임대공간을 차지했던 것이다.[8]

월드트레이드센터 2001년 폭파된 월드트레이드센터의 44층과 78층은 23개의 급행 승강기와 72개의 완행 승강기가 만나는 수직 정거장과 같은 역할을 했다. ⓒ김성홍

이 때문에 승강기는 초고층건물을 설계할 때 치밀하게 고려해야 할 디자인의 변수다. 승강기 1대가 차지하는 면적은 약 $9m^2$이다. 50층 건물이라고 한다면 $450m^2$의 임대공간을 승강기가 차지하는 꼴이다. 연간 $1m^2$의 공간에서 약 1백만 원(750달러)의 임대수익을 올린다고 가정하면, 승강기 1대를 설치함으로써 연간 4억 5천만 원($9m^2$×50층×100만 원)의 임대수익이 줄어든다는 계산이 나온다. 다른 말로 승강기 1대를 줄이면 연간 4억 5천만 원의 임대수익을 더 올릴 수 있다는 이야기다. 이런 경제적 부담이 있는데도 개발업자와 건축주는 충분한 승강기를 확보하려고 한다. 임대면적이 줄어드는 반면 더 높은 임대료를 받을 수 있기 때문이다. 부산에 초고층 주상복합을 설계하고 있는 영국의 건축가 알레한드로 자에라폴로Alejandro Zaera-polo는 "초고층건물의 코어는 6차선의 고속도로와 같다"[9]라고 비유했다. 실제 최근 초고층건물의 승강기는 자동차 속도에 버금가는 시속 60km의 속도를 내며 하늘로 치솟는다. 1857년에 하우워트 상점에 설치된 최초의 승객용 승강기는 초속 0.2m의 느린 속도로 5층을 오르내렸고, 1870년대 유압식 승강기의 최고 속도는 초속 3.5m였다.[10] 이로부터 134년이 지난 2004년, 타이베이101의 승강기는 5백m 높이를 30초 만에 주파해 시속 60km의 속도에 이른다. 19세기 건물의 코어가 신작로라면 21세기 초고층건물의 코어는 5배 이상 빨리 달릴 수 있는 고속도로가 되었다.

초고층건물을 설계할 때 고려해야 하는 변수는 승강기의 대수 이외에도 1인당 계단면적, 화장실면적, 피난면적, 외벽과 코어의 거리, 한 층의 적정 바닥면적, 적정 기둥간격, 층고, 창문면적 비율 등 다양하고 복합적이다. 최대의 경제적 효과를 거두기 위한 설계공학적 계산법이다. 안전

타이베이101 이곳의 승강기는 5백m 높이를 30초 만에 주파해 시속 60km의 속도에 이른다.
ⓒ김성홍

때문이라도 이러한 변수를 치밀하게 조율해야 한다. 화재와 같은 재난이 발생하면 초고층건물은 치명적인데, 월드트레이드센터가 붕괴되기 직전, 안에 있던 사람들이 수백 미터 높이의 깜깜한 계단을 걸어 탈출했던 상황은 초고층건물의 약점을 잘 보여주었다. 이런 대형 참사가 아니더라도 초고층건물은 에너지가 고갈되는 시대에 가장 취약한 건축유형이 될 수 있다. 1970년대 후반 석유파동이 일어나자 초고층건물 경쟁이 잠시 주춤하기도 했다. 미래를 배경으로 한 전쟁영화에서는 흔히 초고층건물이 폐허로 변하고 사람들은 낮은 건물을 찾아 탈출하는 장면이 등장하는데 공상으로 치부하기엔 개연성이 충분히 있다. 아시아 출신의 영국 건축가 켄 양Ken Yeang은 초고층건물의 이런 반생태적인 결점을 극복하기

위해 자연을 건물 내부로 끌어들이고 채광과 통풍이 가능한 지속가능한 초고층건물을 실험해오기도 했다.[11]

초고층 경쟁, 마천루 도시

초고층건물이 지닌 약점에도 불구하고 더 높이 올라가려는 인간의 도전은 멈추지 않을 것이다. 밀집된 도시공간에 효율적인 건축을 만들려는 목적 이상의 상징적 가치 때문이다. 개발업자, 기업, 도시 정부는 초고층 경쟁에서 이김으로써 높은 브랜드 가치를 얻는다고 믿는다. 초고층건물은 기술 혁신의 결과이자 건축을 통한 우월성의 표현인 것이다. 아시아와 중동이 이런 경쟁에 뛰어든 것은 수백 년간 수동적 학습자로서의 열등감을 짧은 기간에 축적한 부를 과시함으로써 만회하려는 속내가 강하다. 이슬람 문양, 석탑, 죽순 모양, 풍수지리설과 같은 지역의 전통과 문화를 상징하는 요소를 초고층건물에 직설적으로 표현하는 것도 이 때문이다. 하지만 초고층 기술의 핵심 디자인과 기술은 아직도 미국과 유럽에 의존하고 있다.

 1998년 현재 세계 100위 안에 드는 초고층건물을 가장 많이 보유한 나라는 미국으로, 모두 59개였다. 아시아 전체가 30개, 호주가 3개, 기타 지역이 8개였다. 도시별로는 뉴욕이 18개, 시카고가 10개로 압도적이었다.[12] 12년이 지난 2010년 현재 100위권에 드는 초고층건물을 가장 많이 갖고 있는 나라는 여전히 미국이지만 그 수는 절반으로 줄어들어 25개다. 뒤를 잇는 나라는 아랍에미리트UAE로 모두 22개다. 신기루처럼 등장한 두바이 때문이다. 중동지역 전체의 초고층건물 수는 26개다. 중국이

21개로 뒤를 바짝 쫓고 있다. 아시아 전체를 합치면 43개로 미국을 제치고 초고층건물이 가장 많이 모인 지역이 되었다. 더구나 1위에서 7위까지의 초고층건물은 모두 아시아에 있다.[13] 이런 추세라면 미래의 100대 초고층건물 대부분을 아시아와 중동지역이 보유할 것으로 보인다.

여기서 주목할 것은 유럽에는 10여 년 전이나 지금이나 100위 안에 드는 건물이 하나도 없다는 점이다. 건축설계 수준과 역량이 미치지 못해서일까, 건축기술이 부족해서일까? 결코 그렇지 않다. 현대적 마천루의 모델을 제시한 것은 독일 건축가 미스 반 데어 로에였다. 또 아시아에 세워진 많은 초고층건물을 유럽의 건축가와 엔지니어들이 설계했다. 유럽의 건축가들이 아시아에서 마음껏 누리는 실험의 기회를 정작 자신의 고향에서는 누릴 수 없었던 셈이다. 근대주의 운동이 절정에 올랐던 1920년대 유럽에서는 이미 고층건물에 대한 논의가 활발히 진행되고 있었다. 그런데도 각국 정부는 역사도시를 훼손하고 개발의 도구로 악용되는 초고층건물에 대해 유보적이었고 각종 도시 건축 관련법으로 건설을 제한했다.[14] 이런 상황에서도 유럽의 건축가들은 새로운 기술과 디자인을 결합한 미래주의적 실험을 이어나갔다.

최근 유럽의 구도심에도 고층건물이 하나둘씩 들어서고 있다. 이 건물들은 층수나 높이보다는 새로운 디자인과 기술을 결합하는 고도의 전략을 구사하고 있다. 역사도시의 맥락에 어울리지 않는 기이한 모양 때문에 별칭이 붙기도 한다. '작은 오이gherkin'라는 별명을 가진 런던의 스위스 레 본사Swiss Re Headquarters(1997~2004, Norman Foster & Partners), 스페인 바르셀로나에 있는 길쭉한 오이 모양의 토레아그바Torre Agbar(1999~2004, Jean Nouvel), 몸통을 뒤틀어놓았다는 스웨덴 말뫼의 터닝토르소Turning

Torso(1999~2005, Santiago Calatrava)를 비롯해 미끄럼틀, 핸드폰 걸이 모양의 우스꽝스런 디자인까지 나오고 있다. 평범한 디자인으로는 건축 허가를 얻지 못한다는 정서가 개발업자와 건축주들에게 퍼져 있기 때문이다. 스위스레 본사 건물은 튀는 이미지 때문인지 런던에서 고층건물로서는 수십 년 만에 허가를 얻었다. 그 덕택에 개발자와 건축주는 엄청난 광고 효과를 얻었다. 하지만 정작 공간 임대에는 어려움을 겪었다. 이미지는 화려하지만 사무실로 쓰기에는 실용적이지 못했기 때문이다.[15] 이처럼 최근의 개발업자들은 치밀한 경제적 변수와 무모한 디자인을 저울질하면서 최대의 상업적 이익을 노리는 전략을 구사한다.

2010년 현재 우리나라에는 51층 이상의 초고층이 19개 이상인 것으로 집계되었다. 또한 잠실 제2롯데타워(123층, 555m)를 비롯해 100층이 넘는 초고층건물을 5개 이상 계획하고 있거나 건설 중이다.[16] 초고층 기술을 개발하고 이를 산업에 활용하기 위한 국제 경쟁에서 한 발짝 물러나 있을 수는 없다. 하지만 높이와 크기만의 경쟁은 이제 한물간 상황이다. 중요한 것은 고층건물이 모여서 이루는 도시문화의 응집성과 화석에너지의 소비를 줄이는 도시 건축적 차원의 경쟁이다.

마천루의 대명사 뉴욕과 시카고의 도시 경쟁력은 몇 개의 초고층건물에서 나오는 것이 아니라 많은 고층건물을 좁은 공간에 집약시킴으로써 생기는 상호 간의 긴밀한 네트워크에서 나온다. 이로 인해 걸어서 다닐 수 있는 고밀도의 업무환경과 독특한 보행문화가 형성되었다. 맨해튼은 중산층의 자동차 문화가 보편화되기 이전에 만들어진 보행 중심 지역이다. 그런데도 맨해튼과 교외 간의 자동차 통행이 21% 줄어들자 맨해튼의 교통 에너지가 무려 5백%나 줄어든 연구 결과가 있다. 한편 도심의 밀도가 높은 유럽, 싱가포르, 홍콩, 일본 도쿄가 자동차에 의존적인 미국과 호주, 심지어 개발도상국인 태국 방콕과 인도 자카르타보다도 훨씬 적은 교통 에너지를 소비한다. 마천루 하나가 아니라 마천루의 집합이 경쟁력을 갖고 있다는 사실이다.[17]

초고층건물의 단위 기술도 지속가능해야 한다. 초고층건물은 냉난방, 통풍, 수직이동을 모두 기계에 의존하기 때문에 막대한 에너지를 소비한다. 2005년 우리나라 아파트 월 평균 전력사용량 1위에서 6위까지를 모두 삼성동 아이파크, 도곡동 타워팰리스, 목동 하이페리온 등의 고층주상복합건물이 차지했다. 이들은 일반가구에 비해 4배 이상의 전력을 소비한다. 2007년 7월의 경우 타워팰리스의 전력사용량은 일반 가정의 6배로, 일반 가정이 1년 동안 쓸 전기를 두 달에 써버리고 있다. 지속가능한 건축의 선두 주자인 독일의 기준으로는 지을 수 없는 반환경적 건물이다. 타워팰리스 103평형 아파트의 여름철 전기료는 약 120만 원에 이르며 저소득층의 한 달 생활비에 맞먹는다.[18]

이처럼 고밀도의 건축은 에너지 소비의 관점에서 동전의 양면성을 지닌다. 일정 수준의 높이와 밀도를 유지하는 도시는 자동차의 이동을 줄임으로써 에너지 소비를 줄이지만, 주변과 격리된 나홀로 초고층건물은 그 자체로 에너지를 과소비하는 공룡이 된다. 이제 고층건물을 하나의 랜드마크에서 단지형으로 접근하는 발상의 전환이 필요한 시점이 되었다. 마천루의 경쟁에 더 이상 연연하지 않는 미국, 마천루를 허용하지 않는 유럽과 달리 자존심 경쟁에 취해 있는 후발 아시아의 대오에서 빠져나올 때가 되었다.

chapter 12

높은 건축의 낮은 곳

도시와의 접점, 저층부

건축을 유형화할 때 시대, 양식, 용도로 구분하는 것이 일반적이다. 예컨대 고려시대 사찰, 조선시대 민가, 르네상스의 빌라, 고딕의 교회, 현대의 미술관, 학교, 도서관, 체육관 등의 구분이 그것이다. 반면 높이나 면적으로 나누는 것은 드문데 계량적 수치만으로는 시대정신이나 건축사상과 같은 형이상학적 세계를 들여다볼 수 없고, 실용적이지도 않다고 생각하기 때문일 것이다. 그러나 규모만큼 건축을 둘러싼 정치·경제·사회·문화적 함수관계를 잘 보여주는 것은 없다. 단순한 수치를 자세히 살펴보면 때로는 변화의 분기점이었던 단서가 숨어 있다.

건물의 층수도 그렇다. 역사적으로 사람이 부담 없이 오르내릴 수 있는 높이의 한계는 대체로 5층이었다. 19세기 후반 이전에 도시 건축의 골격이 형성된 유럽의 도시 건축은 대부분 5층 이하다. 그나마 꼭대기는 임대가 잘 안 되는 다락방이었다. 우리나라 건축법에서도 5층 이상의 공동주택을 아파트라고 한다.[19] 또 6층 이상의 건물은 승강기를 설치하도록 정하고 있다.[20] 미국이나 영국에서는 승강기가 없는 3~4층의 아파트를 '걸어서 올라간다'는 뜻인 워크업walk-up이라고 부른다. 이렇게 보면 걸어서 올라갈 수 있는 한계 층수가 중층과 고층을 나누는 중요한 분기점인 것이다.

그렇다면 고층건물과 초고층건물은 어떻게 구분할까? 국내 건축법하에서 층수가 21층 이상이거나 연면적이 10만m^2 이상인 건축물은 지방자치단체장의 허가를 받아 지어진다. 또 50층 이상이거나 높이가 2백m 이상인 건축물은 공공의 이익에 저해되는지, 도시의 미관이나 환경을 저해하지 않는지를 중앙정부의 중앙건축위원회가 심의해야 한다.[21] 이렇게 보면 높이에 따라 건물을 네 그룹으로 나눌 수 있는데 첫째, 승강기 사용이 필요 없는 5층 이하 건물, 둘째, 6~20층의 중층건물, 셋째, 21~50층의 고층건물, 넷째, 51층 이상의 초고층건물으로 분류할 수 있을 것이다. 앞 장에서 말했듯이 2010년 현재 우리나라에는 51층 이상의 초고층건물이 19개 이상인데 앞으로 100층 이상의 건물이 몇 개 더 세워질 예정이다.

인간은 고층건물을 세움으로써 땅에서부터 최대한 멀어지려고 노력하지만 아직 땅을 딛지 않고 건축하는 기술은 개발하지 못했다. 서울시는 한강에 수상 컨벤션홀과 레스토랑을 지었지만 물 위에 얹힌 플로팅아일랜드를 벗어나지 못한다. 그래서 땅에서 멀어지면 멀어질수록 땅과 만나는 부분이 더욱 중요해지는 역설이 존재한다. 최근 싱가포르에는 3개의

미국 애틀랜타 도심 땅 위에서 아무리 요란한 실험을 해도 사람들은 궁극적으로 수직 동선의 종점인 지면으로 내려와야 한다. 높은 건물이 도시와 만나는 곳은 결국은 낮은 곳이다. ⓒ김성홍

55층 건물을 옥상에서 연결하고 그 위에 옥외수영장 등 '공중공원'을 만든 마리나베이샌즈 호텔Marina Bay Sands Hotel이 국내 건설사에 의해 완공되었다. 카드가 기대어 서 있는 모양의 3개 건물은 지면에서 52도 기울어져 올라가다가 지상 70m(23층)에서 만나 55층까지 올라가는 '들 입入' 자 모양을 하고 있다.[22] 단순한 높이 경쟁에서 벗어나 아찔한 상공에 배 모양의 거대한 수평공간을 만든 개발 전략이다. 개발회사가 카지노 호텔 리조트 전문개발업체라는 사실이 그리 놀랍지 않다.

하지만 땅 위에서 아무리 요란한 실험을 해도 사람들은 궁극적으로 수

직 동선의 종점인 지면으로 내려와야 한다. 높은 건물이 도시와 만나는 곳은 결국은 1층이고, 개발의 성패를 좌우하는 곳도 꼭대기가 아니라 저층부다. 상업건축의 저층부가 살아 있으면 그 앞의 길에도 활력이 생긴다. 그러나 건축의 상업성이 지나치면 도시의 공공성과 충돌한다. 일정 높이와 면적을 넘어서는 건물을 지방자치단체가 심의하는 것은 바로 건축의 미관뿐만 아니라 저층부의 공공성 때문이다.

1층을 비워내고 얻은 공공성

고층건물이 밀집한 홍콩 섬에서는 매주 일요일 점심 무렵 진기한 풍경이 벌어진다. 길과 광장을 가득히 메우고 있는 필리핀 가정부들이 서로서로 한 주 동안 못 다한 이야기를 나누며 휴일을 보내는 것이었다. 홍콩에는 약 14만 명에 이르는 필리핀 가정부들이 자국보다 높은 급료와 좋은 환경에서 일하고자 몰려들었다.[23] 서울에 온 조선족 입주 가정부들은 가리봉동과 같이 외국인 노동자가 몰려 있는 동네에 방을 얻어 주말에는 그곳으로 돌아가지만, 홍콩에서는 마땅히 갈 곳 없는 필리핀 여성들이 도시락을 싸들고 일요일의 도시공간을 점유한다. 그래서 일요일을 '필리핀의 날'이라고 부른다.

필리핀인들이 애용하는 곳 중 가장 흥미로운 곳이 홍콩상하이은행 본사 HSBC Main Building(1979~1986, 180m)다. 이 건물은 주변 고층건물과 달리 출입구와 로비가 2층에 있다. 1층은 완전히 개방된 광장이라서 사자 모양으로 설치된 에스컬레이터를 타고 2층으로 오르도록 되어 있다. 공상영화에 나오는 착륙한 우주선의 바닥으로 들어가는 느낌이다. 2층으로

홍콩상하이은행 1층 비워진 1층 광장에서 에스컬레이터를 타고 2층으로 올라가는 홍콩상하이은행 본사 건물은 공상영화에 나오는 착륙한 우주선을 보는 듯한 느낌이다. 높이와 1층 광장을 맞바꿈으로써 도시 공간의 공공성과 기업의 이익을 모두 얻은 '윈윈 전략'이다. ⓒ김성홍

올라서는 순간 10층 높이의 거대한 아트리움이 머리 위로 드러난다. 영국 건축가 노먼 포스터Norman Foster가 설계한 이 44층 건물은 철골구조를 그대로 노출하면서 높이 경쟁을 기술 혁신 경쟁으로 전환시켰을 뿐만 아니라 고층건물의 중심지를 아시아로 이동시키는 계기가 되었다. 혁신적 구조공법뿐만 아니라 바닷물을 이용한 난방설비, '태양국자sunscoop'를 이용한 자연 채광, 에스컬레이터를 활용한 수직이동 동선, 계단, 화장실, 각종 서비스공간을 집약한 코어, 내력벽이 전혀 없는 가변적인 내부공간을 도입하는 등 지속가능성과 기계미학을 접목했다는 평가를 받는다. 아방가르드 그룹 아키그램Archigram이 1960년대에 구상했던 유토피아 건축을 현대도시에 실현했다는 찬사도 나왔다.[24]

홍콩상하이은행 2층으로 올라서는 순간 10층 높이의 거대한 아트리움이 머리 위로 드러난다. 철골 구조를 그대로 노출하면서 높이 경쟁을 기술 경쟁으로 전환한 계기가 되었다. ⓒ김성홍

    그러나 나는 친환경 기술보다 전 세계에서 땅값이 최고 수준인 홍콩, 그 가운데에서도 노른자 땅에 임대료가 가장 비싼 1층을 완전히 비워버린 의도가 무엇인지 궁금했다. 문헌을 뒤져보았지만 건축가의 디자인 의도였는지, 홍콩 시 정부의 권유사항인지, 건축주의 요구였는지는 밝혀내지 못했다. 그러다 1층을 시민을 위한 공공공간으로 내놓는 대신 용적률을 1천4백%에서 1천8백%로 높였다는 사실을 확인했다.[25] 민간 땅의 일부를 공개공지로 내놓을 경우 용적률을 높여주거나 허가요건을 완화해주는 도시설계 기법이나, 땅의 일부를 아예 공공에 내놓는 기부 채납제도와 비슷하다. 그러나 우리나라에서는 대지의 가장자리를 도로로 내주

기는 하지만 이처럼 대지 전체를 시민에게 개방하는 예는 거의 없다.

1백 년간의 초고층건축물 역사에서도 드문 사례다. 근대건축의 새로운 원리를 제시한 르 코르뷔지에는 바닥부터 차곡차곡 쌓아 올라가는 육중한 석조건축 대신 콘크리트 기둥이 입방체를 떠받치는 필로티piloti를 제시했었다. 그러나 1층을 모두 비워낸 필로티 건축은 르 코르뷔지에도 구현하지 못했다. 홍콩상하이은행은 좌우 8개의 돛대 기둥이 건물을 위로 잡아당기면서 1층을 완전히 비우는 필로티 건축을 실현했다. 높이와 광장을 맞바꿈으로써 도시공간의 공공성과 기업의 이익을 모두 얻은 '윈윈 전략'이다. 무려 1천8백%에 이르는 용적률의 비밀이다.

우리나라에서 비슷한 사례를 꼽는다면 서울 을지로입구의 브릿지증권 빌딩을 들 수 있다. 이 건물은 1986년 준공된 후 여러 차례 용도가 바뀌었는데 2011년 현재 외국계회사 GE 리얼이스테이트가 건물을 소유하고 증권사 사무실, 근린생활시설, 커피전문점 등의 복합 용도로 전 층을 임대하고 있다. 홍콩상하이은행처럼 1층을 모두 비우지는 않았지만 1층의 40%를 비워 보행통로로 내주고 있다. 이처럼 1층을 비워낸 탓에 명동으로 이어지는 건물의 뒤쪽 작은 광장은 사람들의 발길로 활기차다. 또 이곳으로부터 연결된 지하 출입구는 지하철 2호선 을지로입구역과 연결되고 다시 건너편의 백화점과 고층빌딩 건물 지하와 연결된다. 1986년 건물을 지을 당시 1층의 보행통로와 10층의 하늘공원을 만들어 일반인에게 개방하는 조건으로 서울시로부터 허가를 받은 것이다.[26] 저층의 공공성과 고층의 경제성을 서로 주고받는 좋은 선례를 남겼지만 최근 서울에서 이러한 고층건물을 찾기는 어렵다.

성공적인 현대의 광장

맨해튼의 가장 중심부에 위치한 록펠러센터 Rockefeller Center (1933~1940, 70층, 259m)는 세계 최대의 업무 및 엔터테인먼트 센터다. 남북 방향의 5번가와 6번가, 동서 방향의 48번가와 51번가 사이에 있는 모두 14개의 고층건물 집합체다. 현재의 록펠러센터는 처음의 2배로 확장해서 큰 도시공간을 차지하고 있다. GE 본사, 엔터테인먼트 그룹인 RCA의 사무 및 제작공간, 문화공간과 임대공간으로 구성되어 있다.[27] 그중에서도 동서 방향으로 길쭉해 '슬래브slab'라는 별명이 붙은 70층의 GE 빌딩과 라디오시티 뮤직홀 Radio City Music Hall 이 핵심이다. 하지만 록펠러센터를 맨해튼의 명소로 만든 것은 두 건물보다는 그 사이의 지하광장 sunken plaza 이다.

1930년대까지만 하더라도 고층건물의 개발은 하나의 건물 단위로 이루어지는 것이 대부분이었다. 록펠러센터는 여러 개의 블록을 동시에 개발하는 최초의 도시 단위 사업이었다.[28] 갑부 록펠러 John D. Rockefeller Jr.는 1927년에 약 6만m^2(15에이커)에 달하는 맨해튼의 땅을 사서 레이몬드 후드 Raymond Hood 를 비롯한 여러 건축가 그룹에게 설계를 맡겼는데 이들은 록펠러센터를 "도시 속의 도시 city in the city"라고 이름 붙였다. 개발사업을 위해 228개의 기존 건물을 허물고 4천 명에 달하는 임차인이 이주를 해야 했다.[29]

수백 개의 건물을 허물었지만 뉴욕의 격자형 도시조직을 그대로 살리는 방향으로 개발이 진행되었다. 가장 성공적인 현대의 광장으로 손꼽히는 록펠러플라자는 격자형 도시조직의 한가운데를 차지하고 있다. 그런

뉴욕의 록펠러플라자 록펠러플라자의 흡인력은 공간의 용도가 아니라 공간의 구조에서 나온다. 200여 개의 상점과 카페, 주변의 길을 잇는 공간적 구심점이 되기 때문이다. ⓒ김성홍

데 광장은 길보다 낮아서 멀리서는 보이지 않는다. 이런 단점에도 불구하고 광장의 넘치는 활력은 다양한 도시민의 행위를 포용하는 용도에서 나온다. 여름에는 식당과 콘서트장으로, 겨울에는 아이스스케이팅장으로 쓰인다. 이때 록펠러플라자는 도시의 공연장이 되고 길은 객석이 된다. 그런데 이것만으로 광장의 성공을 설명하기에는 부족하다. 많은 지하광장이 이러한 여가기능을 갖고 있지만 이곳처럼 사람을 끌지는 못한다. 록펠러플라자의 흡인력은 공간의 용도가 아니라 공간의 구조에서 나온다. 2백여 개의 상점과 카페, 주변의 길을 잇는 공간적 구심점이 되기 때문이다.[30]

록펠러센터의 성공에 자극을 받아 미국의 많은 도시들이 땅을 파고 비슷한 지하광장을 만들었지만 이만큼 큰 성공을 거두지는 못했다. 광장

자체가 문제가 아니라 주변의 공간과 어떻게 관계를 맺고 있는가가 성패를 가른다. 실패한 지하광장은 무대를 만들 수는 있지만 객석 역할을 하는 길과는 연결을 맺지 못했다. 처음 이곳을 개발할 때 지하광장 대신 고층건물 위를 공중다리로 연결하는 계획안을 세웠는데 이 안을 관철했다면 맨해튼의 명소는 태어나지 않았을 것이다.

홍콩상하이은행과 록펠러플라자는 닫는 것보다 여는 것이 더 큰 이익을 얻고, 공공성에 보탬이 된다는 점을 잘 보여주었다. 또한 하나의 초고층건물보다 여러 개의 고층건물이 모이면 더욱 활기찬 도시공간이 됨을 증명하고 있다. 높이 올라가는 것보다 낮은 곳을 어떻게 연결하는가가 더 중요한 셈이다.

서울 고층건물의 저층부[31]

서울에는 1960년대부터 고층건물이 하나둘씩 들어서기 시작했지만 고층사무소의 건축이 본격화된 계기는 1970년 삼일빌딩이 완공되면서부터다. 최근에 짓는 고층건물과 달리 삼일빌딩에는 지하주차장이 없었다. 지하 2개 층에 판매시설과 기계전기실을 두고 지상 1층에 로비, 2층부터 30층까지 업무공간, 31층에 판매공간을 배치한 수직적으로 단순한 공간 구성이었다. 특히 길과 직접 접하는 1층 로비는 상부의 기준층과 높이가 크게 다르지도 않았다.

그 후 고층건물은 점차 지하로 깊이 내려가기 시작했다. 땅값이 올라가자 투자비를 상쇄하기 위해서는 더 높고 큰 건물을 지어야 했고, 이에 따라 법이 정한 주차대수도 상대적으로 늘어났기 때문이다. 1층 높이도

기준층의 2배 정도로 높아지면서 단순한 출입구에서 라운지나 접객공간 같이 공공영역과 민간영역이 만나는 전이공간의 성격을 띠기 시작했다. 1980년대 들어서 각종 국제행사와 올림픽이 열리고 도심 재개발사업이 활기를 띠면서 서울에는 고층건물이 크게 늘어났다. 1984년 광화문 교보빌딩은 지하 1층에 서점과 지하광장, 1층에 아트리움을 만들면서 저층부의 변화를 주도했다.

테헤란로는 1980년대 말부터 고층건물이 동시다발적으로 들어서면서 강북을 압도하는 새로운 업무중심지역으로 자리 잡았다. 테헤란로는 1987년 우리나라 최초로 도시설계의 기법을 이용해 보행가로를 활성화한 곳이다. 그 이전에는 2차원의 도시조직과 3차원의 건축물을 동시에 관리하는 법적 수단이 없었는데, 이 둘을 통합하는 도시설계를 본격적으로 적용한 곳이 테헤란로였다. 옆 건물과 줄을 맞추거나, 대지 안에 시민을 위한 공개공지를 만드는 강력한 지침을 강제할 수 있었다. 고층건물이 산발적으로 들어선 강북의 도심과 달리 고층건물이 도열한, 정돈된 도시경관을 만드는 역할을 했던 것이다.

1990년대 이후 테헤란로에 들어선 31층 이상 고층건물의 지하 층수는 평균 6층 이하로 내려갔다. 용도도 식당과 매점 같은 판매 공간 위주에서 문화집회시설과 직원복지시설로 다변화했다. 건물이 높아질수록 저층부가 복잡해지고 두터워진 것이다. 그러나 테헤란로의 고층건물들에는 홍콩상하이은행이나 록펠러플라자처럼 보행자를 끄는 광장이 아직 없다.

상업성과 공공성의 관점에서 가장 후한 점수를 줄 수 있는 곳은 포스코센터다. 31층(동관)과 21층(서관)을 관통하는 6층 높이의 아트리움은 두

포스코센터 포스코센터의 아트리움은 배타적 공간과 열린 공간, 상업공간과 문화공간을 자연스럽게 융합했다.
ⓒ김성홍

타워의 연결 통로이자 지하 1층에서 지상 5층에 산재한 판매시설, 은행, 포스코 미술관, 커뮤니티 홀과 같은 문화집회시설을 잇는 동선의 정거장이다. 아트리움 때문에 일반인들은 지하 1층과 지상 1층으로 심리적 부담을 느끼지 않고 들어갈 수 있다. 마치 철도역사의 대합실에 들어가는 느낌이다. 이곳에서는 정기적으로 음악회나 문화행사가 열리기도 한다.

반면 테헤란로의 다른 고층건물에는 잘 꾸민 로비가 있지만 특별한 목적이 없으면 들어가는 것이 꺼려진다. 어딘가 몰래카메라가 숨겨져 있고, 언제라도 경비가 나타나 출입을 간섭할 것 같은 사적영역으로 느껴진다. 테헤란로변의 백화점이나 호텔의 아트리움은 밖으로 열려 있으나 상업적 이익을 위해 만든 공간이며, 한국은행 전산센터와 같은 공공건축의 거대한 아트리움과 로비는 권위적인 틀을 벗었으나 배타적이다.

포스코센터의 아트리움은 이러한 배타적 공간과 열린 공간, 상업공간과 문화공간, 어느 한쪽에 기울지 않으면서 이 둘을 자연스럽게 융합했다. 강남의 노른자 땅에 어떻게 이렇게 거대한 공공공간을 만들 수 있었을까? 1990년 최초의 계획안은 45층 높이의 하나의 타워였으나 주변 아파트 주민의 민원에 부딪혔다. 대안으로 높이가 낮은 2개의 타워로 나누는 안이 나왔는데 그 결과 두 건물 사이에 아트리움이 생겼다.[32] 민간이든 공공이든 대부분의 건축주가 높고 눈에 띄는 '랜드마크'를 원하는데 포스코는 낮지만 공공적인 대안을 택한 것이다. 포스코가 공공기관과 민간기업의 중간 성격을 띠고 있었기 때문에 가능한 일이었다. 포스코가 민영화된 2000년 이후에 같은 상황이 일어났다면 이런 아트리움이 가능했을까 하는 의문이 든다.

아쉽게도 포스코센터는 고층건물의 열린 공간 모델을 제시했지만 1층

테헤란로의 가로구조 테헤란로가 서울의 대표적 업무거리이면서도 문화의 생성지 역할은 다른 지역에 내주고 있는 것은 이면도로와 끈끈한 그물망을 형성하지 못하고 있기 때문이다. ⓒ김성홍건축도시연구실·윤한섭

아트리움은 주변으로 확산되지 못하고 건물 안에 갇혀 있다. 테헤란로 쪽으로 시원스럽게 드러난 아트리움은 건물 뒤쪽으로 가면서 차로와 화단에 막혀 이면도로에 닿지 못한다. 앞으로는 열렸지만 옆과 뒤는 닫힌 구조다. 이는 건물 하나하나의 문제가 아니라 군집의 문제다.

테헤란로는 왕복 8차선이고 폭이 50m에 이르는 넓은 길이다. 이 정도 폭이면 세계 대도시 어느 곳과 비교해도 손색이 없는 대로다. 그런데 테헤란로의 이면도로는 폭이 6~8m인데다 불법주차 때문에 자동차 2대가 간신히 지나가는 동네 길로 바뀐다. 1970년대 강남을 계획한 토목기술자들은 지금과 같은 번화한 업무지구를 예견하지 못했던 것 같다. 당시 도시계획은 불규칙한 필지와 새로 계획한 필지를 정리한 다음 교환해주는 토지구획정리사업이었기 때문에 구릉지를 잘게 나누어 단독주택 필지를 만드는 데 집중했다. 한편 영동대로나 테헤란로처럼 광로를 5백m 이상 간격으로 배열해 거대블록이 생겨났다. 블록-길-필지-건물의 4요소가 이루는 3차원의 도시경관에 대한 상상력도 빈곤했고 사회적으로도 그럴 겨를이 없었던 시대였다. 그 결과 테헤란로는 도로 앞뒤가 너무나 대조적인 풍경을 연출한다.

홍콩상하이은행의 앞길 Des Voeux Road 과 뒷길 Queen's Road 은 홍콩 섬의 지형

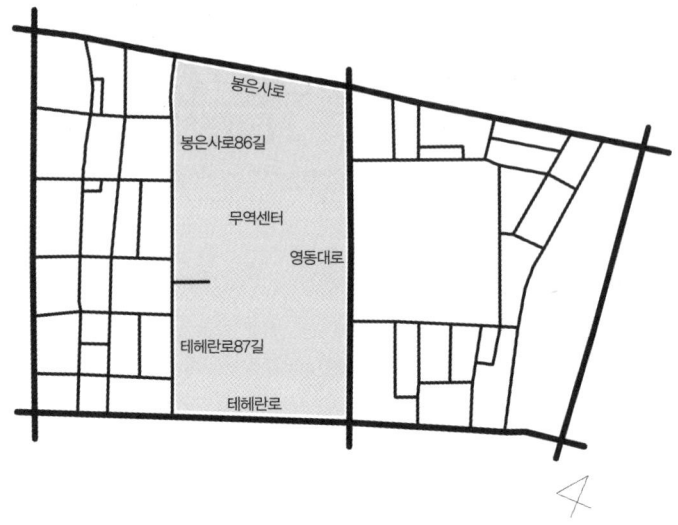

서울 삼성동 무역센터 블록 도시 속의 도시, 삼성동 무역센터 블록은 거대블록 안의 길이 얼마나 빈곤한지 보여준다. 블록을 관통하는 보행로가 하나도 없다. ⓒ김성홍건축도시연구실

을 따라 구불구불하게 생겼지만 평행으로 달리면서 블록을 형성한다. 블록 안에 세워진 고층건물은 자연스럽게 앞뒤길 모두에 대응하도록 설계되었다. 홍콩상하이은행은 1층을 비움으로써 이러한 길과의 관계를 극대화한 것이다. 맨해튼의 록펠러플라자도 5번가의 이면도로에 면해 있다. 이처럼 건축과 길이 엮는 공간의 그물망이 도시를 살아 있게 한다. 테헤란로가 서울의 대표적 업무거리이면서도 문화의 생성지 역할은 다른 지역에 내주고 있는 것은 이면도로와 끈끈한 그물망을 형성하지 못하고 있기 때문이다.

　서울 삼성동 무역센터는 보행자를 고려하지 않은 채 대규모로 도시 개발을 할 경우 블록 안의 길이 얼마나 빈곤한지 보여주는 대표적 예다. 서울에서 가장 넓은 70m의 영동대로, 테헤란로, 봉은사로로 에워싸인 무

역센터는 땅 면적이 14만 8천7백m²에 이른다. 이 안에는 54층의 무역센터, 41층의 아셈타워, 2개의 인터콘티넨탈 호텔을 비롯해 컨벤션센터, 현대백화점, 도심공항터미널, 코엑스몰 등의 대형 고층건물이 모여 있다. "도시 속의 도시"라고 불렸던 맨해튼 록펠러센터보다 2배 이상 넓은, 그야말로 작은 도시다. 그런데 이러한 거대한 도시공간을 관통하는 보행로가 하나도 없다. 거대한 땅을 여러 개발주체가 잘라서 각자 계획하는 과정에서 주변과 소통하지 않는 거대한 섬이 되었다. 오직 지하주차장만이 전체 단지를 통합하고 있을 뿐이다.

이 거대한 섬 가운데에 록펠러플라자와 같은 광장이 있었다면, 홍콩상하이은행처럼 1층을 비워낸 고층건물이 군집을 이루었다면, 테헤란로는 앞만 번지르르한 '도로'에서 업무공간, 소비공간, 공공공간을 결합한 매력적인 길이 되었으리라.

승강기 시대의 지하공간

정반대로 삼성동 무역센터의 땅 밑은 길이 너무 복잡해 방향을 잃을 지경이다. 지하철 삼성역에서부터 코엑스 인터콘티넨탈 호텔까지 이어지는 대각선 축을 따라 11만 9,008m²의 크고 작은 판매, 오락, 문화, 여가시설이 미로처럼 얽혀 있다. 그 중심에 4,436명의 관람객을 동시에 수용할 수 있는 17개 상영관을 보유한 극장 메가박스가 있다. 영화를 보기 위해 이렇게 많은 사람이 동시에 지하로 들어가는 곳은 전 세계에서 서울밖에 없을 것이다(영화를 보기 위해 지상 10층까지 올라가는 곳도 서울뿐인 것처럼).

이보다 더한 경우도 있다. 종로의 피카디리극장(롯데시네마 피카디리)은 서울의 지하화를 단적으로 보여준다. 1960년대에 지어진 극장이 복합영화관 경쟁에서 밀리자 이를 허물고 2004년 지하 7층, 지상 9층, 연면적 3만 3천m²의 멀티플렉스로 재건축했다. 그 결과 30m까지 내려가는 지하에 9개의 상영관이 있는데 단면도를 보면 땅 위와 땅 아래의 규모가 비슷하다.³³ 영화관을 넣을 정도의 대형 공간을 법적으로 지상에 확보할 수 없게 되자 지하에서 대안을 찾은 것이다.

　서울에서 지상보다 공사비가 더 들어가는 지하공간에 집착하는 이유는 땅값이 공사비에 비해 상대적으로 비싸기 때문이다. 지상으로 올라간 면적만큼 법적 주차대수도 늘어나는데 별도의 땅을 사서 만드는 것보다 지하를 파는 것이 경제적이다. 반면 미국 대도시의 옥외주차장 설치는 땅값이 상대적으로 저렴하기 때문에 가능하다. 이렇게 파내려간 지하 깊숙한 곳에 주차장을 만들고 지하 1~2층에 상업공간을 배치하면 일석이조의 효과를 거두게 된다. 민간 개발자가 지하와 보행자가 쏟아져 나오는 지하철역을 어떻게든 연결하려고 하는 것은 당연하다.

　대규모 지하 개발 이전에는 도로 아래에 보행로를 만들고 지하상가를 조성하는 방식이 일반적이었다. 서울시는 모두 29개 지하상가(점포 2,783개)를 관리하고 있는데 대부분 민자로 지어진 상가들은 1998년을 전후해 기부 채납되어 서울시 소유가 됐다. 2009년 서울시가 경쟁입찰로 지하상가를 임대하고 민간에 관리권을 넘기면서 기존 상인들과 갈등을 겪기도 했다.³⁴ 이런 논란에도 불구하고 지하상가는 걷기에 불편한 지상의 도로를 보완하는 역할을 분담해왔다.

　좁고 밀집된 도시에서 지하공간을 활용하는 것은 좋은 일이다. 하지만 지하 개발이 과하면 지상과 마찬가지로 주변을 빨아들이거나 밀어내 도시의 섬이 된다. 강남 고속터미널 센트럴시티가 들어선 후 바로 옆 지하상가는 저가 상품을 판매하는 2차 상권으로 내려앉았다. 자동차 중심의 센트럴시티 동선은 보행 중심의 지하상가 동선과 쉽게 화합하지 않는다. 길을 따라 선형으로 형성된 지하상가는 공공도로를 보완해주지만 한곳에 집중된 센트럴시티의 지하공간은 주변 도로에 엄청난 교통 부하를 떠넘기고 있다.

하늘을 향해 올라가든 지하 깊숙이 내려가든 건축은 결국 길과 닿아야 한다. 사람도 안팎으로 드나들어야 하고, 건물도 환기와 통풍을 해서 숨을 쉬어야 한다. 그런데 건물이 높아지거나 지하로 내려갈수록 이동과 환기를 전적으로 기계에 의존하게 된다. 전기가 나가면 아무것도 작동이 되지 않는 원시적인 공간이 된다. 이런 극단적인 상황이 아니더라도 초고층과 지하공간의 공기 질을 유지하기 위해서 많은 에너지를 소비해야 한다. 승강기의 시대가 위기를 맞게 되면 길과 건물이 만나는 접점에서 멀어질수록 기피의 공간이 될 것이라는 역설은 현실이 될 것이다.

chapter 13   길에서 멀어진 상업공간

너무 높이 올라간 상점

1990년대 말 서울에서는 재래시장을 의류 패션몰로 바꾸는 재개발사업이 유행했다. 동대문시장 주변에 두타, 밀리오레, 거평프레야가 준공되었을 때 7~8층까지 상점이 들어선 이들 고층 패션몰이 과연 성공할 것인가 하는 의구심이 들었다.[35] 유럽과 미국의 쇼핑몰은 대부분 지상 2~3층이고 백화점은 높아도 5~6층 이상으로 올라가지 않는다. 쇼핑을 위해 기꺼이 걸을 수 있는 심리적 최대 거리가 있듯이 층수에서도 심리적 한도가 있다. 상품을 분류하고 이를 층으로 배분하는 상업건축의 배치 전략은 여기에서 나온다. 고밀 집중화한 아시아 도시조차 이 전략에서 크게 벗어나지 않는다. 일본에서 가장 성공한 도심 재개발로 손꼽히는 도쿄 롯폰기 힐스Roppongi Hills의 모리 타워는 사무실, 상점, 식당, 병원, 미술관, TV 방송국을 망라한 54층 초고층복합건물이다. 하지만 상점은 저층부인 1~6층에 배치되어 있다.

IMF 위기를 겪으면서도 밀리오레와 두타는 의류 패션몰로 변신하는데 성공했고 상업건축 개발사업의 선두주자 역할을 했다. 그 후 동대문의 성공에 자극을 받아 남대문의 메사를 비롯한 고층 상업건축이 서울에 우후죽순처럼 등장했다. 그런데 10여 년 이상 전성기를 누렸던 고층쇼핑몰은 최근 분양도 잘 안 되고, 있던 사람들마저도 빠져나가 공실률이 높아지고 있다. 복합 개발사업의 성공에 도취한 개발업체들이 서울과 수도권에 경쟁적으로 앞다투며 쇼핑몰을 지었지만 살아남은 곳은 손에 꼽힐 정도라는 분석이다. 서울시가 주도한 장지동 가든파이브(동남권 유통단지)는 완공된 지 16개월 뒤에야, 그것도 입점률 30%인 초라한 상태로 개장했다.[36]

개발업자의 입장에서 보면 쇼핑몰의 실패는 차별화된 전략이나 아이디어 없이 사업에 뛰어든 결과일 것이다. 그러나 도시적 관점에서 보면 상업공간의 공급과잉이 근본 원인이다. 정확히 말하면 비싼 상업공간을 너무 많이 지었기 때문이다. 위로는 너무 높고, 지하로는 너무 파 내려가서 길에서 멀어진 복합건축이 서울과 수도권에 넘쳐난다.

도시계획에서는 새로운 도시를 만들 때 상업공간이 얼마나 필요한지 예측하고 땅을 배분한다. 먼저 도시에 들어갈 인구에 따라 전체면적을 정하고 여기에다 소득수준, 단지 위치, 주변 여건 등을 고려해 상업시설의 비율을 산정한다. 예를 들어 1백만m^2 규모의 중규모 택지개발지구는 3~6%, 3백만m^2의 대규모 택지개발지구는 6~8%, 1천만m^2가 넘는 자족신도시는 10~12%의 상업용지를 할당한다.[37] 지금까지 건설된 신도시나 택지개발지구는 이 기준보다 다소 낮게 계획되었다. 1980년대 후반 주택 '2백만 호' 건설을 위해 만든 4대 신도시 중 분당의 전체 면적은 1,894만㎡, 일산은 1,573만㎡이었는데, 상업용지는 위의 기준보다 낮은 8.4%, 7.8%였다. 반면 1백만㎡ 내외의 수도권 택지지구는 2% 내외의 상업용지를 배분했다.[38] 이렇게 만든 2차원의 토지이용계획 위에 건폐율과 용적률을 적용하면 3차원 상업공간의 총량이 결정된다.

그러나 이렇게 계획한 상업용지 위에 건물이 그대로 지어 지는 것은 아니다. 도시계획은 수립했지만 빈 땅으로 남아 있기도 하고, 도시계획과 다른 성격의 상업공간이 들어오기도 한다. 냉정한 시장논리에 의해 진입과 퇴출이 결정되는 상업공간을 물리적으로 계획하고 통제한다는 것은 쉽지 않다. 계획인구를 먼저 정하고 만드는 신도시에서도 예측이 들어맞지 않는데 이미 만들어진 도시에서는 더욱 어렵다. 장사가 잘되면 법과 제도의 틈을 교묘히 이용하면서까지 변종의 상업공간이 생겨나지만 장사가 안 되면 어떤 수단을 써도 건물이 비는 것을 막을 수 없다. 2009년 현재 전국의 상업용 건물면적은 전체의 16.6%다. 주거용 건축물(67.9%)에 이어 두 번째로 많다. 서울의 상업용 건축물 비율은 이보다 높아(21%) 주거용 건축물(76%)과 합하면 전체 건축물 연면적의 97%로 도시 건축의 대부분을 차지한다.[39]

주택은 온 국민이 관심을 갖고 지켜보는데다 수요와 공급의 흐름이 수치를 통해서 잘 드러난다. 아파트 청약경쟁률이 얼마이고, 미분양 아파트가 얼마인지 신문을 통해서 아는가 하면 소문을 들어서 감을 잡는다. 아파트의 공시가격이 공개되고 매매가와 전세가의 변화를 온라인을 통해 확인할 수 있다. 주택시장의 현상들을 짚어볼 수 있는 정보망이 작동하고 있는 것이다.

　하지만 객관적인 상업공간 정보를 얻기란 쉽지 않다. 우선 임차인도 임대인도 상가의 임대료가 얼마인지를 공개하기를 꺼린다. 성패를 좌우하는 비밀을 공개할 리가 없다. 상가를 분양하는 요란한 광고가 신문에 등장하지만 이 분야의 경험이 있거나 발품을 팔지 않는 이상 주택처럼 객관적 정보에 접근하기란 쉽지 않다. 2010년 현재 도시 건축 분야의 전문가들은 공통적으로 상업공간이 너무 많이 공급되어 있다고 말한다.[40] 비교 가능한 통계자료가 없을 뿐이지 비싸게 개발된 상업공간이 골칫거리라는 것은 공공연한 사실이다.

상업공간의 과잉

우리 도시에 상업공간이 얼마나 공급되었는지를 통계자료를 통해 보기로 하자. 첫째, 1990년대 선풍적인 인기를 끌었던 주상복합에 관한 법과 제도의 변화다. 주상복합은 1980년대 초반 도심이 공동화되자 주거공간을 허용하는 예외적인 법을 만들면서 생겨난 건축유형이다. 우리나라 「국토계획법(국토의 계획 및 이용에 관한 법률)」은 국토를 도시지역, 관리지역, 농림지역, 자연환경보전지역으로 나누고 관리한다. 도시지역은 다시 주거지역, 상업지역, 공업지역, 녹지지역으로 나눈다. 예컨대 서울은 도시지역이 1백%를 차지하는 반면, 인천시의 도시지역은 전체의 44.2%이고 나머지는 관리지역, 농림지역, 자연환경보전지역이다.[41] 2006년 현재 1백%가 도시지역인 서울에서 주거지역은 전체의 50.4%, 상업지역은 4.1%다. 도시의 약 절반을 주거와 상업활동을 위한 공간으로 허용한 것이다. 그런데 건축법은 주거지역에 일상생활에 필요한 작은 상점(근린생활시설)을 허용하지만 백화점처럼 큰 대형 판매시설을 불허한다. 쾌적한 주거환경을 유지하기 위한 취지다. 반면 상업지역에는 아파트를 짓지 못하게 한다. 주상복합건축은 바로 상업공간을 50:50의 비율로 섞으면 상업지역에 짓지 못하도록 되어 있는 아파트를 지을 수 있도록 허용해주는 예외적인 제도에서 탄생했다. 일반적으로 상업지역은 주거지역보다 4~5배 높은 용적률을 적용해 지을 수 있으니, 상업지역에 지을 수 없는 아파트 건축을 허용해주고, 게다가 높고 크게 지을 수 있는 길까지 열어주었던 것이다.

이렇게 법을 완화했지만 1990년대 후반까지 주상복합은 개발업자와 건설회사의 주목을 끌지 못했다. 1980년대는 주택 2백만 호의 건설이라는 정부의 구호 아래 수도권에 신도시를 지었던 시기였다. 당시에는 수천 세대의 아파트를 건설하는 일감이 넘쳐서 1백 세대 미만 작은 규모의 주상복합은 거들떠보지도 않았다.

신도시 개발이 정점을 지나자 건설산업계와 개발회사는 도심의 주상복합건축으로 눈을 돌리기 시작했다. 문제는 아파트는 분양이 잘되지만 상가는 이미 포화상태에 이르렀다는 점이었다. 정부는 건설산업계와 시장의 논리에 밀려 주상복합건축에서 주거와 상업공간의 비율을 서서히 완화해갔다. 1994년 사업승인대상이었던 1백 세대의 기준을 2백 세대로 늘려주고, 주거의 비율도 50%에서 70%로 늘려주었다. 지을 수 있는 땅도 상업지역에서 준주거지역으로 확대했다. 그러다가 1997년 외환위기를 맞았다. 정부는 경제가 어려울 때마다 건설을 경기 부양의 수단으로 삼았는데 외환위기로 막대한 타격을 받은 건설산업계를 방치할 수 없었다. 그 결과 마침내 주거의 비율을 90%까지 늘려주었다. 주상복합은 무늬만 주거와 상업의 복합이지 실상은 상업지역과 준주거지역에 예외적으로 허용한 고층아파트가 된 것이다. 주상복합의 상징인 도곡동 타워팰리스는 이렇게 탄생했다. 그 후 서울과 수도권에는 주상복합이 우후죽순으로 생겨났다. 급한 불을 끄기 위해 정부는 다시 주거 최대한도를 70%로 낮추었지만 정책의 논리도, 일관성도 잃은 뒤였다.

정부의 주상복합건축 정책 변화에는 아파트는 짓고 싶지만 상업공간은 가급적 줄이려고 했던 시장의 고민이 고스란히 반영되어 있다. 주상복합의 법적 요건을 맞추기 위해 궁여지책으로 상업공간을 끼워 넣었던 것이다. 문제는 복합개발로 지은 대형 상업건축은 높은 땅값과 개발비용이 임대료에 고스란히 반영된다는 점이다. 상업공간은 넘쳐나는데 임대료도 비싸고 게다가 길에서 떨어져 접근성도 좋지 않는 고층 임대공간에 상인들이 들어오지 않는 것은 당연하다. 이렇게 서울과 수도권에는 주인을 찾지 못하고 이리저리 용도를 바꾸는 상업공간이 넘쳐나고 있다.

둘째, 매년 국토해양부가 발표하는 통계자료도 상업공간이 과잉으로 공급되었다는 신호를 보내고 있다. 신축건물 허가면적의 총량은 건설경제 동향과 주택수급 동향을 진단하고, 건축자재 수급과 생산을 예측하는 기초자료로 활용된다. 허가를 받았다고 하더라도 그 해나 다음 해에 건물을 꼭 짓는 것은 아니지만 건설(건축·토목)부문 중 민간부분이 큰 비중을 차지하는 건축부문의 건설투자를 예측하는 가장 중요한 선행지표다.[42]

다음 페이지의 표에서 보는 것처럼 전국의 건축허가면적은 외환위기를 겪은 이후인 1999년부터 10년 동안 증가와 감소를 반복했지만 2008년 미국발 금융위기가 닥치기 전인 2007년까지는 꾸준히 증가했다. 상승과 하

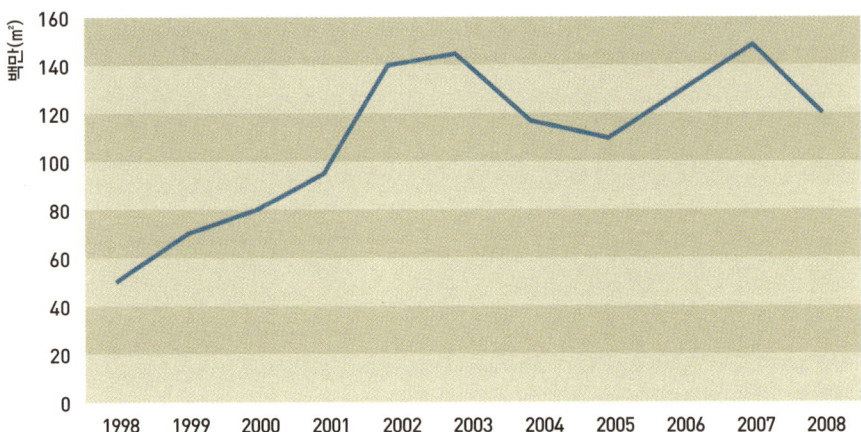

건축허가면적의 변화, 1998~2008년 전국의 건축허가면적은 외환위기를 겪은 이후인 1999년부터 10년 동안 증가와 감소를 반복했지만 2008년 미국발 금융위기가 닥치기 전인 2007년까지는 꾸준히 증가했다. ⓒ김성홍건축도시연구실(기초자료 : 국토해양부)

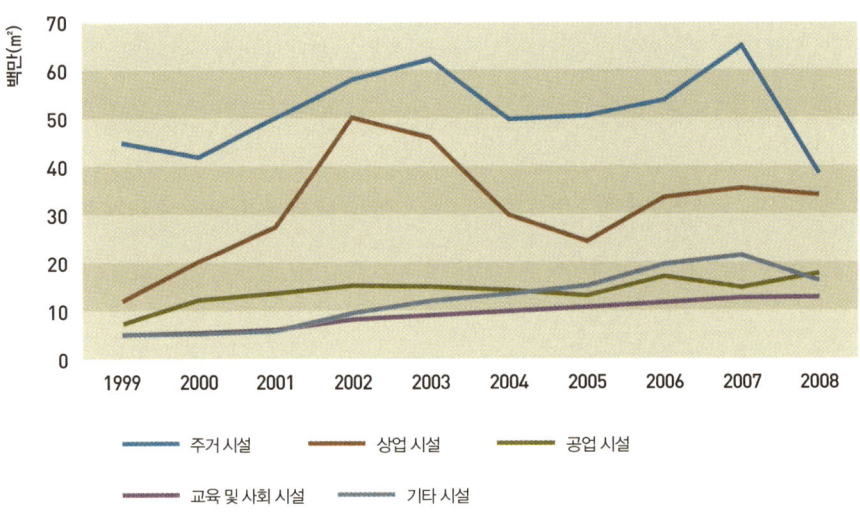

■ 주거 시설 ■ 상업 시설 ■ 공업 시설
■ 교육 및 사회 시설 ■ 기타 시설

용도별 건축허가면적의 변화, 1999~2008년 2008년 주거시설 대비 상업시설의 허가면적 비율은 1999년에 비해 3배로 높아졌다. 주택의 증가율보다 상업시설의 증가율이 더 높았던 것이다. ⓒ김성홍건축도시연구실(기초자료 : 국토해양부)

강이 반복되었던 이 기간 동안 바닥을 찍었던 해는 2005년, 정점을 찍었던 해는 2003년과 2007년이었다. 이 통계자료를 건축 용도별로 분석해도 비슷한 결과가 나온다. 주거시설 역시 2003~2004년 잠시 떨어졌다가 다시 상승했으나 2007년부터 급강하고 있다. 상업시설은 상승과 하강의 폭이 주거시설보다 심했으나 2007년 이후 역시 하강했다. 반면 공공예산이 투입되는 교육 및 사회시설은 1999년부터 2008년까지 경기에 관계없이 꾸준히 상승했다. 기타시설도 10년간 이처럼 상승했다.

그런데 1999년의 상업시설 허가면적은 주거시설의 약 26%이었는데 2008년에는 86.5%까지 올라가 3배로 증가했다. 아파트를 포함한 모든 주택의 증가율보다 상업시설의 증가율이 더 높았던 것이다. 우리나라의 주택보급률은 2007년을 기점으로 1백%를 넘어섰다. 전국에서 주택보급률이 가장 낮은 서울과 수도권도 각각 93.6%, 95.4%에 이른다.[43] 포화상태에 이른 주거보다 상업시설을 더 많이 지어왔다는 뜻이다.

위의 통계를 요약하면 첫째, 민간부분 건설 활동은 2008년 이후 극심한 침체를 겪고 있는 반면 정부의 예산이 투입되는 공공부문이 침체한 건설경기를 떠받치고 있다. 둘째, 미분양과 가격하락을 겪고 있는 주택시장의 상황으로 미루어볼 때 상업시설의 현황이 더 좋지 않다. 상업공간은 '제로섬 게임'에서 벗어날 수 없다. 공급이 과잉인 상황에서 한쪽의 상가가 잘되면 다른 쪽은 그만큼 손해를 보게 된다. 대형 쇼핑몰이나 복합상가가 성공을 거두었던 이면에는 서서히 죽어가는 동네의 작은 상점이 있었다.

길로 내려와야 한다

2007년 현재 서울에 있는 상점을 모두 합치면 전체 건축물 연면적의 16.3%를 차지한다. 이는 대규모 점포나 시장을 제외한 근린생활시설만을 포함한 수치인데도 아파트에 이어 면적상으로 2위다. 아파트는 30.8%를 차지하고 있는데 단독주택, 연립주택, 다가구주택, 다세대주택은 제외한 수치다. 3위는 10.4%를 차지하는 업무시설이다. 세 가지 유형을 합하면 모든 민간 건축물의 57.5%에 해당한다.

우리나라의 길이 간판으로 도배되는 것은 유럽, 미국, 이웃 일본에 비해 훨씬 많은 작은 상점(근린생활시설)이 대로상에 집중해 있기 때문이다. 이는 앞서 밝혔듯이 도소매, 음식숙박업을 하고 있는 자영업자의 비율이 13.8%에 육박하는 기형적 산업구조에 기인한다. 미국, 일본, 영국, 독일, 프랑스, 이탈리아, 스페인, 네덜란드 등 OECD 8개 선진국의 평균보다 무려 3.7배가 높은 수치다.

경제 전문가들은 한국의 산업구조가 선진국형에 근접할수록 자영업자의 비율은 줄어들고, 서비스업으로 중심이 옮겨갈 것이라고 본다. 자영업의 쇠퇴는 이런 구조적 변화가 몰고오는 필연적인 과정이다. 문제는 자영업자들이 몰락하는 속도와 부작용에 대한 사회적 안전장치도, 도시건축적 대안도 없다는 점이다. 여기에 두 가지 현상이 자영업자의 몰락을 가속화하고 있다. 첫째, 지난 수십 년간 재개발과 재건축으로 형성된 아파트 단지는 생활과 소비의 패턴을 자동차 중심으로 바꾸어놓았다. 이런 도시구조에서는 주차장이 없는 동네의 작은 상점은 경쟁에서 살아남기가 어렵다. 둘째, 대형 할인점, 쇼핑몰, 각종 복합 상업건축이 포화상태에 이르면서 SSM이 대형 상점과 작은 상점의 중간지대를 경쟁적으로 파고들어 소상인이 설 자리를 아예 없애고 있다. 최근 주차장과 승강기가 없는 가로변 근린생활시설에 입점했던 상점들이 하나둘씩 사라지면서 주거공간이면서도 합법화되지 못하는 원룸 같은 기형적 공간들이 그 자리를 메우고 있다. 법의 사각지대에 있는 이를 현실화하기 위해서는 도시계획법, 주택법, 건축법을 아우르고 세법과 조율해야 하는 어려운 숙제가 있다.[44]

정부가 이러한 법과 제도적인 문제를 풀지 못하는 가운데 특정한 장소에 상업공간이 계속 집중된다면 미래 우리 도시의 풍경은 어떻게 될까? 길은 집과 일터, 집과 소비공간을 지나치는 통과 동선으로 전락하고, 거대한 주차장으로 에워싸인 도시의 섬 복합건축과 아파트 단지의 중간지대는 점차 줄어들게 될 것이다. 이제 크고 높은 상업건축이 길모퉁이 상점을 빨아들이는 승자독식의 게임을 경제적 문제로 볼 것이 아니라 삶의 질 문제로 접근할 때가 되었다. 한곳에 몰려 있는 상업·여가·문화공간을 도시공간에 골고루 분산하는 역발상을 해야 한다.

이 점에서 1970년대 초부터 약 10년 동안 서울에 건설된 아파트 단지의 노선상가는 주목할 만하다. 노선상가는 대규모 아파트 단지의 부대시설 및 복리시설로 공공영역과 사적영역 사이의 완충공간 역할을 했다. 한강맨션아파트(1970), 반포1단지 주공아파트(1972~1974), 신사동 신현대아파트(1982)의 노선상가가 대표적이다.[45] 길을 따라 정렬한 노선상가는 아파트 단지의 분양성을 높이면서도 주민의 생활에 필요한 상업공간을 마련하기 위해 고안한 도시계획과 건축설계의 절충적 산물이었다. 그 중에서도 한강맨션아파트는 중산층을 겨냥해 5층 규모의 23개 동을 지

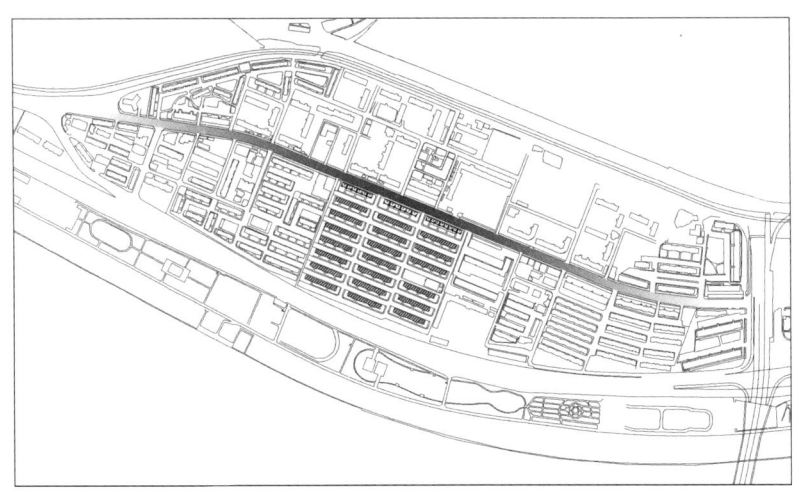

서울 한강맨션아파트 노선상가 초고층복합 상업건축의 열풍이 지나가고 있는 지금 해외의 도시계획 이론이나 치밀한 분석 없이 만들었던 저층의 노선상가가 왜 생명력이 있는지 되돌아볼 필요가 있다. ⓒ김성홍건축도시연구실

었는데 40호가 노선상가였다. 이곳에는 식료품점, 은행, 병원, 의상실, 부동산중개소 같은 일반적인 근린생활시설과 함께 고급상점, 식당, 팬시점 등이 입주해 활력 있는 가로를 형성했다. 한강맨션아파트는 주거와 상업의 혼합, 1종 근린생활시설과 2종 근린생활시설의 균형, 주민과 외부인에게 동시에 열려 있는 개방성을 모두 갖고 있는 독특한 곳이다. 한강맨션아파트의 노선상가가 요란스럽지 않으면서도 살아 있는 것은 이촌동길의 구조적 특성 때문이기도 하다. 이촌동길은 단지를 관통하면서도 단지를 에워싸는 강변북로나 서빙고와 달리 자동차 통행량이 적고 보행도로의 성격이 강하다.

1980년대 이후 아파트 공급주체의 변화, 자동차의 보편화, 생활과 쇼핑 패턴의 다양화에 따라 노선상가는 더 이상 건설되지 않았다. 한편 생활권의 중심에 학교와 편익시설을 배치하는 이른바 근린주구 이론을 단지계획에 적용하면서 상가는 단지의 내부로 들어가 배타적 성격을 띠게 되었다. 1980년대 이후 건설된 아파트 단지에서는 더 이상 찾아볼 수 없는 노선상가는 공공적 길과 상업적 건축을 결합한 의미 있는 선례였다. 초고층복합 상업건축의 열풍이 지나가고 있는 지금, 해외의 도시계획 이론이나 치밀한 분석 없이 만들었던 저층의 노선상가가 왜 생명력이 있는지 되돌아볼 필요가 있다.

초고층건물에 대한 열풍이 일고 있지만 우리 도시의 뼈대를 이루는 건축은 여전히 5층 이하의 건물이다. 전국의 총 650만 개 건물 중에서 1층이 64.3%, 2~4층이 31.4%, 5층이 1.8%로 5층 이하가 전체의 97.5%를 차지한다. 서울도 크게 다르지 않다. 66만 개 건물 중 1층이 24%, 2~4층이 65%, 5층이 6%로, 5층 이하가 전체의 95%이다.[46] 1%에도 미치지 못하는 고층건물도 필요하지만 도시의 저변을 형성하는 삶의 터전이 더 중요하다. 그 터전의 활력소인 상업공간은 도시와 건축의 접점, 길모퉁이로 내려와야 한다.

PART 4
온라인

수레, 자동차, 승강기가 이동의 도구라면, 이런 움직임을 대체하는 무형적, 비물질적 매체가 온라인이다. 그래서 학자들은 정보혁명이 지나간 미래에 사람들이 장소를 초월할 것이라고 예측했다. 과연 온라인과 오프라인의 충돌과 결합은 우리 도시와 건축을 어떻게 바꿀 것인가?

chapter 14

연결망의 도시

　　정보통신 기술이 삶을 근본적으로 바꾸고 있다는 데 이의를 달 사람은 아무도 없다. 이제 소수의 전유물이었던 지식과 정보를 누구든지 더 많이, 더 빨리 얻을 수 있게 되었다. 정보를 갖고 있다는 것은 별로 중요치 않고, 어떤 정보를 어떻게 얻는가를 알고 있는 것이 중요한 세상이 되었다. 소셜네트워크가 등장하면서 정보를 소비하기만 했던 사용자들이 스스로 정보를 생산하고 전달하는 1인 미디어의 주체가 되고 있다. 온라인사전 위키피디아를 집필하고 교정하는 사람은 전문 출판인이 아니라 불특정 누리꾼이다. 이렇게 업데이트되는 온라인 백과사전 때문에 점차 인쇄사전은 사라지고 있다. 전 세계의 트위터에는 하루 평균 9천만 개의 글이 올라오고, 누적된 글의 수가 2010년 12월 현재 3백억 개를 돌파했다.[1] 이런 천문학적 정보는 지역이나 국경의 장벽을 넘어 퍼져나가고 있다(물론 중국 같은 경찰국가는 트위터나 페이스북을 검열하고 있지만 언제까지 이렇게 할 순 없을 것이다).

　디지털 기술은 건축을 구축하는 방법도 바꾸어놓았다. 과거에는 상상만 했지 실제로 만들기를 주저했던 부정형이나 곡면체 형태를 정교한 컴퓨터 소프트웨어를 사용해 시뮬레이션 하고 도면을 공장에 보내 주문 제작할 수 있게 되었다. 비아이엠BIM(Building Information Modeling)은 계획, 설계, 시공, 관리의 전 과정을 하나로 묶어 건물의 전체 '생애주기'를 경제적이고 효율적으로 관리할 길을 열었다.

　지도, 데이터베이스, 통계학 프로그램을 합성해 만든 지적정보시스템 GIS(Geographic Information System)은 도시계획, 측량, 항공공학, 지리학, 농업 등 전 분야에서 새로운 융합 연구와 응용을 가능케 하고 있다. 예컨대 미국에서는 사람들이 도시 안을 움직이는 유형과 지역, 계층, 소득수준과의 상관관계를 분석해 상업적으로 응용하려는 시도를 하고 있다. 과거에는 엄청난 발품을 팔아야 해서 엄두조차 내지 못했던 일이다.

　그러나 방대한 연구에도 불구하고 인터넷이 건축공간에 어떤 영향을 주고 건축설계를 어떻게 변화시킬지를 진단한 이론은 의외로 많지 않다. 정보기술의 변화 속도가 워낙 빠르고 역동적이라 땅에 고정되어 있는 건축이 이를 따라 잡지 못하고 있기 때문일 것이다. 그러나 더 본질적인 이유는 정보기술이 다루는 대상인 지식과 정보의 흐름을 볼 수 없고 만질 수 없다는 데 있다. 공간 역시 벽과 지붕 같은 물리적인 것으로 에워싸여 있지만 스스로는 실체가 없는 '빈 곳'이다. 무형의 정보와 무형 공간의 상관관계를 명쾌하게 설명하는 것은 이론상으로도, 현실적으로도 쉽지 않다.

장소를 벗어나 흐르는 도시

그런데 예외적인 이론가가 있었다. 컴퓨터가 원시적인 수준이었고 인터넷도 없었던 1960년대에 정보가 도시에 미치는 영향을 예견한 미국의 도시계획가 멜빈 웨버Melvin Webber(1920~2006)였다. 그는 시대는 변하는데 도시계획가들은 여전히 고전적 개념의 '공동체(커뮤니티)'에서 벗어나지 못하고 있다고 생각했다. 그래서 특정한 '장소'를 중심으로 공동체가 만들어진다는 이른바 '장소 공동체'를 비판했다. 웨버는 이런 관점으로는 현대도시의 핵심 요소인 정보, 돈, 상품, 사람의 흐름을 정확히 이해하지 못한다고 생각했다.[2] 정보는 국가의 영토, 도시의 행정구역, 마을의 경계를 넘나들기 때문에 '공동체' 역시 특정한 지역과 장소에 고정되어 있지 않고, 복합적이고 다층적인 양상을 띤다는 것이다. 즉 도시를 물리적 공간의 연속으로 보지 않고, 정보 흐름의 '패턴'으로 본 것이다.

지금도 지방자치단체나 건축과 학생들은 사라져가는 전통적 '공동체'를 살린다는 생각에서 동네 입구나 집들 사이에 광장을 종종 계획하곤 한다. 마을 어귀에 서 있는 느티나무 아래에서 촌로들이 장기를 두고, 행인들이 땀을 식히는 그런 장소를 복원한다는 발상이다. 아파트 현상설계에서는 동과 동 사이의 빈 공간을 주민 마당으로 설계하고 그럴듯한 이름을 붙여 심사위원의 시선을 끄는 '당선 전략'을 구사하기도 한다. 현대도시에도 농경사회와 같은 공동체가 있어야 한다는 생각은 지당하고 필요하다. 문제는 현대의 '공동체'가 동네나 아파트 단지의 공터에 있지 않다는 데 있다.

웨버는 고정된 건물이나 구조물에 집착하면 집단과 개인 간의 관계로 맺어진 문화·사회적 시스템을 읽을 수 없다고 생각했다. 도시는 물리적 형태뿐만 아니라 행동양식, 경제활동 양상이 공간으로 드러나는 '관계의 시스템'이라는 것이다. 연속된 공간이 아니라 불연속한 장소들의 연결망인 것이다. 이렇게 보면 도시 내에서는 거리의 '근접성propinquity'보다 빠르고 편리한 '접근성accessibility'이 중요해진다.

웨버의 주장을 서울에 적용해보자. 광화문광장이나 서울광장은 거리상으로는 동대문구나 성북구에서 가깝지만, 강남구와 서초구 사람들이 자동차로 더 편하고 빠르게 갈 수 있다. 또 집에서 먼 서점에 갈 것 없이 인터넷몰에서 책을 더 쉽게, 더 싼 값으로 살 수 있다. 웨버는 '도시지역Urban Region'과 대비된다는 뜻으로 '탈장소적 도시영역Nonplace Urban Realm'이라는 이름을 붙였다. 웨버의 예견대로 거리상으로 가까운 것이 문제가 아니라 정보망에 연결되어 있느냐가 중요한 세상이 우리 앞에 펼쳐지고 있다. 모바일 기기 때문에 탈공간적 접근성은 공간적 근접성을 압도하고 있다.

웨버는 새로운 변화를 정확히 파악했지만 미국 도시의 폐단을 결과적으로 옹호한 셈이었다. 예컨대 거리보다 접근성이 중요하기 때문에 밀도가 낮은 로스앤젤레스 교외도시의 문화적 다양성이 맨해튼에 비해 뒤지지 않는다는 논리를 폈다. 로스앤젤레스의 고속도로 그물망이 맨해튼의 길을 대체한다는 논리 앞에서, 길과 고속도로의 질적 차이는 무시되었다. 웨버의 이론은 자동차 중심의 느슨한 도시, 팽창하는 교외도시를 결과적으로 정당화했다. 관찰과 진단은 맞았지만 처방에는 문제가 있었던 셈이다.

도시의 관문, 인터페이스

멜빈 웨버가 주장한 '탈장소적 도시영역'에서 더 나아가 현대도시는 공간에서 시간의 개념으로 바뀐다는 주장을 펴는 학자들도 있다. 현대도시의 핵심을 '속도'라고 규정한 프랑스의 문화비평가이자 도시이론가인 폴 비릴리오Paul Virilio가 대표적인데, 그는 교통수단의 발달로 이동속도가 빨라지다가, 컴퓨터 같은 통신과 정보수단이 속도의 차원을 뛰어넘으면서 사람들의 행동경로가 불연속적이고 파편화된다고 했다. 도심에 몰려 있던 인구가 줄어드는 탈도시화 현상은 물리적 '거리'를 '속도'가 상쇄해주기 때문에 일어난다는 것이다. 예컨대 뉴욕의 인구는 1970년대 중반부터 1980년대 중반까지 10%, 디트로이트는 22%, 클리블랜드는 23%, 세인트루이스는 27%가 줄고, 극단적인 경우 도심이 소수민족이나 특정 인종이 밀집된 낙후된 도시 지역을 뜻하는 게토ghetto로 변한 경우도 많다는 것이다.

과거에는 행정구역과 도시의 경계에 세운 성문 혹은 항구가 도시의 문이었지만, 이제는 도심 안으로 들어온 고속철역사와 도시와 멀리 떨어진 공항이 도시의 문이 된다. 방문객은 이탈로 칼비노Italo Calvino의 소설 『보이지 않는 도시』의 마르코 폴로처럼 미지의 도시 성벽과 문, 건축물을 대면하는 것이 아니라 검색대나 게이트가 놓인 도시 안으로 곧바로 들어오게 되었다. 그 결과 외부인이 도시와 만나는 입면 혹은 얼굴은 전자와 기계 인터페이스로 바뀐다.[3]

서울에 이 이론을 적용하면 도시계획에서 흔히 말하는 중심축과 같은 연속된 개념의 도시공간이 큰 의미가 없어진다. 광화문 앞에서 한강을 잇는 몇 킬로미터에 달하는 보행 축은 군대의 행렬이나 관제 행사에는 유용할지 몰라도 사람들은 계획가들이 설계해둔 축선대로 움직이며 살아가지 않는다. 오히려 이동의 결절점인 지하철의 게이트, 버스정류장, 환승센터의 주차장이 도시와 만나는 인터페이스가 된다.

이런 가설 아래 비릴리오는 도시가 전달, 통과, 전송, 교통, 이주 등 고정되어 있지 않는 비물질적인 시스템으로 구성되고 재구성된다는 논리를 폈다. 또 기술이 형태, 표면, 재료의 물질성과 촉각성을 주도하면서 엔지니어링이 건축을 압도하게 된다고 했다. 건축의 형태나 입면보다 인간과 기계가 만나는 인터페이스를 어떻게 만드느냐가 중요한 문제가 된다는 것이다. 사람들이 도시 안의 지리적 중심에 있다고 하더라도 전자와 기계의 접속에서 소외되어 있다면 시간의 차원에서는 주변에 머물러 있게 된다는 것이다.

서울의 강남 한복판에 살더라도 '컴맹'이면 온라인으로 농산물을 판매하는 농부보다 정보의 중심에 있다고 할 수 없다. 강원도 화천의 소설가 이외수씨와 경북 안동의 시골의사 박경철씨는 지리적으로는 중심에서 떨어져 있지만 트위터의 세계에서는 중심에 서 있다. 역설적으로 공간 속으로 도피할 수는 있어도 시간으로부터 벗어날 수는 없는 세계에 살고 있다. 휴대전화를 들고다니는 한 우리는 온전한 휴가를 누릴 수 없고, 해외 로밍을 하면 국경을 넘더라도 결코 일에서 벗어 날 수 없다.

비릴리오가 본 도시의 현재와 미래는 대부분 현실화되고 있다. 도시 외곽에 있던 몇 개의 문이 사라지는 대신, 도시 안에 수많은 기계·전자 인터페이스가 생겨난다. 그리고 이러한 변화의 중심에 운송수단의 '공간적 속도'와 통신수단의 '초공간적 즉시성'이 자리하고 있는 것도 사실이다. 그러나 비릴리오가 예견한 미래의 도시는 화석에너지가 고갈될 것이라는 위기감을 체감하지 못했던 20년 전에 나온 것이다. 전 세계가 에너지와 환경 위기를 공감하고 지속가능성을 앞다투어 떠들고 있는 지금, 비릴리오의 진단은 수정이 필요하다. 더구나 전통적 도시가 사라지고 '거주'의 개념도 물리적 실체를 잃을 것이라는 주장은 변화의 일면만 보는 것이다.

소서사micro-narratives에 갇혀 큰 방향을 외면하는 탈근대주의에 대한 비판론과 이에 대한 대안으로 등장하는 미래학에는 흔히 이러한 비약이 도사리고 있다. 낡은 건축이 사라진다고 하더라도 대부분의 건축은 관성 때문에 쉽게 변하지 않는다. 설사 건축이 없어지더라도 도시에는 그 흔적이 오래 남는다. 특히 비릴리오가 살고 있는 유럽의 도시는 아시아의 도시보다 더 보수적이고 지속력을 갖고 있지 않은가?

온라인 혁명 시대의 도시 건축

현대사회가 지식과 정보 중심으로 이동한다는 학설은 사회학계에서 끊임없이 대두되고 있는데 그 시발은 다니엘 벨Daniel Bell의 후기산업사회Post-Industrial Society 이론이다. 벨은 후기산업사회의 특징을 세 가지로 압축했다. 경제적 측면에서는 제조업 중심에서 서비스 중심으로 산업이 바뀐다는 것, 기술적 측면에서는 새로운 과학이 산업의 중심을 차지한다는 것, 사회학적 측면에서는 새로운 기술 엘리트가 등장하고 새로운 계층이 형성된다는 것이다.[4]

상품을 생산해서 수출하는 제조업보다 정보와 지식 서비스가 산업의 중심이 된다는 미래 한국 산업의 진단 역시 그 뿌리를 찾아가면 다니엘 벨이 있다. 물론 벨은 사회학자로서 후기산업사회의 도시가 어떤 모습으로 변할지는 제시하지 않았다. 대신 집단의 힘에 의존하던 과거와 달리 후기산업사회의 문제는 '개인 간의 게임'이라는 사회학적 결론을 내릴 뿐이다.

다니엘 벨 이후 정보기술과 소통이 도시공간에 미치는 영향과 상호관계를 실증적으로 진단한 독보적 학자는 『네트워크 사회의 도래』를 쓴 마누엘 카스텔이다.[5] 마르크스주의자에서 출발한 카스텔은 1980년대 이후 새로운 기술의 사회적 역할에 관심을 돌렸다. 카스텔은 방대한 실증자료를 바탕으로 전 세계 경제를 실시간으로 연결하는 물질적·비물질적 요소, 즉 '흐름의 공간' 개념을 제시했다. 카스텔 역시 앞의 두 사람과 같이 도시를 물리적으로 연결된 공간이 아니라 비연속적인 점들의 연결과 흐름으로 파악했다.

그러나 사회학자로서 카스텔이 던진 궁극적 물음은 정보기술과 경제체제, 국가와 제도 안에서 한 개인이 어떤 의미를 갖는가에 있었다. 그가 내린 진단은 이렇다. 현대사회는 점차 '네트Net'와 '자아'라는 양극 사이에서 구조화된다는 것이다. 네트는 수직으로 위계적이었던 사회를 대체하는 수평적 연결망을 의미하며, 자아는 이렇게 끊임없이 변하는 문화적 지형도 위에서 자신의 정체성과 의미를 획득하고자 노력해야 한다.

벨과 카스텔이 제시한 방향은 각각 다르지만 지금 벌어지고 있는 현상에 대해서는 뚜렷한 합의점에 도달하고 있다. 정보기술과 지식이 중심이 되는 사회에서 개인은 점차 독립적이면서도 수평적 연대를 이루어간다는 것이다. 하지만 아쉽게도 물리적 공간을 품고 있는 건축에 대해서는 콕 집어 이야기해주지 않는다. 뒤집어 이야기하면 온라인 혁명이 진행되는 현대의 도시 건축은 기존의 역사와 이론으로는 설명할 수 없다는 뜻이기도 하다.

허물어지는 건축의 유형

정보기술과 건축의 관계를 다룬 몇 안 되는 책 중 하나가 윌리엄 미첼 William J. Mitchell(1944~2010)이 1995년에 출간한 『비트의 도시』다.[6] 이 책의 내용을 요약하면 이렇다. 과거에는 건축이 사람의 신체와 활동을 담는 곳이었다면, 이제는 사이보그의 정거장이 된다. 건축은 물리적 공간과 사이버공간을 동시에 담아내기 때문에 혼성으로 변한다. 통신시스템이 사람과 물건의 동선을 대체하고, 디지털정보가 전통적 건축유형을 분해한다.

  예컨대 구텐베르크가 인쇄술을 발명한 후 종이에 인쇄된 지식과 정보는 도서관이라는 건축 속으로 집약되었다. 하지만 디지털정보는 이러한 공간의 논리를 뒤집어버렸다. 정보망이 연결된 곳이면 순간적으로 정보를 이동시킬 수 있게 되었다. 정보를 공급하는 지점의 장소와 크기에 변화가 생겼다. 저명한 시카고의 신문사 《시카고 트리뷴》의 본사 시카고 트리뷴 타워 Chicago Tribune Tower는 준공되었을 때 정보 중심지로서의 위용을 드러냈다. 하지만 이제 정보의 중심은 여러 지점으로 분산되었다. 정보를 모으는 곳, 분배하는 곳, 소비하는 곳의 구분이 모호해지고 있다.

  방송사도 마찬가지다. 뉴스 하나로 전 세계를 장악한 CNN 본사는 경제·문화의 수도인 뉴욕이나 행정수도 워싱턴 D.C.가 아니라 동남부의

미국 워싱턴 주립대학의 중앙도서관 워싱턴 주립대에는 희귀본을 비치하는 대형 홀이 있는데 고딕성당 같은 고색창연한 이 방은 더 이상 책만을 읽는 곳이 아니라 아래층의 커피숍에서 올라오는 향기와 무선 인터넷이 어우러진 감성적 디지털공간이었다. ⓒ김성홍

애틀랜타에 있다. 놀랍게도 건물 안에는 북적거리는 사무 공간 한가운데 뉴스 스튜디오가 설치되어 있을 뿐이다. 방문객이 볼 수 있도록 관람 동선까지 만들어놓았지만 별다른 프로그램 제작공간은 없다. 뉴스를 분류, 편집, 송출하는 허브기능 이외에는 전 세계에 기능을 분산한 탓이다. 이 점에서 CNN(Cable News Network)은 이름 그대로 전 세계에 퍼져 있는 뉴스의 연결망이다.

도서관의 내부에서도 변화가 생기고 있다. 도서관은 과거보다 더 많은 정보를 보관하고 있지만, 서고가 차지하는 비율은 점차 줄어들고 있다. 손으로 만질 수 있는 책을 서고에 분류하는 것보다, 전자정보를 가상공간에 분류하는 것이 더 중요한 문제가 되었다. 대신 도서관의 서고는 책을 읽고, 토론하는 '사회적 공간'으로 변하고 있다. 나 역시 안식년을 보내면서 애용하던 워싱턴 주립대에서 이런 변화를 경험했다. 이 대학의 중앙도서관에는 희귀본을 비치하는 대형 홀이 있는데 고딕성당 같은 고색창연한 이 방은 더 이상 책만을 읽는 곳이 아니라 아래층의 커피숍에서 올라오는 향기와 무선 인터넷이 어우러진 감성적 디지털공간이었다.

변화는 예술, 금융, 소비공간의 역할을 하는 건축공간으로 확대되고 있다. 가상미술관virtual museum은 전 세계의 미술관이 소장한 '진품'을 검색하고 볼 수 있는 곳이 되었다. 또 은행은 더 이상 화폐를 보관하는 곳이 아니라 가상공간에서 벌어지는 거래망의 한 점으로 축소되고 있다. 서울의 노른자 땅 1층에 입점했던 은행의 면적이 줄고 심지어 2층으로 올라간 것도 이미 오래된 일이다. 지폐와 동전이 사라지면 도처에 깔려 있는 ATM조차도 쓸모없게 될 것이라고 한다. 19세기의 아케이드와 백화점이 도시의 중심에서 건축적 위용을 뽐냈다면, 20세기 미국의 교외 쇼핑몰은 도시의 주변으로 분산되었다. 이제 전자몰이 아케이드, 백화점, 쇼핑몰의 쇼윈도를 대체한다. 남아 있는 명품점과 백화점은 상품을 직접 팔기보다는 카탈로그와 비슷한 기능을 한다.

이런 식으로 미첼은 서점, 극장, 감옥, 증권거래소, 사무실 등 전통적으로 분류했던 건축유형이 어떻게 변해가는지를 하나하나 설명해나간다. 결론적으로 현실 공간에서의 대면접촉은 줄어들며 건축은 컴퓨터 인터페이스가 되고, 컴퓨터 인터페이스는 건물이 된다는 것이다.

장소, 이제 의미 없는가

미첼이 15년 전에 세운 가설이 우리 주변에서 현실화되고 있다는 점에서 그의 주장은 꽤 설득력이 있다. 정보와 지식이 디지털로 바뀌면서 건축이 거대한 기계덩어리나 물건을 가득 담는 기능으로부터 자유로워진 것은 사실이다. 그러나 미첼이 구체적인 사례를 들어 주장하고 있는, 가상공간이 현실공간을 '대체'한다는 전제는 근본적 수정이 필요하다. 현재 벌어지는 상황은 A가 B를 대체하는 것이 아니라, B 위에 A가 겹쳐짐으로써 복잡 다양한 모습을 띠고 있다는 것이 정확하다. 특히 좁은 땅에 많은 사람이 밀집한 한국의 도시에서 미첼의 견해는 곡해될 소지가 다분하다.

멜빈 웨버가 일찍이 주장했던 '재택근무'는 일부에서 시도는 하고 있지만, 일터를 결코 대체하지 못하고 있고, 앞으로도 그럴 것이다. 전자책의 숫자가 종이책을 능가한다는 통계도 있지만 서점이 사라질 것이라고는 생각하는 사람은 드물다. 온라인쇼핑이 꾸준히 증가하지만, 시장과 상점, 백화점과 쇼핑몰은 소멸되지 않을 것이다. 2010년 11월 현재 우리나라 신문 구독률은 20%대로 떨어지고 신문이 사라질 것이라는 위기감이 언론계에 있지만[7] 종이신문도 영원히 사라지지 않을 것이다.

현상에 대한 진단이 같더라도 관점이 다르면 처방은 전혀 다른 방향으로 갈 수 있다. 멜빈 웨버, 폴 비릴리오, 다니엘 벨, 마누엘 카스텔, 윌리엄 미첼의 분석과 진단을 이렇게 정리할 수 있다.

가상공간과 현실공간은 '대립'과 '대체'가 아니라 '공존'과 '중첩'의 문제다. 사람과 사람 간의 대면접촉이 이루어지는 도시와 건축은 결코 퇴색하지 않는다. 오히려 정보기술이 불필요한 이동을 대신해줌으로써 직접적인 만남은 더 끈끈해질 수 있다. 인터넷의 가상공간 때문에 현실공간이 약화되는 것이 아니라 오히려 상징적 장소는 빛을 발한다. 후기 자본주의 도시의 변화를 예리하게 파헤친 데이비드 하비는 도시공간의 유동성이 커지고 공간의 경계가 허물어질수록 자본은 장소의 미세한 차이에 더욱 민감해진다고 했다. 질 좋은 장소로 쏠림 현상이 심해지는 것이다. 이러한 도시 간의 격차, 도시 내의 격차를 어떻게 줄일 것인가 하는 것이 진보학자 하비의 숙제였다. 마누엘 카스텔 역시 정보기술 '네트' 속에서 정체성을 잃지 않기 위해 '자아'의 '실천'이 필요하다는 것을 말하기 위해 방대한 실증적 연구를 했던 것이다.

  가상공간은 처음에는 현실공간과 정반대로 구상되었지만 점차 현실공간과 비슷해지고, 심지어 현실공간이 안고 있는 문제를 반복한다는 독일의 공간사회학자 마르쿠스 슈뢰르Markus Schroer의 최근 주장에 귀 기울여야 할 것 같다. 가상공간과 전자공간은 어느 날 갑자기 나타난 외계인들이 만든 것이 아니라, 현실공간의 사람들이 만들어낸 것이다. 그래서 현실공간을 만드는 '사회적 구조'가 가상공간에서도 반복되는 것이다. 현실공간의 강자는 가상공간에서도 점점 더 많은 공간을 정복해나가는 반면, 실제 삶에서 주변으로 밀려난 사람들은 가상공간에서도 바깥에서 서성거린다. 온라인은 새로운 가능성을 열어주기도 하지만 새로운 고립과 불평등도 만들어낸다.[8] 오프라인의 강자가 온라인의 강자가 될 확률이 높고 온라인의 강자는 다시 오프라인에서 그 힘을 현실화할 가능성이 높다. 한국의 트위터가 이를 증명하고 있다. 소셜네트워크에서 떠오른 강자는 온라인에 머물지 않고 신문, 방송, 잡지와 같은 전통적 미디어에 등장해 소비된다. 연예인과 정치인이 쉽게 소셜네트워크의 강자가 되는 것은 물론이다.

  도시계획가와 건축가들의 역할이 여기에 있다. 사회학자, 지리학자, 미래학자들이 현상을 분석하고 진단한다면 건축가는 공간을 통해 실천하는 사람들이다. 기술과 정보는 풍성하지만 고독한 '방'에 우리들이 갇히지 않도록 공간을 조율해야 하는 것이다. 현실과 가상이 혼재하는 정보화시대에 '공간'이 건조한 기술의 세계에 갇히지 않고 사람과 사람을 이어주는 '장소'가 되도록 해야 한다. 더구나 인터넷 강국과 정보기술의 테스트베드test bed를 자임하는 한국은 더 이상 서양의 이론이 투사되는 곳이 아니라 새로운 이론이 생겨나는 현장이 아닐까?

chapter 15

온라인@오프라인

인터넷 선두주자, 한국

2002년 홍콩에서 열린 한 국제학술대회에서 우리나라의 인터넷 열풍과 도시공간에 관한 논문을 발표한 적이 있다. 전 세계에서 가장 앞선 정보통신 인프라, 가장 빠른 인터넷 사용률을 배경으로 월드컵 거리응원전에서 나타난 온라인의 위력을 사례로 들었다.[9] 그런데 발표가 끝나고 한 청중이 "한국에서는 주민등록번호가 없으면 온라인 커뮤니티에 가입할 수 없잖아요"라며 허점을 찌르는 일격을 해왔다.

나는 새로운 방식의 소통과 온라인과 오프라인의 결합을 이야기했지만, 그 청중이 보기에 한국의 온라인 커뮤니티는 '너희끼리'의 잔치였던 것이다. 어쨌든 2000년대 초반의 한국은 온라인 열풍지대였다. 2002년 5월 당시 전 국민의 51.5%인 2,428만 명이 인터넷을 사용했는데 이는 전 세계에서 가장 빠른 증가 속도였다. 또 전 가구의 60%인 860만 가구가 1메가비피에스mbps 이상 속도의 인터넷 서비스에 가입하고 있었다. 지금은 이보다 1백 배는 빨라졌지만 당시에도 선진국을 훨씬 앞선 속도였다. 인터넷 사용자의 31%가 온라인 쇼핑을 이용했고 이는 전 세계에서 2위였다.

한국이 이처럼 온라인 시대에 앞장설 수 있었던 것은 국가 주도로 정보통신 인프라를 가장 먼저 구축했기 때문이다. 이렇게 구축한 바탕 위에 민간 기업이 정보통신 하드웨어의 생산을 가속화했다. 첨단 정보 통신 기기의 성패 여부를 실험하는 테스트베드 국가가 한국이라는 이야기를 이 분야 학자들에게 들었을 때 처음에는 믿기가 어려웠다.

이 사실은 OECD 선진국과의 자료를 비교하면 잘 드러난다. 2001년 당시 한국 정보통신 분야의 부가가치가 전체 생산 및 서비스 부가가치의 총액에서 차지하는 비율은 24.6%로, 핀란드와 아일랜드에 이어 전 세계 3위였다. 미국과 영국이 뒤를 이었다. 26개 OECD 국가의 평균은 16.7%로 한국의 한참 아래였다. 일본, 프랑스, 스웨덴, 독일과 같은 쟁쟁한 기술 경쟁국도 우리 아래에 있었다.[10] IMF 위기에서 빠져나오는 시점에 한국의 정보통신 혁명이 시작되고 있었던 것이다.

하지만 10여 년이 지난 지금 당시를 돌아보는 것은 고속철 시대에 달구지를 떠올리는 것과 비슷하다. 정보통신의 진화 속도는 기차나 자동차 같은 기계의 발전과는 비교할 수 없이 빠르다. 기계문명의 발전은 도시와 건축의 변화를 이끌었다. 고성능 승강기는 마천루를 가능하게 했고, 자동차의 보편화는 교외도시를 촉진했고, 항공기는 전 세계 허브 도시 간 네트워크를 만들었다. 그러나 무형의 정보통신기술이 유형의 도시와 건축에 어떤 영향을 미치고 있는지는 쉽게 드러나지 않는다. 온라인 혁명에 관한 많은 책과 논문이 나오지만 도시 건축과의 상관관계에 대한 명쾌한 답을 내리지는 못하고 있다. 현재진행형이기 때문이다.

이에 대한 풍성한 답을 가장 먼저 내리는 곳은 정보통신 기술의 선두주자 미국이나 핀란드가 아니라 한국이 될 것이다. 이는 정보통신 인프라가 좋고 휴대전화를 가장 많이 생산하는 등의 기술적 이유 때문이 아니라, 이를 둘러싼 독특한 도시 · 사회 · 문화적 특이성 때문이다. 월드컵 거리응원전에서 보여준 온라인의 위력이 "주민등록번호가 없으면 온라인 커뮤니티에 가입할 수 없잖아요"라는 한마디에 퇴색했지만 기술, 공간, 사회의 삼각관계를 살펴보는 것은 한국 도시 건축의 미래에 가장 흥미로운 의제가 될 것이다.

온라인 커뮤니티와 동질문화

2001년 3월 당시 포털 사이트의 선두에는 다음, 아이러브스쿨, 프리챌, 세이클럽이 있었는데 이 4개 사이트에서만 160만 개의 온라인 커뮤니티가 만들어졌다. 또한 인터넷을 사용하는 사람의 51%가 오프라인 모임에 참가하는 것으로 조사되었다. 그 수는 남한 인구의 무려 8배에 이르는 3억 7천만 명이었다.

이러한 커뮤니티는 크게 네 가지로 구분할 수 있었다. 첫째는 동창회, 향우회와 같은 연고모임이고 둘째는 외국어, 컴퓨터, 문학, 학원과 같은 학습동호회이다. 셋째는 영화, 연극, 레포츠, 여행, 게임, 음식 등 취미모임, 넷째는 번팅, 또래모임, 사교모임과 같은 실제 만남을 전제

로 한 커뮤니티다.[11]

그런데 첫째 커뮤니티는 학연과 지연의 연줄로 이루어진다는 점에서, 불특정다수의 자발적 참여와 개인 간의 동의로 엮인 나머지와는 성격이 다르다. 대표적 사례가 '불륜'의 부작용까지 낳으면서 당시 한국 사회를 들썩이게 한 '아이러브스쿨'이었다. 학창시절의 아련한 기억을 되살리며 중년층을 설레게 했던 이 사이트 때문에 '아이러브스쿨 신드롬'이란 신조어까지 생겨났다. 회사 측은 2000년 11월, 7백만 명이 이 사이트에 가입했고 2002년 2월, 실명회원이 1천만 명을 돌파했다고 밝히고 있다. 왜 이런 현상이 벌어졌을까? 당시 한국과 함께 정보통신기술의 강국이었던 미국과 핀란드에서 이러한 현상이 벌어졌다는 이야기는 들어본 적이 없다.

전 세계를 휩쓸고 있는 소셜네트워크 서비스 SNS의 선두 주자 '페이스북'과 '트위터'는 2004년과 2006년 각각 생겨났는데, 우리나라에서는 이미 1999년에 '싸이월드'가 20~30대의 선풍적 인기를 끌었다. 2010년 현재 싸이월드의 가입자는 2천만 명이 넘었다.[12] 영어가 아닌 언어로 소통하는 국가 단위의 서비스 중에는 가입자 수에서 전 세계 최고다. 왜 '아이러브스쿨'이나 '싸이월드' 등이 한국에서 가장 먼저, 그리고 폭발적으로 발생한 것인가? 나는 학연과 지연을 중시하고, 동질성을 확인하고픈 한국인의 정서를 인터넷이 '점화'했기 때문이라고 생각한다. 인구가 2억이 넘지만 다민족 연합국가인 미국이나, 정보통신기술은 최고이지만 인구가 5백만 명밖에 되지 않는 핀란드에서는 이러한 현상이 벌어지지 않는다.

페이스북과 트위터는 실리콘밸리에서 태동했지만 그 반경은 영어를 쓰는 전 세계로 열려 있다. 이 점에서 2000년대 초반 한국의 온라인 돌풍은 국가의 울타리를 벗어나지 못한 1단계의 혁명이었다. 2009년 우리나라는 국내 거주 외국인이 1백만 명(인구의 2%)을 넘어 다민족국가로 서서히 바뀌고 있다. 지난 2006년 정부는 늘어나는 이주자를 통합하기 위해서 오랫동안 견지했던 '하나의 문화' 정책을 놓고 '다문화주의' 정책을 공식적으로 채택했다.

그런데도 한국은 여전히 전 세계에서 아이슬란드와 함께 단일문화를 고수하는 나라로 분류된다. 다문화주의 정책을 내걸고 있지만 "한 핏줄, 한 민족, 한 언어, 한 문화"로 요약되는 순혈주의를 크게 벗어나지 못하고 있으며, 오히려 소수문화를 "재서열, 재인종화" 하고 있다고 학계는 지적한다.[13] 학연과 지연으로 '성골'과 '진골'을 가르던 잣대에 한국인과 외국인을 가르는 잣대가 추가된 것이다. 온라인 사이트에 가입하기 위해 '주민등록번호'를 요구하는 것은 이러한 편 가르기가 사회적으로 비판 없이 받아들여지고 있기 때문이다.[14] 이처럼 민족과 언어에 대한 강한 연대감에 인터넷이 불을 붙인 것이다.

초고밀도의 도시

하지만 동질성만으로 2000년대 초반의 온라인 열풍을 설명하기에는 여전히 부족하다. 나는 한국의 '초고밀도'에서 '공간사회적' 이유를 찾는다. 여기에 관해서는 이전에 쓴 『도시 건축의 새로운 상상력』에서 자세히 다루었기 때문에 다시 설명하지 않으려고 한다. 다만 초고밀도와 온라인의 연결고리를 말하기 위해 '초고밀도' 상황을 다음과 같이 요약할 필요가 있다.

　서울을 예로 들어보자. 서울은 하나의 도시라기보다는 '경제, 교육, 문화가 집중된 한국'이라고 해도 과장이 아니다. 첫째, 2007년 한 통계에 의하면 서울의 인구는 상파울루와 뭄바이를 제치고 전 세계 1위를 기록했다.[15] 행정구역의 넓이가 달라 단순 비교가 어렵지만, 2007년 당시 서울시장은 뉴욕, 도쿄, 런던, 베이징을 제치고 전 세계에서 가장 많은 시민으로부터 지방세를 거둬들인 시장이었다고 할 수 있다.

　둘째, 경기도를 포함해 서울을 에워싼 수도권의 인구집중도, 즉 전체 인구가 한 지역에 얼마나 몰려 있는가를 나타내는 비율도 전 세계 1위다. 국민 2명 중 1명이 수도권에 살고 있는데, 이는 도쿄권, 런던권, 파리권, 뉴욕권을 앞지를 뿐만 아니라 2위인 도쿄권의 거의 2배다. 선거에서 서울시장과 경기지사, 두 자치단체장에게 찬성표든 반대표든 표를 던진 사람이 국민의 절반에 이르는 셈이다. 홍콩, 싱가포르와 같은 도시형 국가를 제외하고 이런 곳은 전 세계 어디에도 없다.

　셋째, 서울의 도시 인구밀도는 도쿄보다 높고, 홍콩과 싱가포르의 2.5배 이상이다. 이 역시 행정구역의 면적에 따라 단순 비교가 어려운 수치이기는 하지만, 유럽과 북미 사람들이 초고밀도 지역이라고 생각하는 동아시아의 이웃 도시보다도 서울은 더 북적거린다. 종합하면, 서울은 인구가 가장 많고, 가장 집중되어 있으며, 가장 밀도가 높은 '삼관왕'인 것이다.

　여기에다 인터넷 유선망을 설치하기 쉬운 아파트가 보편적 주거형식으로 자리 잡은 것도 인터넷 보급의 결정적 원인이었다. 2007년 현재 서울에 사는 사람의 절반 이상은 아파트에 살고 있다. 2007년 현재 서울의 땅 위에 있는 모든 건물의 바닥면적 중 30.8%는 아파트가 차지한다. 20평대, 30평대, 40평대의 콘크리트 '판'을 차곡차곡 쌓아올려 공간구조상 별 차이가 없는 단일 건축유형이 도시의 30%를 넘는다는 것은 대단한 현상이다. 상계동 아파트 단지가 있는 노원구는 아파트 비율이 62.6%에 이른다.

정보통신 분야의 경쟁국이었던 미국, 핀란드, 아일랜드에는 이런 환경이 없다. 도시 인구밀도가 서울의 몇십 분의 일도 되지 않는 미국의 교외 도시나 인구가 50만 명밖에 되지 않는 수도 헬싱키에 유선망을 까는 것과는 효율 면에서 비교가 되지 않는다. 서울의 아파트에서는 한나절이면 인터넷을 연결하지만 마이크로소프트 본사가 있는 첨단 도시 미국 시애틀에서 인터넷을 연결하려면 최소 1주일이 걸린다. 무미건조하게 반복되는 아파트가 인터넷 네트워킹에 한몫을 했던 것이다.

그리고 이렇게 엮인 온라인 커뮤니티에서의 만남은 가상공간에서 끝나지 않고 오프라인에서 현실화되고, 다시 온라인으로 이어지는 순환적 성격을 띤다. 2000년대 초 인터넷을 사용하는 사람의 51%가 오프라인 모임에 참가했다는 사실은 큰 의미가 있다. 좁고 밀도가 높은 도시공간에서의 부대끼는 삶은, 광활한 국토 속의 느슨한 삶과 비교가 될 수 없을 정도로 역동적이고, 이는 온라인과 오프라인을 밀접하게 연결시킨다. 몇 년에 한 번 있을까 말까 하던 동창회나 향우회가 온라인 때문에 더욱 빈번해졌다. 오프라인의 만남은 식당에서 주점으로, 노래방으로 이어진다. 내 경우에도 고향을 떠나 25년이 지날 때까지 서울에서 흩어진 동창들과 만난다는 것 자체가 힘들었으나 이제는 연중행사가 되었다.

장소의존과 탈장소

그러나 한국에서 일어난 온라인-오프라인의 연동이 구성원 간의 접촉 빈도를 높인 것은 사실이지만, 내용 면에서 전통적인 방식을 벗어났다고 보기는 어렵다. 개인들이 집단을 결속하는 방식으로 한 사회의 본질을 파악했던 프랑스의 근대 사회학자 에밀 뒤르켐Émile Durkheim(1858~1917)은 두 가지의 연대를 정의했는데, 사회학에서 고전처럼 되어버린 기계적 연대mechanical solidarity와 유기적 연대organic solidarity가 그것이다. '기계적 연대'는 동일한 가치, 동일한 신념, 동일한 행동양식을 가진 개인들끼리의 연대인 반면 '유기적 연대'는 이질적인 구성원들이 상호연관성에 기초해 이루는 연대다.

쉽게 설명하면 이렇다. 유네스코 문화유산으로 등재된 '하회마을'과 '양동마을'은 동성同姓 마을로 그곳에 살던 사람들은 크게 보면 한 핏줄로 엮인 사람들이다. 몇백 년 동안 그들은 문중의 규범과 질서를 지키면서 공동체를 유지했다. 이것이 기계적 연대다. 그런데 하회마을과 양동마을 사람들이 5일장이 서는 안동이나 경주로 나갔다고 생각해보자. 시장은 여러 고을에서 물건을 사러 온 사람들, 여러 도시를 돌아다니는 장사꾼들로 북적거린다. 이들은 기계적 연대를 벗어난 이질적인 개인들이지만, 물건을 사고팖으로써 각자의 필요와 요구를 충족한다. 이들을 묶는 것이 유기적 연대다.

뒤르켐은 기계적 연대가 유기적 연대로 변화하는 것이 현대사회의 특징이라고 주장했다. 말하자면 하회마을이나 양동마을의 후손들이 점차 안동과 경주로, 그리고 서울로 상경해서 다른 사람들과 섞여서 살게 된다는 것이다. 현대도시에서 나타난 이들의 기계적 연대가 바로 종친회, 향우회와 같은 것이다.

유기적 연대는 구성원의 대면접촉을 통해서만 형성되므로 이들의 영역은 공간적으로 '인접proximity'하거나 '연속continuity'되어야 한다. 반면 기계적 연대는 동질적 집단이므로 굳이 붙어 있을 필요가 없다. 이들은 장소에 구애받지 않고 영역을 초월해 연대를 이룬다. 안동 김씨와 경주 최씨의 종친회 사무실이 굳이 눈에 잘 띄는 종로나 테헤란로변에 있을 필요가 없는 것이다. 임대료가 싼 이면도로의 3~4층에 있어도 큰 문제가 되지 않는다. '인접'하거나 '연속'적일 필요가 없다는 것은 이런 의미다. 반면 보석가게는 종로3가, 한약재는 경동시장에 모여 있어야 장사가 된다. 옆 가게와 붙어 있으면 경쟁도 되지만 그 지역 전체가 특화된 품목을 취급하는 곳으로 인지되기 때문이다. 공간적 '인접'과 '연속'은 유기적 연대가 존속하는 기본 요건이다.

하회마을과 양동마을, 보석상과 한약상을 예로 들었지만 현대인은 기계적 연대와 유기적 연대의 복잡한 교집합 속에서 살아간다. 다양한 사람들이 모인 유기적 연대에 속해 있으면서도 혈연, 지연, 학연의 기계적 연대에 귀속하려는 본능을 갖고 있다. 뒤르켐의 이론에 의하면 기계적 연대가 강할수록 폐쇄적이고, 유기적 연대가 강할수록 열린 사회가 된다.

공간구조와 사회적 관계의 상호관련성을 정립한 힐리어Bill Hilllier는 뒤르켐의 이론을 공간으로 해석했다. 유기적 연대는 '장소의존場所依存, spatial', 기계적 연대는 '초장소超場所, transpatial' 혹은 '탈장소脫場所'의 성격을 띤다는 것이다. 유기적 연대는 개방적이므로 다른 집단과의 경계가 약하다. 그러므로 오히려 특정한 장소에 의존하게 된다. 상점은 고객의 관심을 끌기 위해 도시의 외부공간을 향해 모습을 최대한 드러내려고 한다. 반면 기계적 연대는 폐쇄적이며 경계를 강하게 유지하려고 한다. 그래서 바로 옆에 붙어 있지 않더라도 연결이 끊어지지 않는다.[16] 장소의존형과 초장소형 집단은 어느 사회, 어느 도시에서나 공존한다. 문제는 연대가 얼마나 강한가이다. 다양한 사람들을 포용하는 관용의 사회인지, 끼리끼리 똘똘 뭉쳐 '왕따'를 만들어내는 사회인지 파악할 수 있을 것이다.

이 점에서 앞서 예로 든 '아이러브스쿨 신드롬'은 전통적 공동체를 도시로 옮겨왔을 뿐 기계적 연대를 크게 벗어나지 않았다. 학습동호회, 취미모임, 사교모임 역시 동창회나 향우회보다는 열렸지만 제한된 범위를 벗어나지 못했다. 이런 1단계 온라인 열풍을 질적으로 바꿔버린 사건이 바로 2002년 월드컵 거리응원전이다.

온라인을 뚫고나온 붉은악마

경찰통계에 따르면 2002년 6월 4일 한국과 폴란드전에 50만 명의 국민이 밖으로 나왔고, 한국 팀이 4강에 가까워질수록 그 수는 폭발적으로 늘어났다고 한다. 6월 10일 미국전에 1백만, 6월 14일 포르투갈전에는 3백만, 6월 18일 이탈리아전에는 4백만, 6월 22일 스페인전에는 5백만, 6월 25일 독일전에는 7백만이 거리로 나왔다. 이날 밤 남한 인구의 1/7이 경기를 지켜보기 위해 집 밖으로 나온 셈이다.

거리응원은 누구도 예견하지 못했던 자발적 시민문화의 등장이었고, 세계 언론의 주목을 받기에 충분한 사건이었다. 한 달간 계속된 거리응원전을 뒤에서 조율한 것이 '붉은악마'였다는 사실을 모르는 사람은 없을 것이다. 붉은악마는 축구에 대한 관심을 고조시키고 개인들이 거리응원에 참가하도록 유도했다. 정부가 상명하달식으로 명령했다면 7백만이라는 인파를 결코 동원할 수 없었을 것이다.

그런데 재미있는 것은 이들의 조직 구성과 의사결정 방법이었다. 붉은악마의 시작은 인터넷 축구팬클럽으로 만들어진 1993년으로 거슬러 올라간다. '붉은악마'라는 이름은 1997년 회원들의 투표로 결정되었다. 2002년 7월 당시 회원은 12만 명이었고 대다수는 20대와 30대였다. 축구팬의 자발적 참여로 구성되며 상업적으로 이용되는 것을 피하기 위해 여러 차례 광고 제의를 뿌리쳐왔다. 붉은악마의 조직은 수평적이며 그들의 활동은 비정치적이었다. 회장과 스태프가 있지만 대부분의 활동은 각기 다른 지역에서 독립적으로 전개되었다. 회비도 없고 누구나 회원이 될 수 있었으며, 탈퇴 의사도 역시 회원 스스로에게 달려 있었다. 회원의 접촉과 의사결정은 모두 홈페이지를 통해 이루어졌다. 때문에 모두가 서버server이며 동시에 모두가 고객client이었다.

이들의 구조와 운영은 인터넷의 구조와 흡사하다. '넷 공간'은 '탈구조적'이고 '탈영토적'이다. TCP/IP가 있는 곳이면 정보는 어디든 갈 수 있다. 이는 마치 섬유의 조직과 같다. 한 부분은 다른 부분과 연결되고, 다른 부분은 또 다른 부분과 연결되고 결국은 전체를 이룬다. 한 부분이 작동하지 않으면 주변에 영향을 주지만 전체 시스템은 작동한다. 위계적 구조에서 상부에 문제가 생기면 전체가 작동하지 않는 것과 비슷하다. 네트워크는 계속 성장하거나 소멸된다. 개방성과 끊임없는 변화, 바로 인터넷의 생명력이다.

붉은악마는 성, 나이, 직업을 불문하고 누구에게나 열린 유기적 연대다. 유일한 공통점은 축구를 좋아한다는 것 하나뿐이다. 보편적으로 유기적 연대는 대면접촉을 통해 연대를 결속한다. 그러나 10만이 넘는 온라인상의 붉은악마는 오프라인의 한 장소에서 만날 수 없을뿐더러 축구경기를 동시에 관람하는 것조차 불가능하다. 조직은 여러 지역으로 나뉘고 스태프 미팅은 소단위로 이루어진다. 그들이 만나는 장소는 물리적으로 모여 있거나 인접하지 않고 도처에 분산되어 있다.

앞서 유기적 연대는 장소에 의존하고 기계적 연대는 장소를 초월한다고 설명했다. 그런데 붉은악마가 주도한 거리응원전은 온라인상에서는 유기적으로 맺어졌지만 오프라인 공간에서는 유기적 연대와 기계적 연대의 성격을 모두 띠고 있다. 즉 온라인상의 유기적 연대가 실제 현실공간에서는 장소의존성과 초장소성을 동시에 드러내고 있는 것이다. 이렇듯 한국도시에서 일어나는 온라인과 오프라인의 조합은 지금까지의 공간사회학적 틀로는 설명이 되지 않는다.

정보화시대의 장소 양면성

당시 사람들이 가장 많이 모였던 서울의 시청 앞과 광화문 사거리를 보자. 월드컵 기간 동안 한 인터넷사이트에서 거리응원 장소로 가장 가고 싶은 곳을 조사했더니 광화문 사거리가 1위, 시청 앞 광장이 2위, 잠실야구장이 3위로 꼽혔다. 네티즌들은 월드컵 주경기장 앞 상암 월드컵공원이나 젊은이의 명소로 떠오른 코엑스와 삼성동 사거리보다도 두 장소를 압도적으로 선호했다. 수십만의 인파가 모일 수 있고 대형 텔레비전 스크린을 설치할 수 있는 광장이라는 점에서 선호도가 높았을 것이다. 그러나 이것만으로는 두 광장이 왜 거리응원전의 진앙이었는지 충분한 설명이 되지 않는다.

광화문 사거리는 14세기 정궁이었던 경복궁 앞의 정치적 공간과 상업 가로였던 종로가 만나는 곳, 최고의 권력공간이 백성의 공간으로 갈라지는 분기점이었다. 시청 앞 광장은 19세기 말 기울어가는 대한제국이 덕수궁 앞에 만든 광장이었지만, 일본이 한반도를 강점하고 경성부 청사를 세우면서 지배공간의 상징이 되었다. 불과 1백m 거리를 두고 있었던 두 장소는 1960년대 이후 자동차가 점유하는 도로로 바뀌었지만 각종 관제 행사와 군사 퍼레이드의 단골장소이기도 했다.

그러나 광화문 사거리는 2002년 미군장갑차에 깔려 숨진 여중생을 추모하는 촛불집회, 2004년에는 노무현대통령 탄핵을 반대하는 집회, 2008년에는 미국산 쇠고기 수입 재협상을 요구하는 촛불집회가 열리면서 한국의 직접민주주의를 상징하는 장소가 되었다. 특히 2008년 촛불집회는 뚜렷한 주도세력이 드러나지 않는 자발적인 개인, 그것도 10대가 먼저 시작한 모임으로 중고생, 대학생, 회사원, 유모차를 끄는 주부까지 동참시킨 새로운 방식의 집회였다.

그런데 서울시가 공들여 만들어 2009년 시민에게 개방한 광화문광장은 역설적으로 학계와 시민들의 거센 비판을 받았다. 온갖 조형물로 과하게 장식했지만 정작 양편의 차도에 끼어 그늘도 없고 앉을 곳도 마땅치 않았으며 시민의 품으로 돌아온 광장이라는 수식어가 어울리지 않는다는 비난이 많았다. 한 일간지가 관련 학계와 전문가에게 조사한 결과 한국을 대표하는 건축물과 장소 중 최악의 1위에 광화문광장이 꼽혔다.

광화문 사거리 1966년에 계획한 광화문 사거리 입체로 조감도와 1967년에 준공된 모습. 서울의 도시계획에서 길과 광장의 주인은 사람이 아닌 자동차였다. ⓒ서울시청

주변의 맥락과 역사성을 녹이지 못하고 급하게 밀어붙인 대표적인 전시성 사업으로 인식되며 서울시의 입장과 큰 차이를 보였다.[17]

 광화문광장과 쌍을 이루는 시청 앞 광장에 대한 시민과 공공의 갈등 또한 크다. 한국전쟁 이후 시청 앞 광장에서도 관제행사와 자발적 집회가 무수히 열렸다. 1965년 이승만대통령의 장례식 기록사진은 시청 앞에서 숭례문까지의 길을 완전히 메운 군중들의 모습을 보여준다. 1980년대 이후 이곳은 민주화 운동의 중심지가 되었는데 1987년 시위 중 사망한 이한열 열사의 영결식은 '6월 항쟁'으로 이어지며 군사정권의 굴복을 받아내는 계기가 되었다.

시청 앞 광장 1965년 이승만대통령의 장례식 기록사진에서 시청 앞에서 숭례문까지의 길을 군중이 완전히 메우고 있다.
ⓒ서울시청

2004년 서울시는 시청 앞 광장을 교통 중심에서 시민의 여가와 문화공간으로 바꾼다는 계획하에 잔디를 깔고 이름도 '서울광장'으로 바꾸었다. 하지만 2009년 노무현대통령의 노제가 열린 후 시민단체와 서울시는 광장의 사용을 두고 번번이 대립했다. 2010년 현재 서울시와 서울시의회가 광장 사용에 관한 조례 개정을 두고 격돌하면서 광장은 집회와 시위에 관한 정치 쟁점의 중심이 되었다.

이 점에서 두 광장에서 열렸던 2002년 거리응원전은 군사정권 시대의 각종 관제행사, 군사 퍼레이드, 1970~1980년대의 민주화 운동, 심지어 2008년의 촛불집회와도 차별되는 새로운 공간사회적 현상이라고 할 수 있다. 거리응원전은 한 장소에서 다른 장소로 이동하는 계획된 이벤트가 아니었다. 두 장소는 비록 인접해 있지만 예정된 경로가 아니라, IP 주소처럼 점과 점으로 이루어진 네트워크의 한 부분이었을 뿐이다. '물리적'으로 '연속'되었다기보다는 '개념적'으로 '관계'를 맺고 있다.

월드컵이 끝난 뒤 정부는 한국 팀의 성공을 축하하는 퍼레이드를 시도

광화문광장 광화문 사거리는 2002년 월드컵 거리응원전의 진앙이었지만 다른 집회 장소와 연속되지 않는 네트워크의 한 점이었을 뿐이다. 한편 서울시가 공들여 만들어 2009년 시민에게 개방한 광화문광장은 역설적으로 학계와 시민들의 거센 비판을 받았다.
ⓒ김성홍

했지만 시민의 참여는 극히 저조했다. 강남의 테헤란로에서 강북 도심에 이르는 긴 행진 계획은 거리응원전이 보여준 새로운 공간의 패러다임을 이해하지 못한 군사독재 시대의 구태의연한 발상이었다. 거리응원이 펼쳐진 도시공간은 연속된 선이 아니라, 산발적으로 흩어진 점들의 네트워크였던 것이다. 광화문 사거리와 시청 앞 광장은 거리응원전의 진앙이었지만 다른 집회 장소와 연속되지 않는 네트워크의 한 점이었을 뿐이다.

트위터, 페이스북과 같은 소셜네트워크의 힘은 수많은 집단과 개인이 하나의 점이 되어 상호의존적이고 다층적인 관계를 만들어간다는 데 있다. 이런 모습은 초고밀도의 한국 도시에서 벌어지는 복합적이고 다층적인 온라인-오프라인의 만남과 아주 닮았다. 전 세계에서 인구가 가장 많고, 가장 집중되어 있고, 가장 밀도가 높은 서울에서 사람들이 생각하는 도시의 심상구조는 항공사진이나 지도에서 보이는 것처럼 연속된 공간이 아니라, 자신이 살면서 움직이는 마디 지점의 연결망이다. 지하철역, 버스정류장, 주차장, 중요한 장소를 거점으로 행동반경을 펼치지만 이것을 더 이상의 연속된 공간으로 인식하지는 않는다. 대신 사람들은 이러한 공간들이 복잡하게 얽히고 겹치는 교집합 속에서 살아간다.

이런 관점으로 보면 불규칙하고 혼성적인 거대도시 서울은 자동차 시대에는 불편하고 비효율적이었지만, 온라인@오프라인의 시대에는 연결망을 만들어내는 풍성한 도시가 될 수 있다. 2000년대 초반 한국의 온라인 커뮤니티는 주민등록증이 없으면 들어갈 수 없는 닫힌 공동체였지만, 이제 새로운 방식의 소셜네트워크가 열리면서 '2차 온라인 시대'를 맞고 있다.

chapter 16

이방공간과 역지대

도시는 힘 있는 몇 사람의 정치인, 관료, 도시계획가, 건축가가 만든 '작품'이 아니라, 사람들이 살았던 오랜 '궤적'이며, 살고 있는 '현장'이다. 일단 만들어진 길과 집은 쉽게 변하지 않는 관성을 획득한다. 우리는 사람의 수명보다 짧은 아파트를 허물고 새로 짓지만 그 흔적은 쉽게 지워지지 않는다. 서울의 사대문 안에 조선시대 집들은 거의 사라졌지만 길과 집터는 아직 남아 있다.

그러나 발전이 어떤 임계점에 다다르거나 새로운 동력이 생기면 도시는 빠른 속도로 변화한다. 옛것 위에 새것이 겹쳐지기도 하고 이질적인 것들이 부딪치기도 한다. 그래서 서양 이론가들은 도시를 '펠림세스트palimpsest'라는 말에 비유하곤 한다. 종이가 없던 옛날, 양가죽에다 글이나 그림을 기록했는데, 펠림세스트는 여러 번 쓰고 지운 양피지羊皮紙를 뜻하는 말이다. 도시도 양피지처럼 여러 겹의 흔적이 겹쳐져 있다는 뜻이다.

그런데 여러 번 쓰고 지우다보면 양피지의 어떤 부분은 희미하고 어떤 부분은 겹쳐져 보이기도 한다. 도시에서도 이처럼 이질적인 것들이 만나고, 겹치고, 혹은 버려진 지대가 생겨난다. 30층 아파트 옆에 재개발을 기다리는 쇠락한 집이 웅크리고 있기도 하고, 산업단지 안에는 이민족 집단촌이 생겨나기도 한다. 거대한 재개발단지, 산업단지, 외국인 거주지, 군대 주둔지, 그린벨트, 도시를 가르는 고속도로와 철도도 이질적 공간이다. 나는 이러한 이질적 공간을 통틀어 이방공간異邦空間이라고 부르고자 한다.

아시아의 도시들은 압축된 기간에 식민과 지배, 산업화와 도시화를 겪으며 이러한 이방공간을 많이 생산했다. 그 결과 중심과 주변, 빈과 부, 공적영역과 사적영역, 소비와 문화, 고급예술과 대중문화가 대립하고 충돌하는 지대가 도처에 생겨났다.

역동과 혁신의 출발 공간[18]

문화인류학과 심리학에서 말하는 '역閾, liminality'은 도시 속의 이방공간과 닿아 있다. 라틴어로 '문지방limen'을 뜻하는 말에서 파생된 이 말은 어떤 단계도 속하지 않는 '중간상태' 혹은 '전이단계'를 의미한다. 아프리카 원주민과 함께 살면서 그들의 생활을 연구한 빅토 터너Victor Turner(1920~1983)는 토착의례에서 시공간의 경계를 통과해 다른 세계로 이동하는 중간적 상태가 있다는 것을 발견하고 이를 '역의 상태'라고 정의했다.[19] 한편 심리학에서 '역'은 자극에 대해 반응이 일어나기 시작하는 점, 혹은 의식 작용의 발생과 소멸의 경계를 뜻한다.

'역'은 의례와 의식세계에만 있는 것이 아니라 현실공간에도 있다. 마루에서 문지방을 넘어 방으로 들어가듯, '역지대閾地帶, liminal zone'를 건너가면 한 공간에서 다른 성격의 공간으로 이동한다. '문지방'처럼 공적공간에서 사적공간으로 넘어가는 지점도 역지대다. 남북한의 극단적 대립과 위협이 진공 상태로 놓여 있는 비무장지대DMZ도 역지대다. 긴 여정 가운데 잠시 거쳐가는 공항도 역지대다. 2004년에 개봉한 할리우드 영화 〈터미널The Terminal〉의 주인공 톰 행크스는 미국의 한 공항에 도착하지만, 본국에서 쿠데타가 일어나 졸지에 국적이 모호해지는 처지에 빠진다. 법적인 문제가 해결될 때까지 문만 열면 금방 걸어나갈 수 있는 미국 땅과 혁명이 일어난 자기 나라 어디에도 속하지 않는 역지대, 공항에 갇힌다.[20] 영화 〈트루먼 쇼〉에 등장하는 텔레비전 드라마 세트의 도시 시헤이븐도 역지대다. 우리 일상 가까이에도 역지대가 있다. 다리, 교차로, 문, 창도 역지대다. 이방공간이 있는 곳에는 역지대가 붙어다닌다. 이방공간으로 들어가고 나오는 접점에는 어디에도 속하지 않는 역지대가 생길 수밖에 없다. 둘은 한 쌍이다.

그런데 세계화와 정보화는 이방공간과 역지대를 더욱 첨예하게 드러낸다. 도시지리학과 공간사회학의 논쟁에는 도시 간의 경쟁이 치열해지는 한편 도시 내의 공간 분화도 심해진다는 공통적 해석이 있다. 경제·문화적으로 부유한 지역은 행정구역과 국가의 영토를 넘어 다른 세계도시와 곧바로 접속되는 반면, 같은 도시 내의 소외된 지역은 점차 이러한 접속망에서 멀어져간다. 정보화는 우리의 생활반경을 특정 장소에 얽매지 않고 오히려 초월하게 도와주기도 하지만, 자본을 특정 장소에 집중시켜 불균형을 심화시킨다. 도시 내의 미세한 장소적 차이는 시간이 갈수록 그 간격이 벌어지는데, 서울의 강남과 강북의 땅값이 지난 수십 년 동안 몇 배로 벌어지고, 강남 안에서도 편차가 커지고 있다는 것이 이를 방증한다. 강남에도 밥 굶는 학생들이 사는 이방공간이 있다.

이방공간과 역지대는 갈등이 잠복하고 있기 때문에 늘 불안정하다. 개발과 성장, 차별과 소외, 억압과 저항, 인공과 자연, 소통과 치유 등 공간 사회적 문제를 안고 있다. 위에서는 이를 정치·경제적으로 풀어야 하고 아래에서는 이에 저항하고 실천을 모색해야 한다. 그러나 이질적인 것이 충돌하는 지점은 역동성이 있기 때문에 혁신의 가능성 또한 크다. 매력 있는 세계 도시에는 이처럼 이방공간이 섬처럼 고립되지 않고 주변과 만나 다양한 문화를 생성하는 역지대가 있다.

이방공간 1번지, 용산 개리슨

한국 사회의 정치·군사적 아킬레스건 중 하나인 용산기지를 미군은 '용산 개리슨'이라고 부른다. '개리슨garrison'은 본진과 멀리 떨어져 있는 요새다. 서부영화를 보면 인디언의 공격을 막기 위해 사막 한가운데 울타리를 치고 수비대와 민간인이 함께 사는 모습이 나오는데 이것이 개리슨이다. 용산 개리슨 역시 군사사령부 이외에도 미군과 그들 가족, 미군에 배속된 한국군, 한국인 고용인이 거주하고 있는 독립적 커뮤니티다. 병영과 숙소 이외에도 단독주택, 집합주택, 유치원, 초·중·고등학교, 교회, 종합병원, 호텔, 대형 마트, 방송국, 클럽, 도서관, 체육관, 소방서, 버스정류장이 있고, 심지어 길옆에 패스트푸드 체인점 버거킹도 있는 하나의 독립된 도시다.[21]

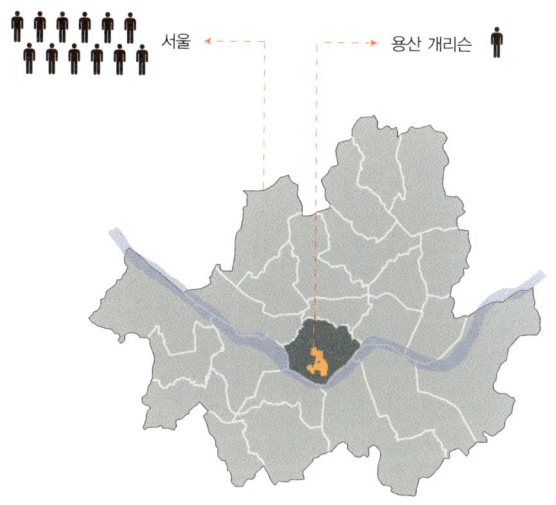

서울의 이방지대 1번지, 용산 개리슨 용산 개리슨의 인구밀도는 서울시의 1/12이다. 전 세계에서 가장 밀도가 높은 도시의 중심에 진공 상태가 만들어져 있는 진기한 상황이다. ⓒ김성홍건축도시연구실

   남산, 반포로, 서빙고로, 한강로로 에워싸인 용산 개리슨의 넓이는 여의도와 맞먹는 280만m²(86만 평)에 달한다. 전 세계 대도시 중심부에 군대가, 그것도 외국 군대가 이렇게 큰 땅을 차지하고 있는 곳은 유일무이하다. 지난 50년간 급속한 성장을 이룬 결과 세계 초고밀도가 된 서울의 지리적 중심을 차지하는 초대형 땅이다. 용산 개리슨을 서울의 이방공간 1번지라 부르는 것은 땅의 용도, 사람, 그리고 밀도에서 극단적 이질성을 모두 갖고 있기 때문이다.

   이곳은 중국과 일본 등 주변 열강이 각축을 벌였던 1백여 년 전부터 청나라 군대, 일본군이 차례로 점령했고, 한국전쟁을 거치면서 미군이 주둔함으로써 우리의 법이 미치지 않는 치외법권 지역이 되었다. 공용화폐는 달러이고 미국의 우편번호를 쓰며 반입되는 모든 물품에는 관세가

붙지 않는다. 용산 개리슨의 게이트는 영공을 벗어나 비행하는 기내 안처럼 무국적의 중간지대다. 게이트를 통과하는 순간 반쯤은 미국 땅으로 들어가는 것이다.

담장 하나를 사이에 두고 안쪽에는 미국의 전원도시, 바깥쪽에는 가파르게 경사진 골목 사이로 집들이 다닥다닥 붙은 해방촌이 마주하고 있다. 완만한 구릉지와 가로수 사이의 나지막한 장교 숙사들 뒤로 기지 밖 한강로 주변의 고층건물이 겹쳐져 보이는 사우스포스트 South Post 의 풍경은 생경하다 못해 초현실주의적이다. 이는 객관적 수치에서 나타난다. 605km² 넓이의 서울에는 1천만 명이 넘는 사람들이 살고 있다. 1km²에 1만 7천 명이 살고 있는 셈이다. 반면 용산 개리슨의 밀도는 서울의 1/12 정도다. 미국의 전원도시를 뚝 떼어 서울 한복판에 이식한 꼴이다. 전 세계에서 가장 밀도가 높은 도시의 중심에 진공 상태가 만들어져 있는 진기한 상황이다.

역지대 1번지, 이태원

이방공간 1번지 용산은 자연스럽게 역지대 이태원을 탄생시켰다. 한국전쟁 후 용산이 한반도에 배치된 주한미군기지의 심장부가 되면서, 이태원은 영내에서는 해소할 수 없는 욕망을 분출하는, 반쯤은 공인된 일탈의 공간으로 똬리를 틀었다. 영내 밖에서 거주하는 병사들의 주거지이며 PX에서 나오는 물건을 암암리에 거래하고 '양공주'들의 활동공간이 포진한 음성 지대였다. 빈곤을 벗어나지 못했던 전후부터 1980년대 중반까지는 미군들이 클럽에 뿌리는 1달러가 귀중한 시대였다.

그러나 이태원은 미군과 그들 주위를 맴도는 '특수직업인'들만의 공간은 아니었다. 해외에 나가보지 못했던 한국인에게 용산기지와 이태원은 이국의 대리경험을 맛보는 유일한 통로였다. 실제로 이 주변을 맴돌던 많은 '양공주'와 '하우스보이'들은 국제결혼이나 장기근속을 통해 시민권을 얻은 뒤 갈망하던 미국의 땅을 밟기도 했다.

1980년대 후반 한국의 경제력이 커지면서 미군들이 뿌리는 몇 달러만으로는 이태원의 잠재력을 점차 충족할 수 없게 되었다. 민주화 운동과 함께 표출된 반미감정, 구체적으로는 지아이GI(Government Issue, 직역하면 관급품인데 군인을 뜻함)에 대한 혐오의 이면에는 그들의 존재가 지역경제에 더 이상 도움이 되지 않는다는 현실적 이유가 맞물려 있다.

그러다가 각종 국제회의, 86아시안게임, 88올림픽이 서울에서 열리면서 이태원은 외국인 관광객의 단골 방문지로 알려져 호황을 누렸다. 1990년대에 들어서며 동대문시장과 남대문시장이 활성화되면서 이태원 상가는 활기를 잃어가기 시작했다. 상인연합회가 이를 살리고자 노력한 끝에 1997년, 이태원 지역이 관광특구로 지정되었다. 상권의 변화와 함께 이태원의 문화생태 지도도 진화를 거듭했다. 1970년대 초반 이슬람 사원이 세워지면서 '이슬람 지구'가 형성되었는데, 바로 옆에 신당동 시장골목, 을지로 인쇄골목, 종로 낙원상가 주변에 있던 게이 바가 옮겨와 자리 잡았다. 물과 기름 같은 이슬람과 동성애가 공존하게 된 것이다.

하지만 이제 이태원은 더 이상 용산기지 미군들의 배설구가 아니다. 이태원1동과 한남2동에는 2007년 12월 현재 1만 9천여 명이 살고 있는데 외국인의 비율은 10.6%이다. 이 중 50명 이상의 거주 외국인은 미국, 나이지리아, 조선족, 필리핀, 파키스탄, 캐나다, 영국, 독일, 중국, 인도,

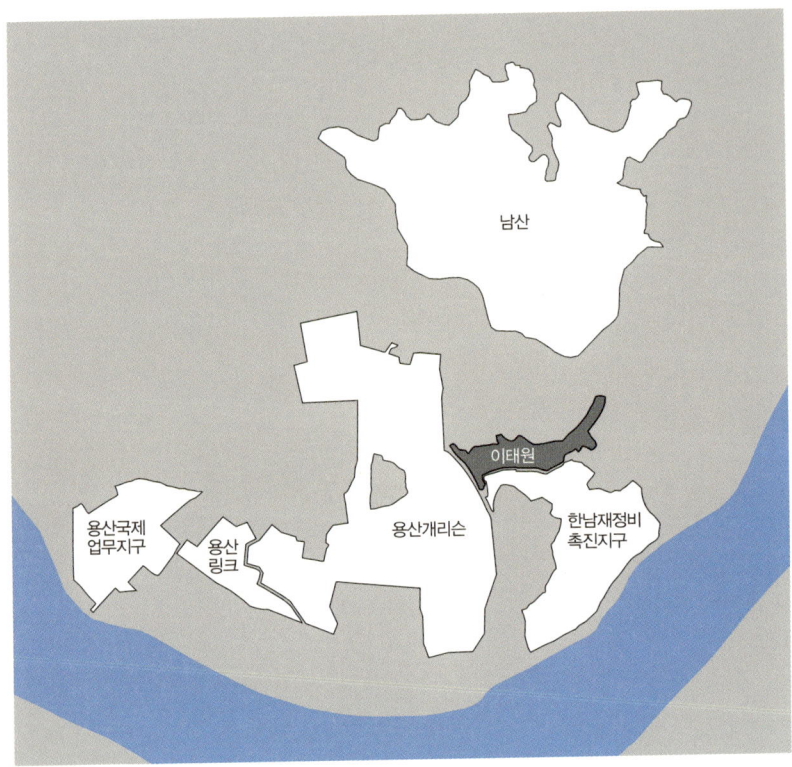

서울의 역지대 1번지, 이태원 주변의 초대형 개발사업이 이루어질 경우 거대한 이방공간의 틈새에 끼인 이태원은 고급상업화의 수순을 밟을 수밖에 없고, 다문화의 관용과 포용의 역지대로서 살아남을 가능성은 희박하다. ⓒ김성홍 건축도시연구실

러시아, 프랑스 순이다. 특히 2000년대 초반부터 제3세계 출신들이 이곳으로 대거 이동하기 시작했는데, 무슬림 국가인 나이지리아와 파키스탄이 각각 2위, 5위를 차지한다.[22] 통계에 잡히지는 않지만 이태원을 생활 터전과 활동공간으로 삼는 외국인과 관광객을 포함하면 이태원의 문화 생태 지도는 더욱 다양하다.

이태원의 이질성과 다양성은 여기에서 그치지 않는다. 이태원의 지역적 경계를 어디까지 볼 것인가에 따라 이야기는 달라지겠지만, 이태원로와 각종 유흥시설이 포진한 이면도로 뒤, 그중에서도 해밀턴 호텔의 배후는 서울 최고의 단독주택지다. 한국의 대표 기업 삼성의 이건희 회장 사저와 소수 문화엘리트층을 겨냥한 미술관 리움은 이태원을 바로 내려다보고 있다. 이태원로 남쪽으로는 재개발을 기다리는 보광동이 있고, 용산기지의 북쪽으로는 다가구·다세대 주택이 다닥다닥 붙은 해방촌이 용산 개리슨 담장에 바짝 붙어 있다. 서빙고로 남쪽은 강북의 아파트 부촌으로 꼽히는 동부이촌동이 강을 마주한다.

최근 장소에 대한 탐사를 통해 지역문화를 들여다보는 움직임이 활발히 진행되고 있는데, 학자들은 이태원이 지닌 특성과 가치를 '탈영토성', '다문화성', '관용과 포용' 등으로 압축하고 있다.[23] 주둔군의 일탈공간에서 시작된 이태원은 한국 경제와 서울의 발전과 함께, 기형적 공간에서 다양성이 공존하는 독특한 역지대로 진화하고 있는 것이다.

그런데 이태원을 독특한 역지대로 만드는 중요한 요소 중 하나가 도시조직과 건축의 크기(스케일)에 있다는 점이다. 최근 새로 지어 호화청사 논란에 휘말린 용산구청을 제외하면 이태원 일대에는 큰 땅도, 큰 건물도 없다. 해밀턴 호텔, 제일기획사옥, 이슬람사원이 그중 큰 규모지만 서울 도심의 일반적 기준으로 보면 결코 대형이라고 할 수는 없다. 나머지는 대로나 뒷길, 중소규모의 필지와 중소규모의 건물이 이태원을 형성하고 있다.

중저가 '짝퉁'과 '보세' 물건을 파는 작은 상점이 대로를 형성하고, 경제력이 넉넉지 못한 제3세계 출신 외국인이 배후의 주거지에서 살 수 있는 것은 상대적으로 저렴한 임대료 때문이다. "세계 도시 중에서 수도 한복판에 월세 3백 달러의 집을 구해 살 수 있는 곳이 서울밖에 더 있을

까"라는 이태원 어느 자영업자의 말은 접근성-임대료의 공간 논리를 압축하고 있다.[24]

그런데 이런 이태원의 문화생태학적 다양성은 아주 위태로워 보인다. 첫째는 용산공원의 불확실성이다. 미군이 반환할 예정인 약 2,458천m^2의 땅에 정부가 국가공원 조성계획을 수립하고 있지만, 오산·평택 기지 조성이 진행되고 있는 현 시점에서도 잔류지의 범위가 확정되지 않았다. 만일 남산에서 한강을 잇는 중심축에 자리한 기지 내의 시설이 남을 경우 국민적 자존심을 회복기 위해 조성하려 했던 민족공원은 남북으로 단절될 가능성이 높고, 이는 이태원에도 어떤 식으로든 영향을 줄 것이다.

그러나 이보다 더 큰 불확실성은 주변에서 진행되고 있는 초대형 개발 사업이다. 용산철도차량 기지와 한강변에 인접한 지역을 국제업무지구로 조성하는 개발사업은 현재 난관에 부딪혀 있지만 그 향방에 따라 주변지역에 엄청난 영향을 줄 것이다. 국제업무지구와 용산공원을 연결하는 지역은 '용산링크'라고 이름 붙여져 역시 재개발사업을 꿈꾸고 있다. 특히 한남·이태원·동빙고동 일대(한남재정비촉진지구)를 주거단지로 재개발하는 계획에 따르면 이태원의 남쪽 지역은 잘려나가게 된다. 이 경우 거대한 이방공간의 틈새에 끼인 이태원은 고급상업화의 수순을 밟을 수밖에 없을 것이며 다문화에 대한 관용과 포용의 역지대로서 이태원이 살아남을 가능성은 매우 희박하다.

주거의 이방공간, 명품 아파트 단지

2008년 미국발 세계경제 위기는 우리나라의 부동산 시장을 강타하면서

드디어 서울에서도 아파트가 미분양되는 사태가 일어났다. 그런데 이런 침체에도 불패 신화를 이어간 곳이 있었으니 서울 고속버스터미널의 동서에 각각 자리 잡은 반포 래미안퍼스티지와 반포 자이 아파트다. 반포 래미안퍼스티지는 2010년 전국에서 시세가 가장 많이 오른 곳으로 조사되었다.[25] 일부 신문은 강남의 아파트 대표 선수가 삼성동 아이파크나 도곡동 타워팰리스에서 이 두 단지로 옮겨 오고 있다는 '띄워주는' 기사도 실었다. 기존 아파트 단지와는 차원이 다른 높은 품격의 디자인을 보여준다는 찬사도 나왔다. 반포 자이는 2009년 살기 좋은 아파트 대상 대통령상을 받아 '살기도 좋고, 값도 비싼' 아파트가 되었다.

1972년 강남아파트 시대의 서막을 열었던 반포1단지 주공아파트가 착공되었는데, 총 3,786세대를 수용하는 6층 이하의 아파트로 이루어진 대규모 단지였다.[26] 1977년에는 1단지에 이어 총 4,120세대의 5층 아파트로 구성된 2, 3단지가 착공되었다. 그로부터 30년 뒤에 1단지보다 먼저 2, 3단지의 재건축이 이루어졌다. 이곳이 반포 래미안퍼스티지와 반포 자이 아파트다. 2008년 말에 3단지 자리에 44개 동 3,410세대의 자이, 2009년 말에는 2단지 자리에 28개 동 2,342세대의 래미안퍼스티지가 들어섰다. 1990년대 이후 강남 서초구에 세워진 가장 큰 아파트 단지다.[27] 남쪽을 향해 일렬로 늘어섰던 5~6층의 기존 판상형 단지와 달리 새로 들어선 두 단지는 엘리베이터를 중심으로 3~4호를 조합한 T자형 고층 타워로 바뀌었다. 자이의 최고 층수는 32층, 래미안퍼스티지는 29층이다.

이렇게 고층 타워형으로 바뀌면서 생겨난 오픈스페이스는 명품 조경 디자인으로 채워졌다. 래미안퍼스티지는 '금강산 만물상을 복원한 미니 폭포', '인공 연못', '4천m^2의 인공수로', '20억 원이 들어간 1천 년 된

느티나무'로 화제가 되었다. 여기에다 호텔급에 버금가는 골프연습장, 수영장, 사우나, 헬스장, 놀이방 등의 편의시설이 갖추어져 있다. 자이도 여기에 뒤지지 않는다. 주차장은 모두 지하로 들어가고 지상에는 '전체의 40%에 달하는 조경면적', '고무로 덮인 2.4km의 산책로', '150년 된 소나무', '다슬기가 서식하는 750m의 실개천', 골프연습장, 스크린골프장, 수영장, 헬스클럽, 클럽하우스, 연회장, 독서실, 북카페 등 '국내 최대 규모', '특급호텔 수준'의 커뮤니티시설을 설치했다. 여러 경제 관련 신문이 홍보해주는 기사내용이다. 다만 한 신문은 주변 이웃에게 이 멋진 단지를 흔쾌히 개방해줄지 궁금하다는 단서를 달았다.[28]

그런데 입주 2년 뒤인 2010년, 자이 입주자대표위원회는 9억 원의 예산을 들여 외부인이 들어오지 못하도록 1.2m 높이의 울타리를 치는 안건을 거의 만장일치로 통과시킨 적이 있다. 위원회가 출입카드를 배포하고 이를 갖지 못한 외부인은 출입문을 통과할 수 없게 하자는 안이었다. 무단출입한 외부인의 자살과 성추행 같은 사고를 이유로 내세웠지만, 주민들이 명품조경과 시설이 외부인의 '놀이터'나 '수다 장소'가 되는 것을 못마땅하게 여긴다는 뒷이야기가 있었다.[29] 사실 부유층에겐 공간의 효용가치보다 교환가치가 더 중요하기 때문에 도시공간의 하부구조인 길과 굳이 연결될 필요를 느끼지 않는다. 원하는 곳은 어디든지 자동차로 갈 수 있기에 길에서 일어나는 이웃과의 대면접촉 같은 것은 필요가 없다. 이들의 공동체는 공간을 초월해, 보이지 않게 맺어진다.

반포 자이 아파트는 '신흥 연예인 마을'이라는 수식어가 붙는 단지이기도 하다. 수천 세대가 사는 일반아파트에 여러 연예인이 사는 것은 이례적인 현상이라고 한다. 그런데 톱스타들을 보았다는 목격담이 퍼져나가

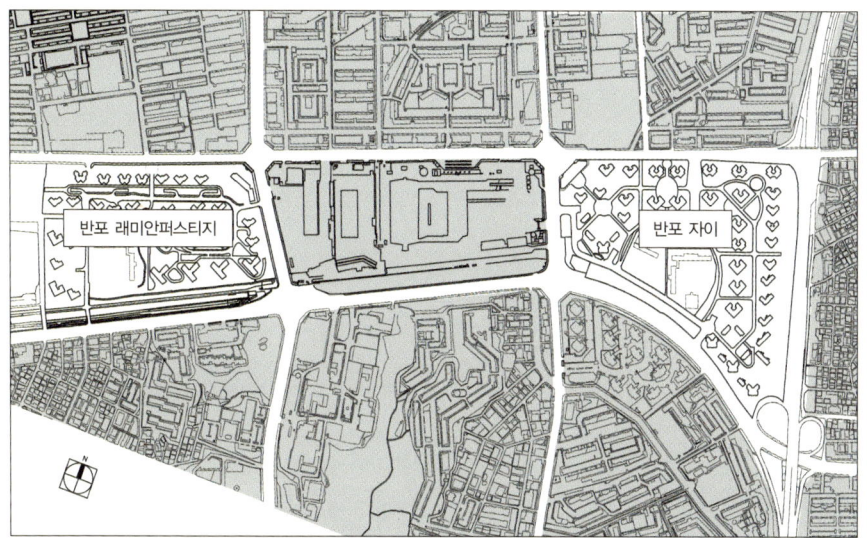

주거의 이방공간 도로, 하천, 고속도로로 에워싸인 반포 래미안퍼스티지와 반포 자이 아파트는 외부인의 접근이 쉽지 않은 도시의 섬이다. ⓒ김성홍건축도시연구실

는 것이 홍보에 좋기는 하지만 정작 주민들은 부정적 이미지로 비춰질까 탐탁지 않게 여긴다고 한다.[30] 이는 단지 톱스타와 연예인 때문만은 아닐 것이다. 대한민국 부의 정점에 오른 자신들의 삶이 외부에 드러나는 것을 결코 바랄 리 없는 것이다. 건너편 래미안퍼스티지도 크게 다르지 않다. 8차선 이상의 신반포로와 반포로, 반포천과 반포유수지로 에워싸인 래미안퍼스티지는 시각적으로 위용을 드러내지만 외부인의 접근이 쉽지 않은 섬이다.

길이 없는 도시의 섬

그런데 이처럼 안전과 사생활 보호를 내세워 울타리를 치는 것을 비난할 수 있지만 법적으로 문제를 삼을 수는 없다. 자이나 래미안퍼스티지 안에는 엄밀히 말해 공적인 도로가 존재하지 않는다. 「도시계획법」, 「주택법」상으로 '도시계획도로'와 구별되는 '단지 내 도로'가 있는데 이는 소유자들이 공유하는 '사도私道'의 성격을 띠고 있다. 사업을 하려고 하는 땅에 도시계획도로가 놓이면 개발업자와 건설사의 입장에서는 사업성이 떨어진다. 첫째, 도시계획도로가 생기면 법적으로 하나의 단지가 될 수 없다. 단지를 최대한 크게 하면서 관리 주체를 하나로 만들고자 하는 개발자나 주민들이 좋아할 리가 없다. 둘째, 도시계획도로 때문에 일정한 높이 이상은 지을 수 없는 사선제한, 정북 방향의 일정한 거리를 띄워야 하는 정북이격거리 규정을 피해갈 수 없게 된다. 아파트의 경제적 성패를 좌우하는 층수와 용적률이 줄어드니 개발업자와 건설사가 공공의 도로를 피하는 것은 당연하다.

그래서 우리나라의 '공'과 '사'는 서로에게 이익이 되는 묵시적 '윈윈 전략'에 합의하게 된다. 정부와 지방자치 단체는 재개발과 재건축 단지의 일부를 기부채납 받아서 단지 밖의 길을 넓히고, 개발업자와 건설사는 땅을 떼어주는 대신 단지가 조성되기 전에 있었던 길을 없애고 '단지 내 도로'를 만든다. 이렇게 하면 여러 법적 요건을 피할 수도 있고 외부인의 출입을 제한할 수 있게 되는 것이다.

도시계획도로를 사도인 것처럼 애매하게 만들어 외부인의 통행을 심리적으로 저지하기도 한다. 반포 자이 외곽에는 교회와 학교를 잇는 도시계획도로가 있지만 밖에서는 보이지도 않고 접근도 쉽지 않도록 숨겨놓았다. 그리고 이처럼 사용화私用化된 공로公路와 단지를 연결하는 길목에 '애완견, 외부인, 오토바이, 차량 출입금지'란 팻말을 세워놓았다. '외부

독일 베를린의 도심 아파트 단지 외부인도 자연스럽게 지나갈 수 있는 하인리히 하이네 거리(Heinrich-Heine Strasse) 안네회폐(Annehöfe) 아파트 단지 내부 ⓒ김성홍

인'은 '애완견'과 동격으로 길을 어지럽히는 반갑지 않는 존재다.

심지어 서초구는 기부채납한 땅에 근린공원을 보이지도 않게 만들었다. 이 '공공'의 공원은 사실상 '민간'의 단지를 시각적으로 가리는 차폐 조경 역할을 하고 있다. 물론 반론이 있을 수 있다. 범죄로부터 사생활과 사적인 공간을 보호하려는 것은 당연한 것이고, 이런 것이 주택의 가격에 반영되어 거래된다는 주장이다. 단독주택이나 작은 규모의 주택가는 당연히 안전성이 보장되어야 한다. 그러나 자이와 래미안퍼스티지처럼

10만m² 이상의 거대한 블록 전체에 장벽을 치는 것은 범죄로부터 사생활을 보호하는 것과는 차원이 다른 문제다. 하지만 이런 문제를 제기할 주체가 마땅히 존재하지 않는다. 어느 외부인이 8차선 도로로 에워싸인 거대한 단지를 굳이 지나가려 하고, 공원이 왜 밖으로 열려 있지 않느냐며 따질 것인가.

자이와 래미안퍼스티지는 1970년대 후반 서울시가 주택공급을 단독주택에서 아파트로 전환하면서 아파트지구라는 제도를 도입해 만든, 처음부터 반쯤은 폐쇄적 성격의 대단지였다. 문제는 이런 재건축 아파트 단지보다는 재개발로 사라지는 단독주택지다. 1970년대 이후 서울의 많은 땅에서 좁은 길들이 이런 식으로 하나둘씩 사라져갔다. 대로는 더 넓어지고 곧게 펴졌지만 도시의 깊숙한 곳까지 스며들었던 길의 세포조직은 지워졌다. 그 결과 우리 도시에는 수많은 주거의 이방공간이 생겨나고 있다. 이방공간은 외국인만 만들어내는 것은 아니다. 단일민족의 동질성을 자랑하는 우리 사회가 양극화되면서 계층 간의 단층이 생겨나고 있고, 아파트 단지의 대형화와 고급화는 이러한 단층을 공간적 이방지대로 드러내고 있다.

무엇보다 자이와 래미안퍼스티지는 50~60대가 주축이었던 압구정동과 같은 '장년세대의 부촌'과 달리 젊은 부유층을 끌어들이고 있다. 조사에 따르면 자이와 래미안퍼스티지의 입주자 중 10대가 39.5%, 20대가 19.1%, 30대가 17%를 차지해, 30대 이하가 전체의 75.6%를 차지했다. 반면 실제 소유는 50대가 31.8%, 60대가 19.9%, 70대가 5.9%를 차지해 50대 이상이 57.6%이었다.[31] 노년의 부모가 자식을 위해 집을 사놓은 경우, 기존 거주민의 2세들이 돌아온 경우, 자녀 교육을 위해 전입한 젊은 부부, 차별화된 단지를 찾아온 고소득 전문직 등 여러 가지 해석이 가능할 것이다. 그 이유야 어떻든 5천 세대가 넘는 두 단지는 주거의 이방공간이라는 것을 통계적 수치로도 보여준다.

　문을 걸어 잠근 고급 거주지, '게이티드 커뮤니티gated community'는 전 세계적으로 벌어지는 현상이다. 이에 대한 학자들의 주장은 양분되는데 옹호하는 쪽은 벽을 치고 문을 걸어 잠그면 주민의 결속력이 높아지고 범죄가 줄어들어 공동체가 강해진다고 주장한다.[32] 반면 벽을 치는 것이 단지 내의 작은 범죄를 예방할 수 있을지는 몰라도 도시 전체에 부정적인 영향을 미친다는 반론도 있다. 심지어 어떤 단지에서는 아예 범죄가 줄어들지 않는다는 통계도 있다.[33] 이런 찬반양론을 전 세계의 모든 국가와 도시에 일반적으로 적용하기에는 무리가 있을 것이다. 그러나 우리 도시에서 이러한 '명품 디자인' 주거단지들이 부동산 경제 메커니즘 이상으로 도시의 어떤 공적 기능을 분담하고 있는지 묻지 않을 수 없다.

　자이와 래미안퍼스티지와 같은 주거의 이방공간은 일상생활에 필요한 근린생활시설과 상업시설을 단지 밖에서 충족하면서도 문을 걸어 잠그고 있다. 1970년대 초반 반포1단지를 만들 때 1세대의 도시계획가들은 단지와 길이 만나는 경계를 따라 '노선상가'라는 독특한 저층 주상복합 건축을 만들었다. 강남이 구릉지와 허허벌판일 때였다. 자가용이 보편화되지 않았고, 주변에 주민 편익시설이 없었던 때였다. 노선상가는 버스에서 내려 집으로 들어가는 보행 문화에 적합한 유형으로 선택했다. 그 후 자가용이 일상화되고, 소비의 패턴이 바뀌면서 서울의 아파트 단지에는 노선상가라는 유형이 사라졌지만 이전에 만들었던 '노선상가'는 수십 년간 길과 아파트 단지의 중간에서 역지대 역할을 나름대로 해왔다.[34]

반포2단지와 3단지가 허물어지기 이전, 단지 외곽의 길모퉁이에는 3층 규모의 상가가 있었다. 작지만 길과 단지 안에서 접근이 동시에 가능한 일종의 문 역할을 했다. 같은 자리에 새로 들어선 래미안퍼스티지와 자이의 상가는, 겉모습은 단지의 대문처럼 보이지만 공간적으로는 거대한 섬처럼 단지의 한 귀퉁이로 내뱉어졌다. 사방이 폭 40m의 도로로 에워싸인 이 거대한 단지의 삶은 더 이상 길모퉁이에 붙어 있는 역지대를 필요로 하지 않는다. 역지대는 공간적으로 연결될 필요가 없다. 이제 두 단지의 역지대는 길모퉁이 건축이 아니라 주차장 출입구다. 단지의 주차장 출입구에서 옆에 있는 또 다른 섬 센트럴시티의 주차장이나 반포천 건너편 서래마을로 옮겨갔다. 성격은 전혀 다르지만 용산 미군기지에서 해결하지 못하는 욕망의 분출구를 바깥의 이태원에서 찾고 있는 것과 비슷하다. 역지대를 품고 있는 것이 아니라 뱉어내고 있는 것이다.

역지대를 삼킨 공룡 민자역사

외국 군대와 민간 건설사뿐만 아니라 공공기관도 거대한 이방공간을 만들어내고 있다. 2000년대 들어서 우후죽순처럼 들어서고 있는 선로 위의 공룡건축, 민자역사가 그것이다. 정부의 예산으로 낙후된 철도역사를 개선하기 어렵게 되자 한국철도공사(코레일)는 민간에게 땅을 장기간 임대해주는 조건으로 상업시설을 지어 수익을 올리게 하는 개발방식을 취했다. 1991년 영등포역을 시작으로, 서울과 경기도에서 수십 곳의 사업이 완료되었거나 진행 중이다. 민자역사에 관한 관련법은 역무시설의 비율을 10% 이상 만들도록 정하고 있는데, 개발회사는 법적 한도에서 건

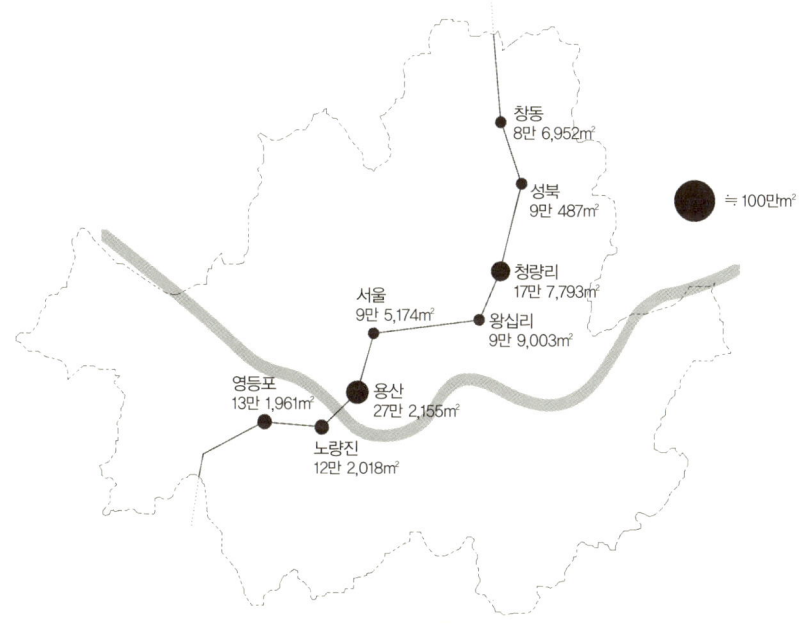

서울의 변종 민자역사 서울, 용산, 왕십리, 청량리, 성북, 창동, 노량진, 영등포 등 민자역사 내의 판매시설을 모두 합한 면적은 서울의 용산구 전체 근린생활시설의 절반에 육박하는 규모다. ⓒ김성홍건축도시연구실

물을 최대한 크게 짓되 역무시설은 최소로 만들고 나머지는 임대 분양할 수 있는 판매시설로 계획하게 된다.[35] 그 결과 서울에 세워진 대부분의 민자역사는 백화점, 할인점, 영화관 등으로 채워진 거대한 변종 상업건축이 되었고 철도역사의 비중은 10%밖에 되지 않는다.

1991년 준공된 영등포 민자역사는 13만 1,961m²로 서울 삼성동 코엑스몰(11만 9,008m²)보다 크다. 2004년 준공된 서울 민자역사의 연면적은 9만 5,174m²이고, 같은 해에 준공된 용산 민자역사는 27만 2,155m²로 서울역의 거의 2배. 2009년 문을 연 왕십리 민자역사는 9만 9,003m², 2010년 문을 연 청량리 민자역사는 17만 7,793m²이다. 이 밖에 공사가 진행 중인 창동 민자역사는 8만 6,952㎡, 사업추진 중인 성북 민자역사는 대지면적만 9만 487㎡에 이른다. 법정공방에 휘말린 노량진 민자역사는 12만 2,018㎡ 규모다. 이 밖에도 크고 작은 역세권 개발사업은 총 70여 건에 이르는 것으로 알려지고 있다.[36] 서울시 행정구역 안에 있는 서울, 용산, 왕십리, 청량리, 성북, 창동, 노량진, 영등포의 민자역사를 모두 합하면 1백만㎡를 훌쩍 넘는다. 이 중 판매시설이 50%뿐이라고 하더라도 50만㎡의 크고 작은 상점이 철도역사 안에 들어가 있는 꼴이다. 이 면적은 2007년 서울의 용산구나 도봉구 내에 있는 근린생활시설 총량(용산구 122만 7,279㎡, 도봉구 123만 5,672㎡)의 절반에 육박하는 규모다. 수십 년에 걸쳐 만들어온 상업시설의 규모를 불과 10여 년 만에 짓고 있는 것이다.

과연 서울은 이렇게 큰 상업시설을 소화할 상권을 갖고 있는 것일까? 개장한 지 몇 년이 지나도록 임대자를 찾지 못해 비어 있는 곳, 법정소송에 휘말려 좌초 위기에 빠진 곳, 공사가 중단된 곳, 투자자를 이미 모았는데 착공조차 하지 못한 곳이 도처에 생겨나고 있다. '단군 이래 최대 개발사업'이라는 용산 국제업무지구 개발사업은 2008년 금융위기 이후 좌초 위기까지 몰렸다가 최근 겨우 다시 불을 지폈다.[37] 땅값만 8조 원, 총사업비가 30조 원에 달하는 이 사업의 앞길은 험난하기만 한데 설사 성공하더라도 도시에 어두운 그림자를 드리우게 될 것이다. 한곳이 흥하면 다른 곳은 문을 닫을 수밖에 없는 상업의 '제로섬' 게임에서 벗어날 수 없기 때문이다.

1990년대 중반 프랑스의 릴에서도 이러한 철도역사 개발사업이 벌어져 세계 건축계의 주목을 끈 바 있다. 그런데 새로운 역사, 유라릴^{Euralille}

프랑스의 유라릴 철도역사 완성된 릴의 철도역사 아래에는 시민을 위한 넓은 공원이 있고, 구도심과 주거지역을 연결하는 다리가 그 위를 지나간다. 철도역사로 들어가는 에스컬레이터는 두 지역을 연결하는 보행 동선 역할을 한다.
ⓒ김성홍

의 가장 중요한 목표는 철도가 양분했던 구도심과 주거지역을 잇는 것이었다. 완성된 릴의 철도역사 아래에는 시민을 위한 넓은 공원이 있고, 구도심과 주거지역을 연결하는 다리가 그 위를 지나간다. 철도역사로 들어가는 에스컬레이터는 두 지역을 연결하는 보행 동선 역할을 한다. 주변에는 우리나라 민자역사처럼 할인점, 상점, 사무소, 호텔을 결합한 복합건물이 있지만 철도역사가 시각적, 공간적 중심을 이룬다. 여행객에게는 여정을 떠나는 시간의 역지대, 주민에게는 동서로 갈라졌던 두 지역을 연결하는 공간의 역지대인 것이다.

반면 서울의 민자역사는 '공공공간'이라는 무늬만 있을 뿐 도시를 등진 채 역지대를 내부로 삼켜버린 공룡건축이 되고 있다. 완공된 어떤 역사도 갈라졌던 두 지역을 잇는 새로운 공공공간이나 쾌적한 보행로를 이룬 경우를 찾아볼 수 없다. 철도가 갈라놓았던 도시를 연결하는 것보다도 주변의 상권을 흡인하는 것이 공공연한 목적이기 때문이다.

외국 군대가 치외법권 용산 개리슨을, 건설자본이 주거의 이방공간을 만들어내는 동안 공공기관은 또 다른 상업의 이방공간을 만드는 데 일조하고 있다.

chapter 17

이면도로의 힘

어느 때부터인가 한국 사회가 '길'을 말하기 시작했다. 제주도의 '올레길'이 뜨자 전국의 등산로도 하나둘씩 '둘레길'로 바뀌고, 시골의 논두렁 밭두렁과 마을길이 주목을 받고 있다. 서울의 명동거리와 인사동길, 압구정동 로데오거리와 청담동거리를 제치고 떠오른 신사동 가로수길, 서교동 홍대 앞, 삼청동길, 반포동 서래로는 길 이야기가 나오면 신문과 방송에 단골로 등장하는 곳들이다.

가로수길은 패션과 디자인, 홍대 앞은 언더그라운드의 성지, 삼청동길은 전통과 현대의 공존, 서래로는 프랑스마을로 차별성을 가지면서 사람들을 끌어들이고 있다. 반면 70여 년 동안 한국 최고의 쇼핑 거리로 군림하던 명동은 1970년대 이후 강남 개발과 함께 빛이 바래졌고, 외국관광객의 단골 명소였던 인사동은 상업자본에 밀려 골동품 거리의 정체성을 서서히 잃어가고 있다. 10여 년 전 한국 최고의 상권으로 불렸던 로데오

거리는 활기를 잃고 그 명성을 가로수길에 자리를 내주었다.

그중에서도 가로수길과 홍대 앞의 약진은 2차 변화를 이끌고 있는데, 임대료가 올라가면서 가로수길에는 3~4년 전부터 대기업 프랜차이즈와 직영점이 들어서고 있다. 물건을 직접 디자인하고 만들어 팔던 숍은 '세로수길'이라 불리는 임대료가 싼 뒷길로 자리를 옮기고 있다. 2011년 6월 현재 가로수길 땅값은 3.3m²당 1억 2천만 원, 세로수길조차 7천만 원을 호가한다. 심지어 가로수길이 인기를 끌자 집주인들은 식당, 커피숍처럼 주방에서 물을 쓰는 업종을 꺼리고 의류, 화장품과 같은 깔끔한 사업의 임대자를 찾는다고 부동산중개소는 귀띔했다. 홍대 앞 역시 대형 음식점과 프랜차이즈점이 작은 클럽과 카페를 길 건너 상수동과 합정동으로 밀어내고 있다.[38] 임대료의 차이가 '공간의 재서열화'로 나타나는 것이다.

강북의 종로와 태평로, 강남의 테헤란로와 강남대로에 상업과 문화를 결합한 이런 거리가 생기지 않는 것도 바로 냉엄한 임대료의 법칙 때문이다. 높은 임대료 때문에 브랜드가 없는 물건을 만들어 파는 실험적 작업실은 대로변에 입점할 여력이 없다. 인사동길이 급격히 정체성을 잃었던 것도 서울시가 인사동을 걷고 싶은 거리로 조성해 임대료가 덩달아 올라갔기 때문이다. 삼청동길이 뜬 것도 서울시가 북촌의 한옥을 보존하기 위해 많은 보조금을 지급하자 집값이 올라 주택보다는 상업공간으로서의 매력이 커졌기 때문이다.

그러나 '임대료의 공간 재서열화'는 가로수길이나 홍대 앞이 겪고 있는 2단계의 변화를 설명할 수는 있지만, 처음부터 이런 길들이 어떤 잠재성을 갖고 있었는지를 설명해주지는 않는다. 도시와 건축의 어떤 하드웨어가 독특한 소프트웨어를 가능하게 했을까? 강남의 가로수길과 서래로, 두 곳을 들여다보기로 하자.

'가로수길' 현상

첫째, 가로수길과 서래로의 가로 구조에서 원인을 찾을 수 있다. 두 길의 공통점은 폭이 약 15m로 왕복 2차선을 넘지 않으며, 사람들이 걷기에 적당한 직선 길이를 확보하고 있다는 점이다. 특히 가로수길은 길이가 680m로, 격자형으로 계획된 강남에서도 이렇게 곧고 긴 길은 흔치 않다.

　가로수길을 확대해 강남구 전체의 가로 구조를 보자. 북으로는 압구정로, 남으로는 양재대로, 동으로는 영동대로, 서로는 강남대로를 경계로 하는 격자형 구조 안에는, 정사각형에서부터 사다리꼴 모양에 이르기까지 30여 개의 블록이 있다. 이 책의 5장에서도 다루었지만 세계 도시의 어느 나라와 비교해도 강남구의 블록은 초대형 규모다. 예를 들어 강남역과 역삼역까지의 테헤란로를 경계로 하는 북쪽은 가로세로의 길이가 무려 850×750m에 이르는 초대형 블록이다. 그런데 자동차를 몰고 이곳을 관통할 수 있는 직선의 이면도로가 하나도 없다. 강남의 대표적 거리인 테헤란로에 인접하는 다른 블록도 마찬가지다. 이면도로는 다른 길과 T자형으로 만나거나 꺾이거나 막혀서 그저 뒷골목의 역할을 할 뿐이다. 30여 개의 블록 가운데 내부를 가로지르는 이면도로로 가장 긴 곳이 바로 가로수길이다. 서래로 역시 사평대로(왕복 8차선, 폭 40m)와 방배로가 에워싸고 있는 블록을 관통하는 530m의 직선도로다.

　또 가로수길과 서래로는 '좁고' '곧고' '긴' 중로中路이면서 배후에 이면도로를 낀 '위계적 구조'를 형성하고 있다. 이 책에서 말하는 이면도

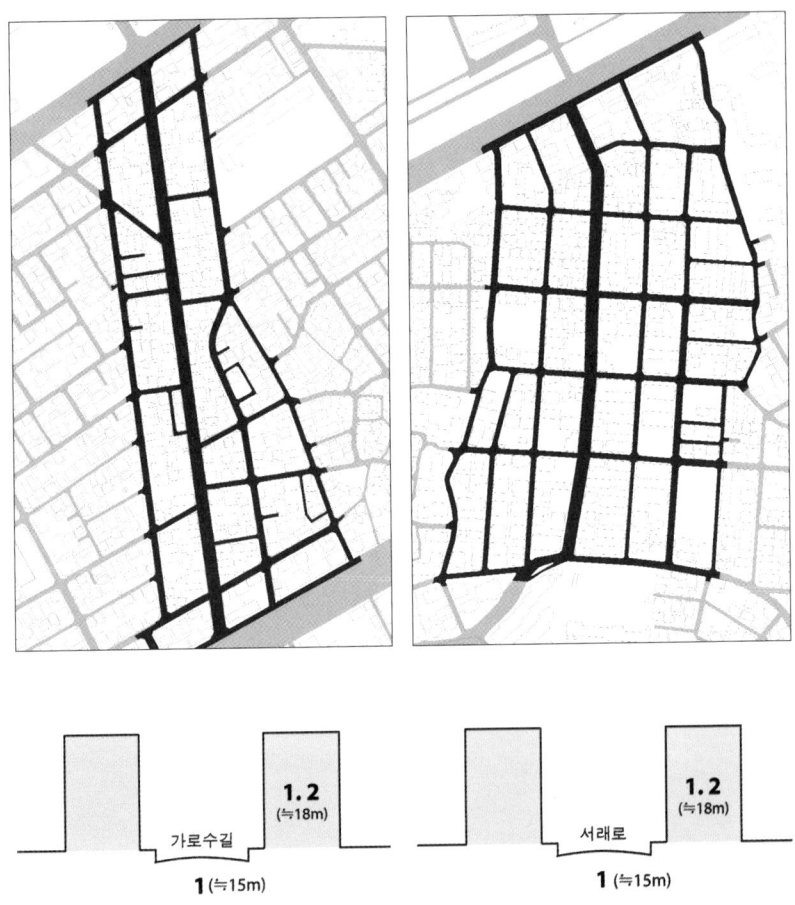

가로수길 강남구 중심의 34개 블록 가운데 내부를 가로지르는 이면도로로, 직선으로 가장 긴 길이 가로수길이다. 도로 폭과 건물 높이는 위요감을 느끼기에 가장 친숙한 비례(1:1.2)와 스케일(15m:18m)이다. ⓒ김성홍건축도시연구실

서래로 양쪽으로 두 켜의 이면도로가 평행으로 나 있고 서래로와 연결되는 몇 개의 길이 촘촘한 격자형 구조망을 형성한다. ⓒ김성홍건축도시연구실

로란 법에서 정의하는 광로, 대로, 중로로 에워싸인 블록에 있으면서, 일반도로의 최소 기준인 4m에 미치지 못하는 길이자 골목길보다는 넓은 6~12m의 폭을 지닌 소로小路를 말한다.[39] 가로수길의 행정상 명칭은 '압구정로남5길'인데 동서에 '세로수길'이라는 별명이 붙은 '압구정로남6길', '압구정로남4길'이 각각 평행으로 달린다. 서래로(서래로1길) 역시 양쪽으로 두 켜의 이면도로(사평대로20길·22길·26길, 동광로39길)가 평행으로 나 있고 서래로와 연결되는 몇 개의 길(서래로2길·3길·6길·7길)이 촘촘한 격자형 구조망을 형성한다. 바로 이러한 이면도로의 위계가 임대료에 따르는 공간의 재서열화를 가능하게 하는 것이다. 만약 '세로수길'이나 서래마을 뒷길과 같은 이면도로가 없었다면 대로변의 임대료가 상승한 지금, 가게들이 버티지 못하고 다른 먼 지역으로 옮겨갔을 것이다.

강북의 삼청동길, 북촌, 서촌과의 차이점이 바로 이것이다. 삼청로와 북촌로로 에워싸인 거대한 블록에는 '북촌로○길'이라고 이름이 붙은 좁고 구불구불한 길들이 세포를 이루고 있는데, 여기에는 앞서 말한 '곧고' '긴' 중로와 그 이면도로가 없고, 때문에 격자형 위계구조를 형성하지 않는다. 서촌 역시 자하문로와 효자로 안쪽에는 '자하문로○길'과 '효자로○길'이 불규칙하게 얽혀 있다. 강북의 이름난 길들과 가로수길, 서래로의 차이는 바로 이처럼 상업공간이 이면도로로 쉽게 천이遷移할 수 없는 도시조직의 불규칙성과 이질성에 있다.

둘째 원인은 가로수길과 서래로변 필지의 크기와 건축물의 층수가 중간 규모라는 점이다. 가로수길과 서래로에 인접한 필지는 강남의 대로변에 면한 필지 규모(300m² 이상)보다는 작지만 강북 대부분의 주택가(100m² 이하)보다는 큰 200~250m² 정도다.[40] 건축법에서는 건축물의 연면적에 비례해 주차대수를 의무화하고 있는데, 일정 수를 넘으면 옥외주차장만으로 법정대수를 충족할 수 없기 때문에 지하주차장이나 기계식 주차타워를 만들어야 한다. 그런데 운전자가 자동차를 직접 몰고 지하주차장으로 진입할 수 있는 자주식 주차장은 필지가 최소 1천5백m^2 이상은 되어야 한다. 현재 도시설계는 서울 강남의 테헤란로변 필지의 적정규모를 6백m^2, 모퉁이는 1천5백m^2 정도로 계획하고 있다.[41] 대로에서 들어간 가로수길과 서래로의 옆은 대부분 지하주차장을 설치하기에 어려운 규모의 필지다.

이런 중규모 필지 위에 들어선 건축물도 법적으로 승강기가 필요 없는 5층 이하가 가장 많다. 가로수길에는 2~5층이 가장 많고 그 다음이 6~8층이다. 서래로 역시 2~5층이 가장 많고 그 다음이 6~8층이다. 가로수길이 끝나는 압구정로나 도산대로에 이르면 9~15층 건물이 등장하는 것과 대조적이다. 도로 폭과 건물 높이를 보여주는 길의 단면도를 그려보면, 도로 폭과 건물 높이의 비율은 1:1.2(15m:18m)에 가깝다. 사람이 위요감을 느끼기에 가장 좋은 친숙한 비례와 스케일이다.

셋째는 가로수길과 서래로의 건축물 용도가 골고루 섞여 있기 때문이다. 건축법상 근린생활시설과 업무시설의 건축물이 길을 따라 서 있고, 길 뒤쪽에는 단독주택, 다가구주택, 다세대주택, 연립주택 등 저층주택이 채우고 있다. 주변에는 5층 이상의 아파트나 대형 판매시설이 거의 없다. 두 곳은 「국토계획법」에서 정하는 용도지역상 서울에서 가장 많은 면적을 차지하고 있는 '제2종 일반주거지역'이다. 상업지역과 전용주거지역의 중간지대로 적정 규모의 상업 용도를 허용하는 곳이다. 가로수길과 서래로의 차이가 있다면 전자는 상업건축이, 후자는 주택의 비율이 높다는 것이다. 하지만 중저층의 상업·업무·주거공간이 수평·수직적으로 적절히 혼합되어 있다는 공통점이 있다. 제인 제이콥스를 비롯한 많은 도시학자들이 줄기차게 주장해왔던 '혼합용도mixed-use'의 건축물들이 들어서 있는 것이다.

중간지대, 중간문화

이를 종합하면 '좁고' '곧고' '긴' 이면도로인 가로수길과 서래로에는 상업, 업무, 주거를 혼합한 중층, 중규모의 건축이 주류를 이루고 있다는 것이다. 나는 이를 우리 도시의 중간지대라고 말하고자 한다. 도시의 땅 중에서 가장 많은 면적을 차지하고 있는 제2종 일반주거지역이며, 용도도 가장 보편적이고, 건축물의 규모도 중간 규모이기 때문이다. 여기에다가 가로수길과 서래로를 차별화하고 있는 것은 상업과 문화가 혼합된 '대중문화'가 파고들었기 때문이다.

미술관, 극장, 공연장으로 대표되는 고급예술fine arts에 편입되지도 않고 노래방, PC방, 찜질방 등 한국 도시만이 갖는 온갖 변종의 '방'들이 뒤섞인 일상적 풍경과는 차별되는 자생적 대중문화지대를 이루고 있는 것이다. 달리 말하면 정부와 공공기관이 주도하는 고급예술, 거대자본이 주도하는 상업문화, 그리고 한국의 산업구조에서 많은 비중을 차지하는 낙후된 영세자영업의 중간지대를 파고드는 '소자본 문화 소프트웨어'가 시작되었다고 할 수 있다.

가로수길은 해외에서 디자인을 공부하고 돌아온 젊은이들이 작업실을 차리면서 특화되기 시작했다. 작품을 만들고, 전시하고, 판매하는, 말 그래도 '숍shop'이 하나둘씩 자리 잡았다. 종류도 의류, 가구, 소품 등 일상과 밀접하고 다양한 것들이었다. 사진작가와 그래픽 디자이너들도 자연스럽게 모여들면서 디자인의 거리로 알려지기 시작했다. 여기에 카페와 식당도 많이 몰려들었다.[42] 대자본의 개입이 시작되기 전 가로수길의 풍경이었다.

서래마을은 1970년대 후반 대규모 주택지로 개발되었는데 1985년 한남동에 있던 프랑스학교가 서래로 이주해오면서 프랑스마을로 알려지게 되었다. 그러나 서래마을(반포4동, 방배본동, 방배4동)에 거주하는 외국인 중 프랑스인이 가장 많은 것은 아니다. 알스톰, 까르푸와 같은 프랑스 회사가 2000년대 중반에 철수하면서 프랑스인은 줄어들었다. 프랑스마을 거주자 총 67,971명 중 외국인 인구는 0.9%에 불과하며, 인구수에서도 미국인, 한국계 중국인이 가장 많고 프랑스인이 그 뒤를 잇고 있다. 그 외에도 타이완, 중국, 일본, 캐나다, 벨기에, 오스트레일리아, 필리핀, 브라질, 러시아가 2명 이상 거주하는 국가로 나타나 서울시는 이곳을 글로벌존의 하나로 계획하고 있다.[43]

가로수길의 특화를 주도한 것이 디자이너들이라면, 서래로에 이국적 문화의 씨앗을 뿌린 것은 프랑스학교다. 프랑스인의 절대적 숫자는 많지 않지만 서울에 살고 있는 전체 프랑스인의 10.4%가 서래마을에 살고 있을 정도로 이들이 서래마을에 미친 영향은 크다. 이곳이 프랑스마을로 알려지면서 하나둘씩 들어선 것은 식당과 카페인데, 서래로 주변 상업공간의 60~70%를 차지하고 있다. 그런데 이런 상업화에도 불구하고 주민들의 거주 만족도가 높게 나타나고 있다. 상업공간과 더불어 중소규모 사무실이 주택가와 상업시설 사이에서 완충역할을 하면서 마을의 독특한 분위기를 만들고, 이를 선호하는 사람들이 살고 있기 때문이다.

결국 걷고 싶은 거리는 정부의 정책에 따라 조성되는 게 아니라, 도시의 골격 위에 시장경제의 틈새를 파고든 자생적 대중문화가 만들어낸다. 인디밴드 활동공간인 록카페, 술집, 300여 개의 출판사가 자리 잡고 있는 홍대 앞 역시 소규모 자본이 상업과 문화의 중간지대를 파고들었다.

길이 세간의 관심을 끌고 있는 것은 반가운 일이다. 자동차가 잘 빠지는 길을 최고라고 생각해왔던 산업화 시대의 통념에서 벗어나 우리 사회가 길을 만남과 소통의 장소로 자각하게 된 것은 고무적이다. 하지만 가로수길, 홍대 앞, 서래마을과 같은 곳에 관심이 집중되고 있는 것은 역설적으로 서울이라는 거대도시 속에 매력 있는 길이 그만큼 빈약하다는 반증이기도 하다. 특정 장소에 대중문화가 쏠리는 현상이 심화되고 있는 것이다.

소비자본에 따른 문화의 변화

18세기부터 20세기 중반까지 '문화culture'의 어원과 변화를 추적한 레이몬드 윌리엄스Raymond Williams(1921~1988)는 영어권에서 문화의 의미를 세 가지로 요약한 바 있다. 첫째는 지적·정신적·미학적 발전 과정을 뜻하는 문화이고 둘째는 개인 혹은 집단의 특정한 삶의 방식을 뜻하는 문화이며 셋째는 지적 행위 혹은 예술행위의 실천과 작품을 뜻하는 문화다.[44] 첫째는 역사학과 철학, 둘째는 인류학과 사회학, 셋째는 예술과 미학의 영역과 밀접한 관계가 있다.

그런데 현대 문화이론가들은 예술행위를 뜻하든 특정한 삶의 방식을 뜻하든, 문화가 '상품화commodification'되고 있다는 주장에 동의한다. 소비자체가 문화가 되고, 문화가 소비에 함몰되는 이른바 '소비문화the culture of consumption'의 시대에 살고 있다는 것이다. 소비문화를 주도하는 가장 큰 힘은 매스미디어, 광고, 홍보, 그리고 '문화자본cultural capital'이다.[45] 소비문화에 익숙한 중산층은 소비를 미화하려는 '일상의 미학화aestheticization of everyday life'에 사로잡히게 되는데, 그 결과 고급예술과 대중문화의 경계와 구분이 모호해진다.[46] 과거처럼 문화적 취향만으로 계층을 도식적으로 구분하는 것이 쉽지 않다는 것이다. 고소득층이라고 반드시 클래식을 즐기는 것도 아니고, 저소득층이라고 트로트만 듣는 것은 아니다. 요즈음 지명도가 있는 전시회가 열리는 박물관과 미술관은 자녀교육을 목적으로 찾아온 가족들로 북새통을 이룬다. 소득계층, 교육수준, 나이, 세대, 성, 지역 등의 변수가 복잡한 문화지형도를 만들고 있는 것이다.

요즘 정부도 문화적 불균형과 양극화가 가져오는 부정적 결과를 잘 알고 있기 때문에 문화에 많은 투자를 하고 있다. 지방자치단체는 앞다투어 공연장과 전시장을 짓고 있는데, 치밀한 운영계획도 없이 건물만 크게 지어 논란이 되기도 한다. 실제 문화시설의 숫자만으로 보면 의외로 서울과 지방의 격차는 심하지 않다. 예를 들어 2008년 현재, 지자체별 평균 문예회관 수에서 전북이 가장 높고, 대구, 경남, 경북이 뒤를 잇고 있다.[47]

미국의 공연·문화시설에 대한 한 연구도 흥미로운데 발레, 오페라, 미술관 등 고급예술시설의 수에서는 보스턴, 워싱턴 D.C., 필라델피아, 샌프란시스코 등 동부와 서부 해안의 대도시가 상위에서 빠져 있는 반면, 미시시피 주의 잭슨, 텍사스 주의 오스틴, 애리조나 주의 턱손과 같은 지방도시가 최상위에 속했다. 정부나 공공기관이 지원하는 고급예술시설은 전국적으로 평준화되어 있는 반면, 민간이 이끄는 대중문화시설은 대도시에 편중되는 경향을 보인다. 문화산업 경쟁이 치열해지면서 자유시장의 논리에 따라 경쟁력이 있는 지역, 도시, 장소로 자본이 집중되기 때문이다.[48] 이 때문에 정부는 공공건물을 직접 짓는 것뿐만 아니라, 문화자본이 골고루 민간건축에 분산되도록 간접적 정책을 병행해야 하는 것이다.

앞서 이야기한 것처럼 가로수길, 홍대 앞, 서래로가 부상했던 것은 차별화된 중간지대의 대중문화가 싹텄기 때문이다. 반면 가로수길에서 작업실이 세로수길로 물러나거나, 홍대 앞의 클럽과 카페가 길 건너 동네로 이동하는 것은, 소자본에서 대자본으로 자본의 속성이 바뀌면서 차별성이 희석되고 보편적 소비문화로 편입되기 때문이다.

미국 온라인 매거진의 한 여기자가 서울에서 가볼 만한 곳을 묻기에 가로수길을 권했다. 그런데 이곳을 다녀온 그는 굳이 한국에 와서까지 외국 어느 도시에 가도 있는 프랜차이즈 커피점에 앉아 있을 이유를 찾지 못하겠다고 했다. 심지어 유럽에서 온 한 건축가는 가로수길에서 아무런 차별성을 느끼지 못했다고 전했다. 소비문화를 주도하는 자본이 소자본에서 대자본으로 바뀌면서 가로수길, 홍대 앞, 서래로를 서서히 '고급화, 중성화'하고 있는 것이다.

이면도로, 길모퉁이에서 꿈틀대는 문화

2010년 초 《뉴욕타임스 The New York Times》는 가볼 만한 전 세계 31개 최고의 도시 중 3위에 서울을 올려놓으면서 "도쿄는 잊어버려라. 디자인광狂들이 이제는 서울을 향하고 있다"라고 덧붙였다.[49] 반면 세계적인 한 여행 안내책자는 피해야 할 '세계 최악의 9개 도시' 중 서울을 3위로 꼽으면서 "반복적으로 뻗어나가는 끔찍한 모습의 고속도로와 지독한 대기오염 속에 구소련을 연상시키는 마음도 혼도 없는 콘크리트 아파트의 도시"라고 폄하했다.[50] 어떻게 같은 도시에 대해 이렇게 상반된 평가를 내릴 수 있을까?

바로 서울이 지닌 양면성 때문이다. 우리 도시에는 번듯한 고층건물이 도열한 광로와 주거와 상업이 뒤섞인 좁은 이면도로가 한 켜를 사이에 두고 공존한다. 그 안에는 거대한 아파트 단지가 도사리고 있다. 근대적 도시계획을 맛본 서양인들에게 이런 풍경은 혼돈스럽지만 한편으로는 역동적으로 느껴진다. 《뉴욕타임스》는 서울을 소개하면서 매끈하게 단장한 대로상의 고층건물이나 가로시설물보다 이면도로의 너저분한 숯불갈비집에 주목했다. 일사불란한 도시계획과 깨끗한 거리로 이름난 싱가포르가 예술의 둥지로 각광받지 못하는 이유다.[51]

강남의 뒷길에 자리 잡은 '플래툰 쿤스트할레Platoon Kunsthalle(아트홀, 2009)'는 독일 베를린에서 시작한 서브컬처의 거점공간이다. 아스팔트로 포장한 주차장에 국방색 선박 컨테이너를 쌓아 만든 이 건물은 외관부터 도발적이다. 순수예술이 포용하기 어려운 하부문화를 자극하고 소통시키는 일종의 '문화게릴라'를 표방하고 있다. 2000년, 이를 베를린에 처음 세운 톰 부셰만과 크리스토퍼 프랑크가 도쿄나 홍콩을 제치고 아시아의 거점으로 서울을 선택한 것은 바로 서울의 양면성과 역동성 때문이다. 안정된 일본과 문화적 담금질이 필요한 중국의 중간지대로 한국의 서울을 꼽았다는 것이다.

서울의 양면성은 플래툰 쿤스트할레가 자리한 도시조직에서 잘 드러난다. 고층건물이 도열한 도산대로와 언주로에서 한 켜만 들어가면 중층

플래툰 쿤스트할레 서울 강남의 이면도로 주차장에 들어선 '플래툰 쿤스트할레'는 독일 베를린에서 시작한 서브컬처의 거점공간이다. 서울이 도쿄나 홍콩을 제치고 아시아의 거점으로 선택된 것은 바로 서울의 양면성과 역동성 때문이다. ⓒ김성홍

의 상업건축과 단층 주택가가 아직 남아 있다. 도시공간의 효율성으로 보면 불합리하지만 서울의 다채로운 일상은 여기서 펼쳐진다. 점심시간이면 대로변 고층건물에서 일하는 사람들이 대로변에는 없는 밥집과 커피점을 찾아 뒷골목으로 들어온다.

플래툰 쿤스트할레가 비록 문화게릴라를 내세웠지만 땅값이 비싼 강남을 선택한 것은 우리 도시의 '하부문화'를 자극하기보다는 아시아의 거점을 만드는 전략적 포석이라는 국내 예술계의 비판도 있다. 실제 그들이 선택한 국방색 컨테이너 디자인은 베를린에서 처음 만든 다음 규범화되어 변형시키고 있는 변종의 하나다.

대조적인 사례가 이태원 이면도로에 자리 잡고 있는 '꿀풀'이다. 꿀풀은 미술인들이 발의해 만든 공동운영단체 '풀'(디렉터 김희진)과 신생 복

이태원의 이면도로에 있는 **대안공간 꿀풀** 작지만 진부함을 흔드는 길모퉁이 건축이 생겨나면 이면도로는 문화가 꿈틀거리는 도시의 마당이 된다. ⓒ대안공간 꿀풀

합문화 공간 '꿀'(대표 최정화)을 결합한 대안공간이자 실험공간이다.[52] 꿀풀은 예쁘고 근사한 미술관처럼 생기지도 않았고, 플래툰 쿤스트할레처럼 도발적 디자인을 드러내지도 않는다. 우리 도시의 이면도로에 흔히 볼 수 있는 2층 주택을 개조해 바, 카페, 예술가를 위한 레지던스와 실험공간으로 쓰고 있다. 중국집으로 쓰던 곳이 카페가 되고, 빨래를 널던 옥상이 전시공간으로 쓰여 그 흔적을 그대로 남기고 있다. 미술과 일상, 창작과 생활의 경계를 허물고 도시 속에서 새로운 형태의 문화생산을 시도하는 '문화게릴라'란 수식어를 붙일 만하다. 마주보고 있는 외제차 수입상, 그 뒤로 고급상업화의 수순을 밟고 있는 이태원로의 풍경은 한 켜를

두고 벌어지는 우리 도시의 양면성을 극적으로 보여준다. '국산' 꿀풀과 '수입산' 플래툰 쿤스트할레가 개발 압력과 고급상업화의 과정에서 어떤 모습으로 변모할지는 예측하기 힘들다. 하지만 이 2개의 대조적 문화공간이 자리 잡은 지점은 우리 도시의 급격한 충돌지대이자 전이지대임은 틀림없다.

서울을 최고의 도시로 보는 이유는 이처럼 과거와 현재의 충돌, 크고 작음의 충돌, 고급예술과 일상의 충돌이 만들어내는 혼돈과 어설픔이 신선하게 보이기 때문이다. 특히 현대건축가들은 국제적으로 통용되는 보편적 양식보다는 지역적 조건에서 새로운 아이디어를 찾는 상황적 건축설계 방법론으로 눈을 돌리고 있다.

최고든, 최악이든 외국인이 우리 도시를 평가하는 데 지나친 의미를 둘 필요는 물론 없다. 외국 관광객을 위해 도시를 계획하고 집을 짓는 것은 아니기 때문이다. 그렇지만 다양한 삶을 포용하는 곳에는 자연스레 사람들이 몰려들고 새로운 문화가 생산된다는 사실은 우리 자신을 위해 중요하다. 고층건물이 즐비한 상업지역도, 정돈된 신도시도 아닌 이질적인 것들이 충돌하는 이면도로에, 기존 질서에 진동을 주는 건축이 심어질 경우 새로운 문화가 움튼다. 서울을 최고의 도시로 보는 사람은 이 도시에서 작지만 혁신적인 건축을 찾아낸 것이며, 최악의 도시로 보는 사람에게는 거대하지만 진부한 건축이 앞을 가린 것이다.

거대블록 속의 이면도로는 자동차의 접근성이 최우선이었던 시대에는 장애의 지역이었다. 이제 이런 단점을 온라인 유비쿼터스 기술이 극복해주고 있다. 작지만 진부함을 흔드는 길모퉁이 건축이 생겨나면 이면도로는 문화가 꿈틀거리는 도시의 마당이 될 수 있다.

Epilogue
저무는 건설한국의 신화

일본의 '잃어버린 10년'

15세기 유럽에서 르네상스가 세계를 지배할 기술의 씨앗을 뿌리고 있었을 때, 중국은 이미 세계 최고의 선진 기술문명국이었다. (……) 근대에 들어와 중국이 기술적으로 지체된 핵심요인은 국가 때문이다. (……) 그 이후 중국이 역사적 궤도로부터의 그와 같은 파국적인 일탈에서 회복하는 데는 1세기 이상이 걸렸다.

이 글은 정보화시대의 자본주의 사회와 경제를 진단한 최고의 학자로 평가받고 있는 마누엘 카스텔의 명저 『네트워크 사회의 도래』의 머리말 내용이다. 15세기까지 유럽을 누르고 전 세계 최고의 기술선진국이었던 중국이 왜 쇠퇴했는지를 분석하고 있다. 같은 책에서 일본을 평가한 것과 대조해보자.

일본이 어떻게 20세기 마지막 4반세기 동안 국가의 전략적 지도하에 정보기술산업의 세계적 주요선수가 되었는지는 이제 공공연히 알 수 있다. (······) 산업과 과학의 초강대국이었던 소련이 이런 근본적인 기술적 변화에 실패하고 있었던 바로 그 기간에 일본에서의 변화가 이루어졌다는 점이다.[1]

세계 최강의 제국이었던 중국이 서양에 무릎을 꿇었던 반면, 작은 섬나라인 일본이 국제사회의 선두주자로 떠오른 것이다. 카스텔은 그 원인을 국가전략의 성패 여부로 보고 있다. 그런데 카스텔이 이 책을 출간한 지 13년 뒤인 2009년 8월 《뉴스위크Newsweek》에는 중국과 일본의 재역전을 다룬 기사가 실렸다.

일본이 이미 아시아의 정치, 경제의 패배자로, 중국에 뒤처진 2인자로서 새로운 정부를 받아들일 준비를 하고 있다. (······) 중국은 2010년 이후 경제규모에서 일본을 추월할 것으로 보고 있는데, 어쩌면 역전은 그보다 빨리 올 수도 있다.[2]

중국의 부상과 일본의 침체를 다룬 세계 언론보도는 새삼스럽지 않다. 일본이 한국의 추격에 위기감을 넘어 기가 죽었다는 국내 언론보도도 나온다. 하지만 일본이 왜 이처럼 10년 이상을 잃어버린 나라가 되었는지, 그 핵심 원인은 어디에 있었는지를 분명히 지적하는 국내 언론은 많지 않다. 《뉴스위크》에 실린 다카시 요코다의 글을 보자.

1970년대 강철 같은 다나카 수상은 거대한 고속도로, 도시와 농촌을 잇는 고속철을 건설하면서 국가의 인프라를 개조했는데 이 모든 것이 일본의 산업발전을 가속화했고 건설산업과 같은 정권의 우군들에게 막대한 정보보조금을 분배했다. (……) 그러나 1990년대 초 거대한 부동산 거품이 붕괴하면서 일본의 잃어버린 10년이 시작되었고 좋은 시대는 막을 내렸다. (……) 자민당은 미래의 신산업을 발굴함으로써 저속 성장에 직접 대응하기보다는 우군인 건설산업과 지역에 돈을 계속 지원했다. 그 결과 일본 정부는 쓸모없는 곳에 엄청나게 비싼 도로와 다리를 계속해서 건설했다. 1990년대 평균 국민총생산은 2% 아래로 떨어졌다. 불만스런 유권자들은 자민당의 어두운 곳 – 이익집단과의 밀착과 고착적인 부패 – 을 주목하기 시작했다.[3]

이 글은 일본의 '잃어버린 10년'의 주요원인이 자민당의 국가전략 실패에 있었다고 보고 있다. 특히 산업화시대의 주요 성장 동력이었던 건설산업의 시대가 저물고 있었는데도 50년 이상 집권한 자민당이 오랜 정치적 우군인 건설산업계에서도 벗어나지 못했다는 사실을 주목한다.

일본처럼 한국에게도 지난 50년간 경제성장의 한 축이었던 건설산업은 더 이상 핵심 성장 동력이 아니다. 참여정부가 2030년 강국을 목표로 설정한 차세대 성장 동력 10대 산업분야는 신기술산업, 소재·부품산업, 디지털 콘텐츠 등으로 산업의 축을 전통 제조업에서 차세대 기술로 옮기는 것이었다.[4] 현 정부도 2050년까지 세계 5대 녹색강국을 실현하겠다는 목표 아래 저탄소 녹색성장 산업을 내세우고 있다.[5] 그런데 이런 화려한 정책기조에도 불구하고, 현실은 여전히 토목형 건설산업을 중시하는 데서 벗어나지 못하고 있다.

여전한 건설주도형 국가, 한국

구체적인 통계 수치를 갖고 이야기를 시작해보자.[6] 한 나라의 국민총생산GDP을 산출하는 방법은 세 가지가 있다. 부가가치를 합해서 계산하는 생산접근법, 생산요소의 소득을 합해 계산하는 소득접근법, 경제주체들의 지출을 합해 계산하는 지출접근법인데 결과는 모두 같은 수치가 된다. 이 중에서 건설산업이 국민총생산에서 차지하는 비중을 나타내는 수치는 보통 지출접근법을 써서 산출한다.[7] 한 해 동안에 가계, 기업, 정부 등 소비주체가 건물과 토목구축물을 사는 데 쓴 돈을 모두 합한 것이다.

지출접근법으로 환산해보면 2007년 한국의 건설투자 비율은 17.9%로 OECD 가입국인 독일, 미국, 프랑스, 영국, 이탈리아, 네덜란드, 일본의 평균치보다 7% 이상 높다. 개발도상국에 속하는 멕시코보다도 4% 이상 높다. 유럽에서는 유일하게 스페인만이 예외적으로 높은 건설투자 비율을 보인다. 우리보다 경제적으로 앞선 선진국의 건설투자 비율이 10% 내외라는 사실은 무엇을 의미하는가?

회계학적으로 설명하면 한 나라의 소비주체가 건물과 토목처럼 오랫동안 사용할 수 있는 고정자산을 취득하는 데 쓴 돈(총고정투자)이 다른 재화나 서비스를 얻기 위해 소비한 돈보다 많다는 뜻이다. 쉽게 말하면 민간은 땅, 아파트, 주택, 상가에, 정부는 도로, 하천, 항만, 댐과 같은 토목구축물과 학교, 관공서 같은 공공건물에 많은 돈을 지출했고, 결과적으로 이를 생산하기 위해 많은 돈을 쓰기도 한 건설주도형 국가라는 것이다.

멕시코와 스페인도 이와 비슷한데 개발도상국으로 분류되는 멕시코는

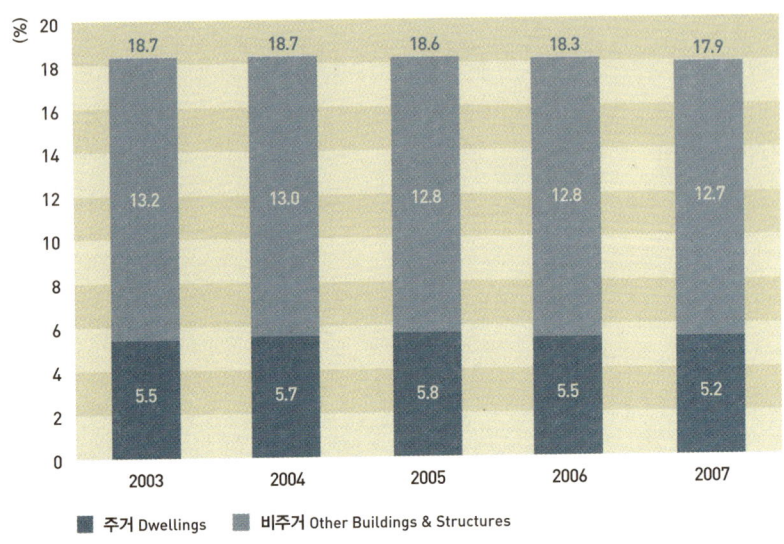

한국 건설투자 비율, 2003~2007년 한국의 건설투자 비율은 매년 줄어들고 있지만 2007년 여전히 18%에 육박한다.
ⓒ김성홍건축도시연구실(기초자료: OECD)

짐작이 가지만 서유럽의 선진국 가운데 유독 스페인만 건설투자 비율이 높다는 사실은 경제학자가 아닌 나로서는 이해가 되지 않았다. 그런데 2008년 이후 그 원인이 드러나고 있다. 스페인은 다른 서유럽 국가보다 상대적으로 값싼 땅과 지중해성 기후 같은 투자 매력 때문에 유럽 부동산업계 큰손들이 앞다투어 개발에 뛰어들면서 지난 10여 년간 건설 붐이 일었다. 그러나 2008년의 글로벌 금융위기는 스페인에 직격탄을 날렸다. 지중해를 따라 건설된 많은 아파트와 콘도가 주인을 찾지 못하고 비어 있다.[8] 미분양 아파트가 전국에 널려 있고 이것이 은행의 부실로 이어지는 등 한국과 비슷한 상황이다.[9]

2007년 한국의 건설투자 비율이 18%에 육박하고 있지만 그래도 과거에 비해 낮은 수치다. OECD가 통계를 제공한 2003년 한국의 건설투자

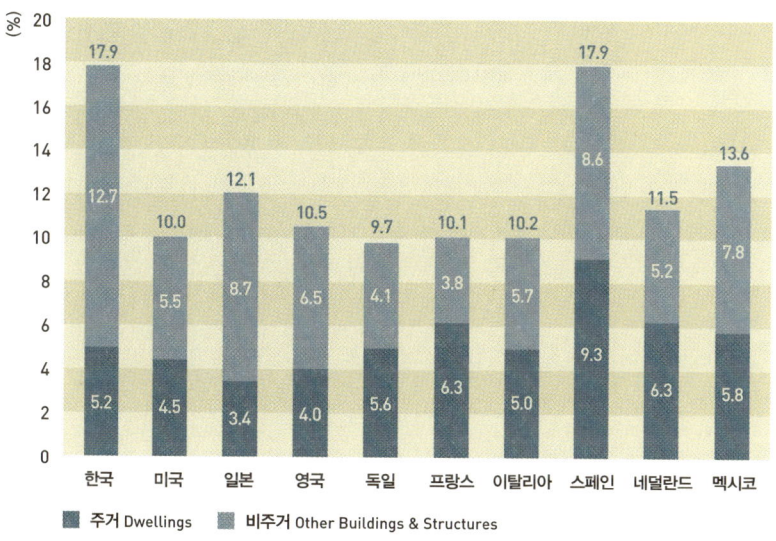

OECD 국가 건설투자 비율, 2007년 2007년 한국은 OECD 선진국보다 건설투자 비율이 7% 이상 높다. 예외는 국가부도까지 거론되는 스페인이다.[10] ©김성홍건축도시연구실 (기초자료: OECD)

비율은 18.7%였고, 그 이후 지속적으로 하락하고 있다. 그런데 여기서 주목할 점은 한국의 건설투자 비율이 높은 것은 주거보다는 비주거(주거를 제외한 기타 건축물과 토목구축물)의 비율이 높기 때문이라는 사실이다.[11] 2007년 한국의 비주거 부문의 건설투자 비율은 12.7%로 주거 부문의 두 배 이상이다. 이는 미국(5.5%), 영국(6.5%), 독일(4.1%), 프랑스(3.8%), 이탈리아(5.7%), 네덜란드(5.2%)보다 5% 이상 높은 수치다. 건설투자의 과잉으로 10년간의 침체를 겪은 일본(8.7%)과 부동산 버블로 금융위기의 직격탄을 맞은 스페인(8.6%)보다도 4% 이상 높다.

이러한 사실은 건설교통부에서 발표하는 허가면적과 비교해도 확인할 수 있다. 2003~2007년 기간 중 경기에 영향을 받지 않고 허가면적이 꾸준히 증가했던 것은 교육·사회시설 및 기타시설이었다. OECD 통계에서도 비주거 건축물 중 교육·사회시설과 같은 공공건축물에 대한 한국 정부의 투자가 지속되었다는 사실이 확인된다. 민간건축물이 상승과 하강을 반복했던 지난 몇 년간 정부가 주도하는 공공건축물과 토목구축물이 시장을 지탱해온 것이다.

2003년에서 2007년까지의 건설투자 감소 추세가 일시적 침체인지 장기적인 변화 과정인지는 좀 더 지켜봐야겠지만 분명한 것은 경제규모가 한국과 비슷하거나 높은 OECD 가입국 중에서 국가부도까지 거론되는 스페인을 제외하면 건설투자 비율이 12%를 넘는 곳이 없다는 사실이다. OECD 선진국은 한국에 비해 부동산보다는 다른 재화나 서비스를 사는 데 더 많은 돈을 쓰고 있다는 이야기다.

이번에는 각 산업 종사자 비율을 보여주는 OECD 통계를 보자. 2007년 우리나라의 건설 활동인구는 전체의 7.9%이다. 서유럽 국가와 비교하면 특별히 높은 것은 아니다. 스페인(13.4%)과 일본(8.4%)은 우리보다 높았고 북부 유럽의 국가들은 대체로 낮았다. 이를 다른 산업과 비교해보자. 2007년 한국의 기타 서비스업에 종사하는 경제활동 인구는 전체의 22.4%로 OECD 8개 선진국의 평균보다 10% 이상 낮았고, 특히 개발도상국인 멕시코보다도 낮았다. 반면 도소매, 음식숙박, 운수업 등 자영업자의 비율은 8개국의 평균보다 10% 이상 높았다. 영세자영업자의 비율은 기형적으로 높고, 지식서비스산업에 종사하는 사람은 매우 낮은 것이다. 활동인구뿐만 아니라 산업의 규모도 비슷한 상황이다. 국내의 연구보고서에 따르면 한국의 국민총생산 대비 지식서비스산업의 비율은 25%로 OECD 선진국 평균 42%의 절반수준인 것으로 나타난다.[12]

요약하면 한국은 OECD 선진국보다 건설투자 비율은 7% 이상 높고,

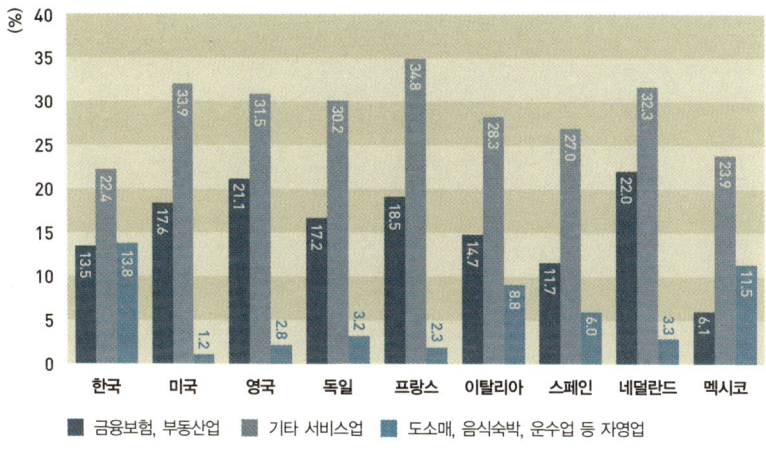

OECD 국가 경제활동 인구 비교 한국의 자영업자 비율은 기형적으로 높고, 지식서비스산업 종사자의 비율은 낮다.[13] ⓒ김성홍건축도시연구실(기초자료: OECD)

지식서비스산업의 비율은 선진국의 절반 수준인 나라라는 것이다. 그렇다면 건축설계는 지식서비스업인가 건설산업인가? 건설산업이 커지면 건축설계의 경쟁력도 높아지는가? 우리나라 건축설계의 국제 경쟁력은 어느 정도 수준인가? 지루하고 딱딱한 이야기이지만 건축을 법에서 어떻게 다루고 있는지 먼저 살펴보기로 하자.

법과 제도, 산업으로서의 건축[14]

건축설계와 가장 밀접한 법은 「건축법」이다. 이 법은 건축에서 가장 기본이 되는 두 개념, '건축물'과 '건축'을 다음과 같이 정의한다.

첫째, '건축물'이란 토지에 정착하는 공작물 중 지붕과 기둥 또는 벽이 있는 것과 이에 딸린 시설물, 지하나 고가의 공작물에 설치하는 사무소, 공연장, 점포, 차고, 창고, 그 밖에 대통령령으로 정하는 것을 말한다. 둘째, '건축'이란 건축물을 신축, 증축, 개축, 재축하거나 건축물을 이전하는 것을 말한다.[15]

'건축물'은 물리적 대상으로, '건축'은 그 대상을 짓거나 고치는 행위라고 정의하는 것이다. 그런데 이 내용은 건축을 예술이라고 생각했던 사람들에게는 궁색하기 그지없이 느껴진다. 예술품을 만드는 고도의 지적 작업은 고사하고, 시청이나 구청에서 인허가를 받기 위해 '공작물'이나 '시설물'을 부수고 짓는 행위가 건축이라니 실망스러울 것이다. 하지만 이것이 1962년 제정된 이후로 60여 차례 개정을 거듭한 법에서 말하는 건축의 위상이다.

건축의 행위를 좀 더 구체적으로 다루고 있는 「건축사법」은 '설계'를 다음과 같이 정의하고 있다.

> 설계라 함은 자기 책임하에 건축물의 건축·대수선, 건축설비의 설치 또는 공작물의 축조를 위한 도면, 구조 계산서 및 공사시방서, 기타 국토해양부령이 정하는 공사에 필요한 서류(설계도서)를 작성하고 그 설계도서에서 의도한 바를 해설하며 지도·자문하는 행위를 말한다.[16]

이렇듯 「건축사법」은 건축사의 업무로서 설계가 무엇인지를 설명하고 있지만 설계와 건설산업이 어떤 관계가 있는지에 대해서는 어디에서도 정의하지 않는다.

건축문화를 진흥함으로써 국민의 삶의 질을 높이는 것을 목적으로 2007년에 제정한 「건축기본법」에서는 '건축물'과 '건축'을 이렇게 정의한다.

> 첫째, '건축물'이란 토지에 정착하는 공작물 중 지붕과 기둥 또는 벽이 있는 것과 이에 부수되는 시설물을 말한다. 둘째, '건축'이란 건축물과 공간환경을 기획, 설계, 시공 및 유지 관리하는 것을 말한다. 셋째, '건축디자인'이란 품격과 품질이 우수한 건축물과 공간환경의 조성으로 건축의 공공성을 실현하기 위해 건축물과 공간환경을 기획, 설계하고 개선하는 행위를 말한다.[17]

「건축기본법」은 '건축'의 영역을 신축, 증축, 개축, 재축과 같은 시공의 범위에서 기획, 설계, 시공, 유지 관리로 확장했고, 건축물과 공간을 설계하는 디자인의 개념을 새롭게 선언함으로써 건축을 한 단계 끌어올렸다. 하지만 '기획'과 '설계'를 통합한 의미로서 '디자인'은 타 분야에서는 다른 뜻으로 쓰이고 있기 때문에 관련법과 연결고리가 모호하다는 문제점을 안고 있다. 또한 도시계획, 토목, 전기업계는 「건축기본법」에 건축의 영역을 확장하려는 저의가 있다고 반발하고 있다.

건축을 둘러싼 법률상의 모호함과 업역 간의 갈등은 우리 사회가 지난 50년간 개발을 통해 누린 성장신화가 깨지면서 나타난 현상이다. 건설산업의 파이가 컸던 시대에는 건축, 도시, 토목 할 것 없이 성장신화의 풍성한 열매를 따먹느라 곁눈질할 필요가 없었다. 건설산업의 파이가 줄어든 지금, 각 업역은 부가가치가 높은 지식서비스산업으로 전환하기보다는 전통적 건설산업의 틀에서 제 몫을 지키고자 장벽을 치고 있는 것이다.

앞에서 살펴본 것처럼 「건축법」, 「건축사법」, 「건축기본법」에서는 불완전하지만 '건축설계'의 범위와 내용을 나름대로 정의하고 있고, 이는 건축업역의 울타리 안에서는 통용되었다. 하지만 관련법으로 가면 '건축설계'라는 말은 찾아볼 수가 없고, '설계'라는 용어는 등장하지만 그 의미는 아주 모호하다.

건설산업의 발전을 목적으로 만든 「건설산업기본법(건산법)」에는 '설계'라는 용어를 다음과 같이 정의한다.

> 건설용역업이라 함은 건설공사에 관한 조사, 설계, 감리, 사업관리, 유지관리 등 건설공사와 관련된 용역(건설용역)을 수행하는 업을 말한다.[18]

하지만 여기에서 말하는 '설계'는 건설공사에 필요한 용역의 일부로, 「건축기본법」이 말하는 "공간환경을 기획, 계획, 설계하는" 의미의 건축설계라고 볼 수 없다. 즉 법률상으로 건설산업에 건축설계는 빠져 있다.

건설기술의 연구, 개발을 촉진하기 위해 만든 「건설기술관리법(건기법)」에서도 마찬가지다. '건설기술'을 "건설공사에 관한 계획, 조사(측량), 설계, 설계감리, 시공, 안전점검 및 안전성 검토" 등으로 정의하고 있는데 정작 「건축사법」에서 정한 '건축설계'는 제외하고 있다.[19]

건축을 고급예술 행위라고 느끼고 있는 사람들은 '건축설계'가 '건설산업'과 '건설기술'에 포함되지 않는다는 것을 다행스럽게 느낄지 모르겠다. 문제는 이 때문에 높은 지식을 활용해 고부가가치를 창출하는 '지식기반사업'에 '건축설계'가 포함되지 않는다는 사실이다. 건축사들이 공공건축물에 관한 계약을 할 때 저촉되는 법이 「국가를 당사자로 하는 계약에 관한 법률(국가계약법)」이다. 이 법에서는 지식기반사업의 수준을 높이기 위해 가격 중심의 공개 입찰방식 대신 협상에 의해 계약을 할 수 있도록 길을 열어두고 있는데 협상 대상에 건설기술이 포함된다.[20] 그런데 건설기술에 건축설계가 제외되어 있어, 건축설계는 지식기반사업으로 대우받을 법적 근거가 없다. 건설산업의 중심을 건설업과 건설기술이 차지하고, 지식서비스를 제공하는 건축설계는 주변에 있는 것이다.

한편 지식서비스업을 활성화하기 위해 정부는 2009년 「산업발전법」을 개정했는데 지식서비스산업을 "지식의 생산, 가공, 활용 및 유통을 통해 부가가치를 창출하는 산업"으로 정의했다.[21] 이 법의 시행령에서 지식서비스산업을 분류하고 있는데 여기에 건축기술, 엔지니어링 및 기타 과학기술 서비스업이 포함되어 있다. 하지만 건축설계 서비스업은 명시되어 있지 않다.

다행스러운 것은 2009년 개정한 한국표준산업분류KSIC에서 건설업과 분리해 전문, 과학 및 기술서비스업(대분류)을 두고 그 아래에 건축 및 조경설계 서비스업(세분류)을 두고 있다는 점이다.[22] 앞으로 통계청이 해마다 서비스업을 조사할 때 이를 따르겠지만 분류법 개정 전에는 이렇다 할 통계자료가 없었다. 어쨌든 한국표준산업분류에 따라 건축설계가 지식서비스산업으로 포함되었다는 사실은 고무적이지만, 여전히 관련법에서는 건축설계를 지식서비스산업이라고 적시하고 있지는 않다.

독자들이 지루하게 느낄 내용을 장황하게 나열한 이유는 텔레비전, 잡지, 신문에서 그리는 예술의 한 분야로서의 건축과 현실에서 벌어지고 있는 산업으로서의 건축 사이에는 엄청난 괴리가 존재한다는 것을 설명하기 위해서다. 건축설계를 생업으로 삼고 있는 많은 건축사(건축가)들은 정부 관료와 일반인이 건축가들의 지식과 문화적 역량을 알아주지 못한다고 비난하고 있지만 정작 법과 제도에서 건축이 배제되어 있다는 사실은 정확히 모르고 있다.

건설-기술-건축의 새로운 삼각구도

건설경기가 좋았던 지난 수십 년간 건축설계는 건설용역, 건설기술, 지식서비스업 어디에 속하든 상관이 없었다. 건축사가 인허가를 받는 자격을 가진 것만으로도 먹고 살 수 있는 길이 널려 있었다. 이제 그런 건설 신화의 시대가 저물고 있다. 한국이 OECD 선진국의 산업구조로 가는 과정에서 건설투자 비율은 줄고, 서비스업투자 비율은 늘어날 수밖에 없기 때문이다. 부수고 짓는 행위의 '건설'에서 '기술'과 '설계'를 결합한 고부가가치의 '지식서비스업'으로 전환할 수밖에 없는 것이다.

2007년 현재 한국 건설업의 규모는 166조 원이고, 그중 건축기술·엔지니어링 산업의 비중은 9.1%(15조 원)이다. 참고로 미국의 건설업은 1,137조 원이고, 그중 건축기술·엔지니어링 산업은 16.8%이다. 한국의 건축기술·엔지니어링 산업이 건설산업에서 차지하는 비중이 미국의 절반 수준이라는 뜻이다. 건축설계 산업은 더욱 초라한데 건설업에서 차지하는 비율이 미국의 절반 수준인 1.3%에 불과하다. 한국의 건축설계 업체당 매출규모는 OECD 27개국 가운데 21위이며, OECD 국가 평균의 58.8% 수준에 불과하다.[23]

전쟁의 폐허에서 불과 50년 만에 한국 경제를 세계 12위까지 도약시킨

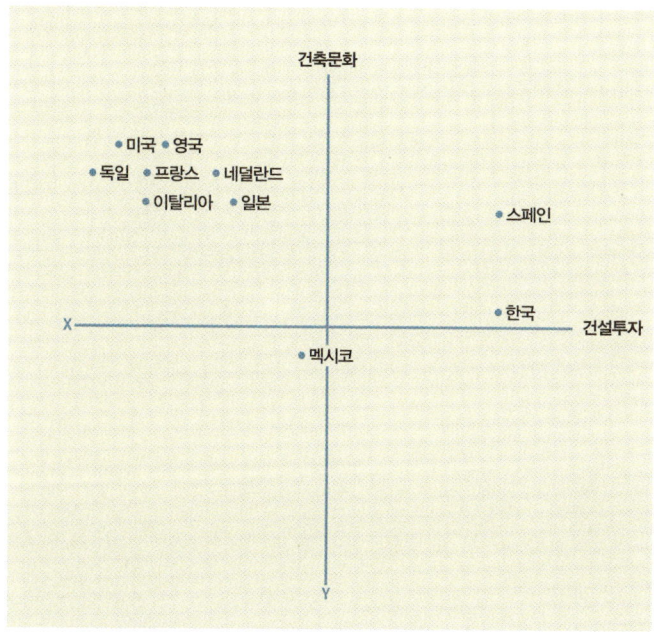

건설투자와 건축문화의 상관성 한국은 건설투자 비율은 높지만 건축문화 지표에서는 OCED 선진국 군집에서 멀리 떨어진 독특한 지점에 자리한다. ⓒ김성홍건축도시연구실

주요 동력이 건설산업이었다. 1970~1980년대에는 대학이건 고등학교건 '건축'이라는 이름이 붙은 학과를 졸업하면 건설사에 앞다투어 채용됐고 중동과 전국의 건설현장에 투입되어 국가 발전에 동참했다. 그러나 건설산업의 크기로 경쟁력을 말할 수 있는 시대는 지나가고 있다. 지금도 한국의 건설사들은 해외에서 대형 사업을 수주해 세계 최고의 경쟁력을 입증하고 있다. 그러나 이것이 기술과 설계 경쟁력이 국제적인 수준이라는 뜻은 결코 아니다. 선진국에서 만든 설계도를 갖고 시공을 수행하는 도급형 공사를 잘한다는 뜻이다.

건설산업과 건축문화의 상관관계를 나타내는 지형도를 필자 나름대로 그려보았다. 그림에서 x축은 건설투자의 비율, y축은 건축문화 수준을 나타낸다. 건축문화의 축에는 건축의 노벨상이라고 불리는 프리츠커상을 수상한 실적을 지수로 활용했다. 1979년 이 상이 제정된 이후로 34명의 수상자를 배출했는데 국가별로 보면 미국(8명), 영국(4명), 일본(4명), 프랑스(2명), 이탈리아(2명), 스위스(2명), 포르투갈(2명), 브라질(2명), 독일(1명), 오스트리아(1명), 네덜란드(1명), 덴마크(1명), 노르웨이(1명), 스페인(1명), 멕시코(1명), 오스트레일리아(1명)로 16개국이다.

미국의 하얏트재단에서 만든 상이니 수상자가 미국과 영국, 서유럽에 편중된 것은 당연한지도 모른다. 외국의 민간단체가 만든 상에 연연할 필요는 없고 또한 이 상을 받았다고 그 나라의 전반적인 건축문화 수준이 높다고 단정할 수는 없다. 하지만 세계의 보편적 건축의 흐름을 따라가면서도 독자적 문화역량을 갖지 못하면 프리츠커상을 수상하기 어려운 것이 현실이다. 프리츠커상을 한 사회가 지닌 건축문화의 이해와 성숙도를 가늠하는 하나의 지표 정도로 인정하자.

y축에는 프리츠커상의 수상 횟수에 따라, x축에는 건설투자 비율에 따라 OECD 가입 국가를 상대적으로 배치했다. 그 결과 건설투자 비율은 낮지만 건축문화 지표는 높은 서유럽과 미국이 군집을 이루고 거기에서 멀리 떨어져 한국이 자리한다. 건설투자 비율도 높고 건축문화 지표도 높은 스페인이나 중간지대의 멕시코와도 떨어진 독특한 지점이다.

근대주의 이후 프랑스, 독일, 영국은 세계 건축의 흐름을 주도했고, 네덜란드는 1990년대 이후 글로벌 경제체제 아래 국가의 전폭적인 지원을 받아 건축을 수출하는 나라로 자리 잡았다. 미국은 막강한 경제력을 바탕으로 1960년대 이후 유럽에서 싹튼 새로운 건축을 유포하고 재생산하고 있다. 스페인은 가우디와 같은 거장 건축가를 배출한 나라로 최근 유럽건축계에서 부상하고 있다. 일찍이 '탈아입구脫亞入歐'를 추구했던 일본의 건축기술은 이미 세계 최고수준이다.

1997년 외환위기 극복 이후 한국 현대건축은 역동적으로 변화하고 있고, 서양건축을 일방적으로 받아들이던 단계에서 독자적 실험을 시작하는 자생적 단계로 들어섰다. 도시의 급격한 변화와 함께 건축의 잠재성은 서양의 모더니즘에 비견할 만한 혁신의 가능성을 품고 있다.

2007년 독일의 프랑크푸르트 독일건축박물관에서 열렸던 '메가시티 네트워크: 한국현대건축전'은 큰 호응을 얻어 베를린, 에스토니아의 탈린, 스페인의 바르셀로나로부터 초청을 받아 3년간 유럽 순회전을 이어갔고, 국립현대미술관에서 열린 서울전은 건축전시회로는 드물게 일반인의 높은 관심을 끈 바 있다.[24] 그런데 유럽의 문화계가 관심을 가졌던 것은 지난 40년간 한국의 건설산업이 주도한 변화 아래서 고군분투한 독립형 건축가들의 실험정신이었다.

> 한국 건축가들은 역동적으로 성장하는 도시와 밀집된 공간에 대한 해답을 보여준다. 《라인 마인 차이퉁》, 2007. 12. 8.
>
> 변화하는 환경에서 뛰어난 실험정신과 복합적 문제를 다루는 유연성을 갖춘 것이 한국 건축가들의 특징이다. 우리가 본받을 만한 활력과 역동성이다. 《바우벨트》, 2008. 1. 11.
>
> 한국 건축가들은 일본이나 중국 건축가들보다 지적이고, 열정적이다. 또한 융통성을 갖고 있으며 타문화를 받아들이는 능력이 뛰어나다고 자부한다. 《바우첸트룸 에-바우》, 2008. 1, 2월호.

한국 건축은 놀라움을 산다. 극적이고 과장된 이미지 때문이 아니라 투철한 실험정신 때문이다. 《타게스 차이퉁》, 2008. 7. 4.

한국 건축가들은 현대와 전통 사이의 넓은 간극을 극복하고, 다양한 용도를 한 공간 속에 소화하기 위해 보편적 건축 형식의 틀에서 벗어나고 있다. 《타게스 슈피겔》, 2008. 7. 10.

이처럼 유럽의 문화계가 주시하는 한국 현대건축의 가능성을 우리 스스로는 일상문화의 한 부분으로 받아들여 산업화하지 못하고 있을 뿐이다.

'건설', '건축기술', '건축설계'가 높은 부가가치를 창출하려면 수평적 관계에서 융합되어야 한다. 그러나 현실에서는 건설이 건축을 압도하는 종속구도가 심화되고 있다. 가장 좋은 사례가 '턴키'라고 부르는 '공공사업의 일괄계약 방식'이다. 열쇠 하나로 설계에서 시공까지의 모든 문제를 해결한다는 개념으로 비리 사건과 관련되어 가끔 언론에 등장한다. 대형 턴키사업은 사업비가 몇천억 원을 훌쩍 넘는다. 건설사는 필사적으로 경쟁에 뛰어들지만 탈락한 회사는 쓴 비용을 고스란히 부채로 부담하게 된다. 가장 큰 문제는 시공에 필요한 모든 내용을 담은 방대한 도면과 서류를 하루 이틀 만에 심사해 선정한다는 점이다. 건설사가 주관하는 제출 도서에는 설계, 기술, 시공에 필요한 견적 등 모든 것이 포함된다. 설계를 맡은 건축사사무소는 건설사가 고용한다. 경쟁에서 지더라도 건축사사무소는 건설사로부터 설계비를 보상받기 때문에 건설사로부터 선택되는 것을 바라고 기꺼이 참여한다. 안전을 담보로 종속관계가 형성되는 것이다. 공공기관의 입장에서 보면 아주 경제적이고 합리적이다. 전체 사업비 한도 내에서 건설사가 모든 책임을 지고 건축물을 완성하니

사업비를 염려할 것도 없고 문제가 생기면 건설사만 상대하면 된다.

그러나 이런 게임에서 건축은 단기간에 결판을 내는 전략에 호소하게 된다. 수십만 평방미터의 건물군에 숨겨진 공간과 기술의 혁신은 큰 게임에서는 먹혀들지 않는다. 시선을 끄는 조감도의 효과, 뇌리에 남는 디자인의 키워드가 중요하다고 믿게 된다. 당선이 되더라도 디자인에 참가한 팀은 빠지고 도면은 하청의 형태로 작은 건축사사무소로 넘겨진다. 건축사사무소는 또 다시 큰 게임에 참여한다. 건설사도 마찬가지다. 새로운 기술을 개발해야 할 엔지니어들이 현장을 비우고 영업활동을 뛰어야 한다. 기술력보다는 영업력이 성패를 좌우한다고 믿기 때문이다.

턴키는 유지관리가 중요한 표준화된 건축유형, 건축가의 역량이 시공기술을 따라가지 못하는 건설주도형 국가에서는 유용할지 모르나 설계와 기술이 수평적으로 협업하는 선진국에서는 찾기 어려운 제도다. 이러한 기형적 통합은 결국 기술과 설계, 양자의 기초체력을 저하시킨다. 턴키는 하나의 사례에 불과하다. 민간투자유치사업BTL, 프로젝트파이낸싱PF 사업 등 부동산 개발업자와 금융이 주도권을 쥐는 대형 사업에서 건축은 종속 구도의 가장 아래로 편입되고 있다.

이러한 현상은 양적 성장이 삶의 질을 높인다는 산업화시대의 통념, 개발 단위가 커지면 체계적인 도시를 계획할 수 있다는 근대주의적 집착, 건축의 전 과정을 통합해서 건설사에 맡기면 좋은 완제품이 나온다는 행정 편의적 발상, 그리고 건설을 경기부양의 인위적 수단으로 여기는 정부 정책의 합작품이다. 이제 건설의 하드웨어에서 기술과 설계를 융합한 건축의 소프트웨어로 중심축을 옮겨야 한다. 이를 위해서는 먼저 지난 수십 년간 몰입했던 '양' 중심에서 '질' 중심의 문화로 바뀌어야 한다. 젊은 건축가들이 대규모 상업자본에 함몰되지 않고 문화적 역량을 발휘할 수 있는 틈새를 남겨두어야 한다.

대규모 개발사업은 경제적 충격 못지않게 도시공간에 깊은 그림자를 드리운다. 도시는 살아 숨 쉬는 유기체다. 도시도 성장하고 쇠락하는 시간과 과정이 필요한 것이다. 어린이, 청년, 노인이 공존하는 곳이 생명력 있는 도시다. 하지만 속전속결로 만드는 신도시나 재개발단지, 거대한 복합건축은 하루아침에 성인들을 집결시키는 것과 같다. 이런 곳은 담금질된 깊이 있는 문화를 축적할 여유를 주지 않는다. 새로운 문화를 진동하는 힘은 다양한 것들이 충돌하는 지점에서 생성된다. 우리가 수십 년간 지우려고 했던 중간지대에 그 답이 있다.

맺는 글
희망의 중간건축

건축의 양극화

세계 최빈국에서 50년 만에 경제규모 세계 11위, OECD 9위 국가로 도약했던 나라. 세계 1위의 조선업 강국, 세계 3위의 IT 강국에 오르며 세계 최고 품질의 휴대전화까지 만들어냈던 나라. 지난 반세기 동안 한국이 이룩한 눈부신 경제적 성과는 한반도 역사를 통틀어 가장 진취적이고 성공적이다. 고도성장의 추동력이 건설업이었고 건축인이 숨은 주역이었다. 1980년대 후반 서울올림픽 개최를 전후해 괄목할 만한 변화를 겪었던 건설업은 1997년의 외환위기와 2008년 국제 금융위기에도 불구하고 여전히 국가경제를 지탱하는 버팀목으로 자리 잡고 있다.

하지만 건설업계 내부에서도 이 추세가 계속되리라고는 내다보지 않는다. 2009년 10월 한국건설산업연구원은 "국내 건설산업은 산업의 수명주기상 이미 성숙기 단계에 진입했으며 2015년 이후 성장 둔화가 본격화되고 2020년에는 GDP에서 건설투자가 차지하는 비중이 11% 정도로 낮아질 것"으로 예상했다. 또한 "대규모 신도시 개발, 기본적인 사회간접자본시설SOC 확충 등의 프로젝트는 줄어들고, 대신 도심 재생이나 주택 리모델링, SOC 시설 유지 보수 등과 같은 기존 건축 및 시설물의 재생과 유지관리 분야의 프로젝트들이 늘어날 것"이라고 발표한 바 있다.[1]

한편 건축에도 '문화'가 붙고, '제도사', '설계사'란 정체불명의 이름 대신 '건축가'라는 말이 일반화된 시대가 왔다(「건축사법」에서 정한 자격을 가진 '건축사建築士'와 달리 '건축가建築家'는 건축 교육을 받고, 건축 설계를 하는 직업인을 일컫는 일반적 칭호다. 즉 '건축사建築士'는 '건축가建築家'의 부분집합이다). 15년 전에는 텔레비전 드라마에서 안전모를 쓰고 공사장을 누비던 현장기사가 곧바로 제도판에 앉아 설계를 구상을 하는 건축가로 변신하는 우스꽝스런 모습이 방영되곤 했다. 반면 최근 드라마에서 건축가는 시간과 돈이 많아서 염문을 뿌리는 고상한 예술가로 등장한다. 건축가의 일대기가 다큐멘터리로 제작되고, 해외초청 건축가의 강연회를 학생들이 가득 메우고, 각종 건축공모전과 워크숍은 열기를 띤다. 건축의 소비시장이라고 할 수 있는 미국에서는 건축잡지가 재정 악화로 폐간되는 반면, 한국에서는 10여 개에 이르는 건축잡지가 발간된다. 적어도 겉으로는 한국 건축계가 풍성해 보인다.

그러나 안을 들여다보면 '산업'으로서의 건설과 '문화'로서의 건축 사이의 간극은 여전히 크기만 하다. 2000년 이후 건축이 급격히 대형화하면서, 건설-건축의 종속구도는 더욱 심해지고 건축사사무소는 대형-영세로 양극화되고 있다. 규모의 경쟁을 벌이는 기업형사무소는 실상 기술력과 경험을 체계적으로 축적하지 못하고 있다. 규모가 큰 만큼 정치권, 정책과 제도, 경기의 흐름에 민감할 수밖에 없는 구조적 문제를 안고 있다. 반면 소규모 건축사사무소는 더욱 영세해진다. 2010년 전국의 건축사사무소 수는 9,787개인데 그중 약 3천 개는 건축사 혼자서 휴대전화를 들고 다니며 일하는 '나 홀로 사무소'다. 또 2009년 한 해 동안 실적이 한 건도 없는 사무소가 25%(2,432개)에 이르는데 이들은 거의 폐업 상태라고 볼 수 있다.[2] 소규모 사무소 가운데 '작업실(아틀리에atelier)'을 운영하는 극소수 건축가들의 고군분투 덕분에 건축계가 풍성해 보이는 착시 현상이 일어나고 있다.

건설업의 비율이 점점 줄어드는 상황에서 대형 건축사사무소는 경쟁에서 살아남기 위해 더욱 몸집을 키우려 든다. 반면 일거리가 줄어든 작업실 건축가들은 소수 문화소비층의 요구에 더욱 민감해질 것이다. 작품성을 추구하는 건축가들은 대형 사무소가 상업자본에 종속적이라고 비판하고 예술적 자율성을 주장하지만 스스로도 문화자본에 기댈 수밖에 없다. 문제는 이러한 대형 조직에 속한 건축가와 엘리트 건축가의 양자 구도의 사이를 채우는 중간지대의 건축가가 많지 않다는 데 있다. 중간지대의 공동화空洞化는 건축이 지식서비스산업으로 전환하기 위해 필요한 기반이 무너지고 있음을 뜻한다.

1960년대 이후 미국과 유럽의 건축계도 우리에게 이와 비슷한 모습으로 비춰졌었다. 근대주의의 거장 건축가들이 사라진 빈자리를 실험적 성향의 소수 건축가들이 채우기 시작한 것이다. 이들은 대학에 몸을 담고 있으면서 실제 지은 건물보다는 대중매체나 글을 통해 담론의 장을 형성해나간 부류였다. 이른바 '페이퍼 아키텍트paper architect'들이다. 한편 기술과 조직을 바탕으로 한 대형 사무소는 건축의 절대적 원칙을 고집하지 않고 비즈니스와 마케팅의 전략을 적극적으로 수용하면서 전 세계의 상업건축 시장으로 눈을 돌렸다. 그러나 해외에는 두 부류의 건축가 집단 사이에 탄탄한 건축가층이 형성되어 있었다는 사실을 간과해서는 안 된다. 이들은 작은 규모에서 새로운 공간, 형태, 구축의 실험을 축적하면서 서서히 건축계의 주목을 받았다. 일단 주목을 받기 시작하면 이들은 최고 수준의 기술자문을 받으면서 더욱 과감한 혁신을 주도했다. 미디어에 등장하기 전에 그들의 존재가 드러나지 않았을 뿐이다. 최근 우리나라에 진출한 해외건축가들 대부분은 오랜 무명기를 거친 사람들이다.

현재 한국 건축계는 이러한 건축가가 성장할 수 있는 기반이 점차 무너지고 있다. 우리 도시를 이루는 가장 보편적인 건축이 사라지고 있기 때문이다. 나는 이를 '중간건축'이라고 부르고자 한다. 중간건축이 살아나야 중산층의 경제도 살아나고, 젊은 건축가가 성장할 수 있는 토양이 생긴다. 그래야 기술과 디자인을 융합한 혁신건축도 생겨나고 산업에 도움이 된다. 그러나 무엇보다도 중간건축이 살아나야 우리 도시의 문화가 다양하고 풍성해진다.

중간건축에 길이 있다

중간건축은 우리 도시의 가장 보편적인 땅 위에 서 있는, 가장 보편적인 규모, 가장 보편적인 기능을 담고 있는 복합건축이다. 중간건축의 조건인 지역-규모-용도-집합을 하나씩 짚어보자.[3]

■ 용도지역
「국토계획법」에 따라 도시지역은 주거, 상업, 공업, 녹지지역으로, 주거지역은 다시 전용주거지역, 일반주거지역, 준주거지역으로 세분된다. 이

맺는 글 희망의 중간건축

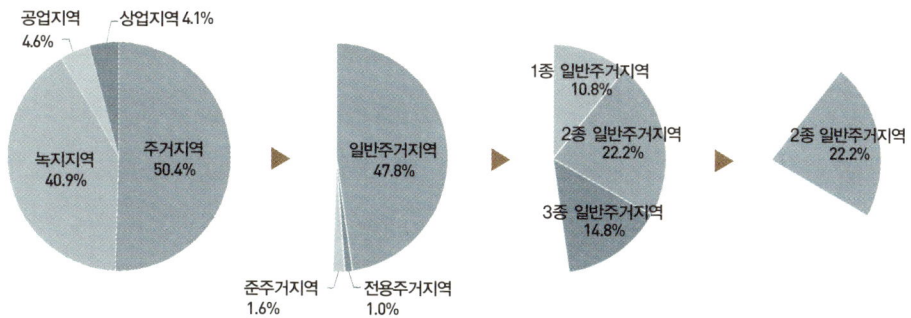

서울의 용도지역 비율 서울의 땅 약 1/4(22.2%)을 차지하는 제2종 일반주거지역을 가장 보편적인 '용도지역'이라고 할 수 있다. 대부분 대로변 뒤쪽의 이면도로를 끼고 있는 도시의 깊숙한 곳이다. 이 땅의 향방이 미래 서울 도시건축의 지형도가 될 것이다. ⓒ김성홍건축도시연구실

에 따라 지을 수 있는 시설과 지을 수 없는 시설이 정해진다. 건축물의 최대 규모도 이것에 따라 결정된다.

　서울을 보자. 2006년 12월 현재 서울시 전체 면적 605.9km²가 도시지역이다. 이는 주거지역(50.4%), 녹지지역(40.9%), 공업지역(4.6%), 상업지역(4.1%)으로 구성되며 주거지역이 서울시의 절반을 차지한다. 주거지역은 다시 일반주거지역(47.8%), 전용주거지역(1.0%), 준주거지역(1.6%)으로 세분된다. 일반주거지역은 다시 1종 일반주거지역(10.8%), 2종 일반주거지역(22.2%), 제3종 일반주거지역(14.8%)으로 나뉜다.[4] 이렇게 보면 서울의 땅 약 1/4을 차지하는 제2종 일반주거지역을 서울의 가장 보편적인 '용도지역'이라고 할 수 있다. 용도지역을 표시한 서울시의 지도를 펼쳐놓고 제2종 일반주거지역을 찾아보면 대부분 대로변 뒤쪽의 이면도로를 끼고 있는 도시의 깊숙한 곳이다. 이 땅의 향방이 미래 서울 도시 건축의 지형도가 될 것이다.

■ 땅의 면적

서울의 필지는 불규칙하고 비균질하다. 강남과 강북의 편차도 심하다. 강북 도심의 오랜 주택가 규모는 대부분 1백m^2(30평) 이하이지만, 1960년대 후반 외곽지역의 주택가는 150m^2(45평) 이상으로 커졌다.[5] 1970년대 후반 조성한 강남 영동지구는 165~230m^2(50~70평)로 더 크게 분할했다. 도심 깊숙한 곳의 30m^2(10평)도 안 되는 작은 필지와 재개발로 생긴 수천 평방미터의 필지가 공존한다. 1960년대 이후 조성된 주거지 규모는 150~250m^2(45~76평) 내외지만 서울 전체를 산술적으로 평균하면 약 268m^2(81평) 정도이다.[6] 즉 서울에서 제2종 일반주거지역에 속하는 약 250m^2(76평)의 땅을 중간 규모라 할 수 있다. 여기에 옥외주차장 몇 개는 만들 수 있지만, 법정 주차대수를 충족하기에는 부족하다. 지하에 자주식 주차장 경사로를 만들기에도 부족한 크기다. 이는 서울의 중간 규모 땅이 갖는 보편적 상황이다.

■ 건물 규모

이 땅에 법률이 허용하는 최대 용적률(200%)을 갖추고 승강기가 필요 없으며(5층 이하), 아파트로 분류되지 않는 주택의 층수(5층 미만) 요건을 모두 충족하는 지상 4층(지하 1층) 건축물을 가상해보자.[7]

지상층 바닥면적: 250m^2(대지면적) × 200%(용적률) = 500m^2

한 층의 바닥면적: 500m^2/4개 층 = 125m^2

건폐율: 125m^2(1층 바닥면적)/250m^2(대지면적) = 50%(법정한도 60%)

연면적: 500m^2(지상) + 100m^2(지하) = 600m^2

중간건축이란 제2종 일반주거지역의 대지 250m²에 서 있는, 지상 4층, 지하 1층, 연면적 600m²의 건축물이 된다. 서울시의 도시기본계획은 이 규모를 '저층저밀도'로 규정하고 있다.[8] 그러나 서울의 땅 위에 서 있는 건축물의 평균 용적률이 150% 내외, 층수가 2.5층 정도라는 점을 생각한다면 용적률 200%, 4층 규모는 결코 '저층저밀도'가 아니라 우리 도시의 평균치를 상회하는 '중층중밀도'다.[9]

단층주택을 허물고 밀도를 높이는 가장 좋은 대안으로 떠오르면서 1980년대 이후 아파트와 단독주택의 틈새를 파고들었던 다세대주택의 규모가 중간건축에 가깝다.[10] 그러나 이런 중규모주택은 부족한 서민주택을 공급했던 순기능도 있었지만 '집장사'들이 앞다투어 지었기 때문에 주거지의 질을 떨어뜨리는 문제점을 낳았다. 이제 크기는 다세대주택과 비슷하지만 건축가들의 아이디어와 손을 통해 업그레이드한 중간건축이 나올 때가 되었다. 대자본을 갖고 대형 건설사가 주도하는 아파트 단지와, 품질은 뒷전인 '허가방 건축'의 중간지대를 파고드는 건축가 집단이 형성되어야 한다.

■ 건축 프로그램

위의 건축물에 서울의 땅 위에 서 있는 모든 건축물 중 가장 높은 비율을 차지하는 용도를 반영해보기로 하자. 2007년 현재 단일 건축유형으로는 아파트(30.8%)가 가장 많고, 근린생활시설(16.3%), 업무시설(10.4%)이 뒤를 잇고 있다.[11] 서울을 형성하는 3대 건축공간이 '주거공간-근생공간-업무공간'인데 이 셋을 합하면 57.5%에 달한다. 위에서 가정한 4층 건축물에 이 비율을 적용하면 3(주거):1.5(근생):1(업무)이 된다. 1층과 지하

층에는 근린생활시설, 2층에는 업무, 3, 4층에는 주거를 적층해 3대 용도를 하나의 건축으로 복합한 것이 중간건축이다.

이처럼 도심에 있는 다양한 형식의 주택과 근린생활시설을 부수지 않고 새로운 건축유형으로 전환해야 한다. 산업구조가 재편되는 과정에서 영세자영업자들이 줄어들면서 이들의 생업 터전이었던 대로변 상가는 비어가고 특히 2층 이상을 상업공간으로 채우기 힘들어졌다. 이 공간들은 법의 사각지대에 있는 '원룸'으로 바뀌고 있다.[12] 이제 공급과잉인 상업공간은 줄이고 도심에서 일하는 사람들이 살 수 있는 소형 주거공간을 늘려야 한다.[13] 주거와 상업을 복합한 중간건축이 대로변에서 블록 깊숙한 곳으로 골고루 분산되어야 한다. 이를 위해서는 개별 필지에 적용하는 주차장법을 블록 단위로 전환하는 획기적인 발상과 함께 용도지역지구제를 넘는 새로운 방식의 도시설계가 필요하다.

현재 서울의 근린생활시설(16.3%) 중 5%를 주거용도로 전환한다고 가정하면 60m²(18평)의 소형 주거공간을 30만 개 만들 수 있다. 또 서울 단독주택의 1/3을 한 층만 더 증축하면 위와 같은 면적의 주거공간이 15만 개 생긴다.[14] 우리 도시에 과잉공급된 상업공간은 줄이고, 평균에 미치지 못하는 주택의 일부만 크게 하면 일하는 젊은이들이 살 만한 45만 개의 주거공간을 산술적으로는 만들 수 있다는 이야기다.

지금까지의 재개발과 재건축은 급격한 도시화 과정에서 주택을 가장 빠른 속도로 공급했던 정부주도의 도시개조 사업이었지만 그 후유증이 서서히 나타나고 있다. 이제 재개발과 재건축 같은 전면 철거방식에서 벗어나 도시공간의 재생을 구체적으로 실행할 시점에 와 있다. 정부는 2009년부터 서민과 1~2인 가구에 필요한 주거를 공급하기 위해 '도시형 생활주택'을 도입하고 있는데, 국민주택 규모로 최대 150세대까지 지을 수 있다. 하지만 '도시형 생활주택' 역시 도시조직을 지우거나, 빈 땅에 새 건물을 짓는 기존의 재개발에서 완전히 탈피하지 못한 중규모의 공동주택 사업이다. 2010년 한 해 동안 사업 승인을 받은 전국의 '도시형 생활주택'은 2만 529가구인데[15], 근린생활시설과 단독주택을 전환해 중간건축을 살리면 이것의 22배에 이르는 소형주거를 공급할 수 있다.

▪ 집합

중간건축은 하나의 모듈로서 반복과 변형을 통해 집합적 도시 건축의 모습을 띤다. 2동이 모이면 1천2백m², 4동이 모이면 2천4백m²가 된다. 이러한 중간건축의 조합이 블록 단위의 집합적 도시 건축을 형성해나가고, 이곳이 젊은 건축가들이 새로운 디자인을 실험하는 저변이 되어야 한다. 작지만 문화를 촉발하는 방아쇠 건축이 여기에서 등장해야 한다.

연구에 따르면 지난 몇 년간 건축지, 전시회 등에 설계안을 꾸준히 발표하고 수상하는 등 작품성을 추구한 소규모 건축사사무소가 가장 많이 수행했던 것이 바로 2천m² 미만의 주거시설과 상업시설 설계였다.[16] 우리나라 건축 관련법은 2천m² 미만 건축물을 소형건축물로 간주하는데 이 규모가 우리에게 가장 필요한 중간건축이라고 제언한다.

다음 그림은 건물의 위치, 규모, 용도, 군집을 보여주는 일종의 뼈대 혹은 원형原型, prototype이다. 여기에 살을 붙여 살아 있는 건축으로 구현하는 것은 건축가의 몫이다. 비슷한 뼈대를 갖되 다른 모습, 도시적 질서가 있되 건축적 개성이 돋보이는 풍경이면 좋다. 가장 보편적인 일상공간이면서 다양한 도시문화를 자극하는 필요충분조건이다.

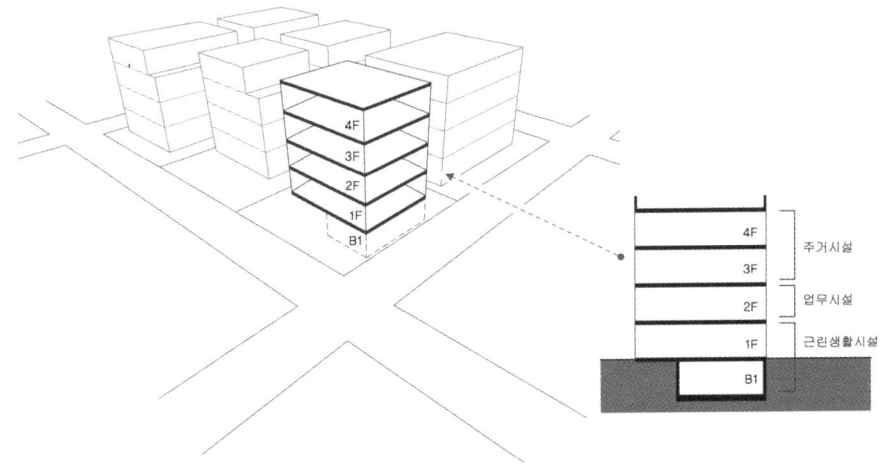

중간건축이란?
- 우리 도시의 가장 보편적인 용도지역에, 가장 보편적인 규모의 땅에, 가장 보편적인 기능을 담고 있는 도시 건축
- 벽으로 에워싸인 거대한 아파트 단지, 상업자본에 종속된 공룡 복합건축, 각종 이방지대의 중간지대를 채우고 비우는 건축
- 도시의 이면 길모퉁이에 면하면서, 승강기가 없어도 오르내릴 수 있는 중층중밀도 건축의 집합
- 주거·상업·업무 공간이 섞여 있어 살며 일하며 문화를 만들어가는 곳
- 서민과 중산층, 미래의 젊은 건축가들을 위해서 도시의 저변을 살아 숨 쉬게 하는 건축

- 대지 : 250㎡
- 연면적 : 600㎡
- 층수 : 4층
- 건폐율 : 50%
- 용적률 : 200%

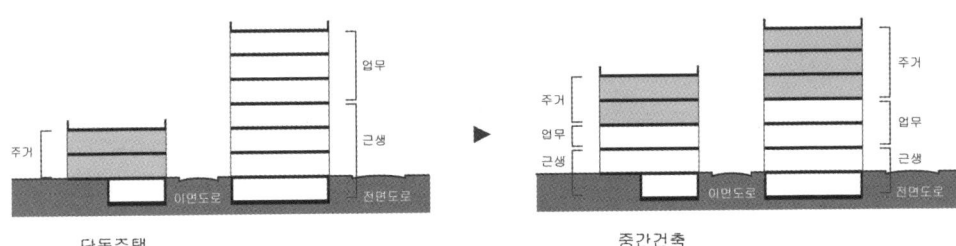

단독주택 　　　　　　　　　　　중간건축

중간건축 서울의 총 66만 개 건물 중 2~4층이 65%를 차지한다. 이것이 서울 도시 건축의 미래를 결정할 것이다. 이면도로의 단독주택을 중간건축으로 바꾸고, 대로변에 서 있는 상업공간의 일부를 주거공간으로 바꾸면 일하는 젊은이들이 살 만한 45만 개의 소형 주거공간을 만들 수 있다. ⓒ김성홍도시건축연구실 · UTAA건축(UTAA건축사무소의 김창균 대표는 2011년 젊은 건축가상을 수상했다.)

맺는 글 희망의 중간건축

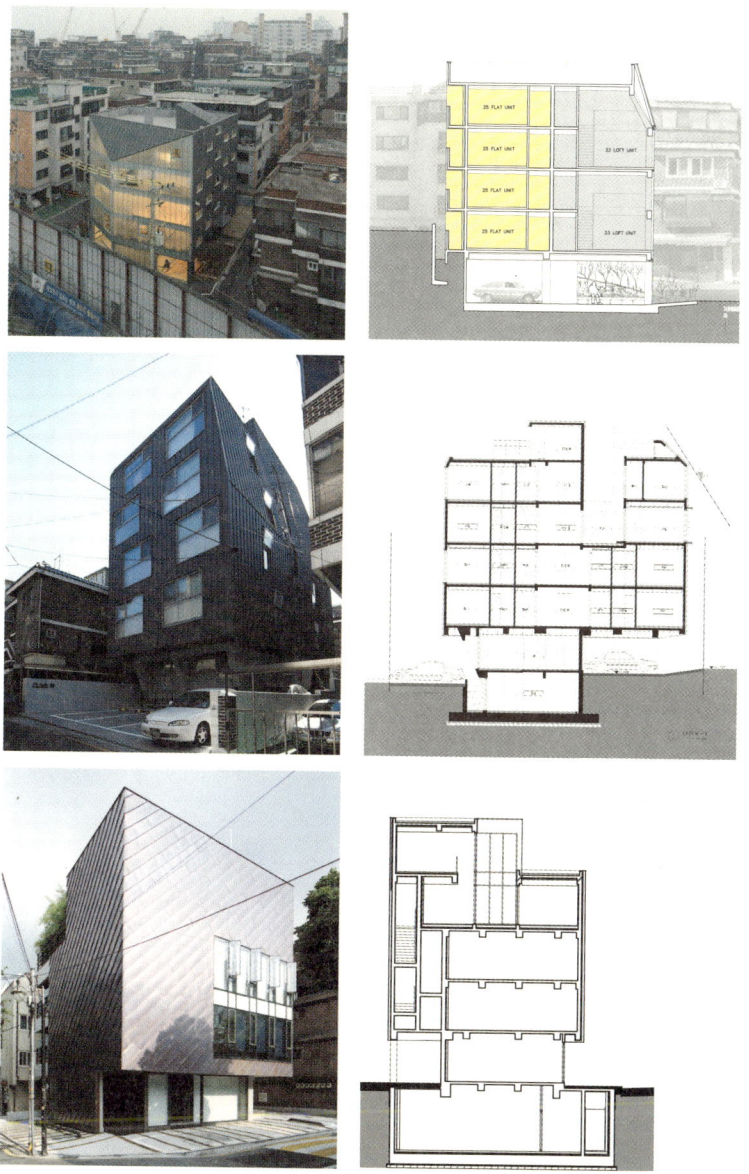

중간건축의 시도 최근 일상건축의 문제를 깊이 파고들어 이를 새로운 창작의 동기로 삼는 젊은 건축가들의 작품이다. 위부터 서울 금호동의 Y하우스(와이즈건축: 장영철·전숙희), 서울 봉천동 다세대주택(디자인그룹오즈: 신승수·최재원), 서울 신사동 근린생활시설주택(디아건축: 정현아). 신승수는 2008년, 장영철·전숙희는 2011년 각각 젊은 건축가상, 정현아는 2008년 서울시 건축상을 수상했다. ⓒ와이즈건축·황효철, 디자인그룹오즈, 디아건축·닐스클라우스

이런 잠재성에도 불구하고 중간건축이 실현되기 위해서는 극복해야 할 난관이 있다. 주차장, 소방기준 등에 관한 현실적인 문제를 해결하기 위해 법과 제도의 손질이 필요하다. 중간건축이 모여 집합적 도시경관이 되려면 다세대주택과 연립주택에 적용되는 기준과 요건도 도시설계적인 관점에서 재검토해야 한다. 그러나 최대의 난관은 정치계와 건설산업계의 복잡한 이해관계다. 시장이나 구청장 등 지방자치단체장의 입장에서 보면 중간건축은 정치적 구호로 쓸 만큼의 화려함이 없는 대신 잡다하고 소소한 민원이 기다리고 있다. 건설산업계에서 목소리가 가장 큰 중대형 건설사와 대형 건축사사무소의 입장에서도 중간건축에서 별로 얻을 게 없다. 이런 작은 규모 사업으로는 대형 조직을 유지할 만큼의 이윤이 발생하지 않는다.

마지막으로 미디어의 조명에 절대적으로 의존하는 스타 건축가들에게도 그리 매력이 없다. 중간건축의 속성상 새로운 형태와 기술을 과감히 실험하기가 쉽지 않다. 이들 건축주는 눈에 띄는 건축을 원하기보다는 수익률을 꼼꼼히 따지는 실리형 사업가일 가능성이 크다. 결국 가장 가까운 이해당사자에게 중간건축은 정치·경제·문화적 상품성이 강렬하지 않다. 이익과 수혜가 서서히, 간접적으로, 저변의 사람들에게 돌아가기 때문이다. 중간건축이 살아야 하는 역설이 바로 여기에 존재한다.

건축의 혁신은 아무것도 씌어 있지 않는 종이 tabula rasa 위에 완전히 새로운 것을 그려내는 것이 아니라, 이미 존재하는 것들에 의문을 품고, 뒤집어보고 대안을 찾아내는 것이다. 그러기 위해서는 다른 사회가 만들어낸 이론을 빌리지 않고 가장 보편적인 우리 현실의 도시공간에서 답을 찾아내야 한다. 한국 건축의 미래는 중간건축에 발을 담그고, 관찰하고,

해석하는 학자와 여기에서 실험을 모색하는 건축가들이 얼마나 다양한 모습으로 포진하는가에 달려 있다. 최근 일상건축의 문제를 깊이 파고들고 이를 새로운 창작의 동기로 삼는 젊은 건축가들이 하나둘씩 등장하는 희망의 신호가 나타나고 있다. 또 마을 공동체가 주도하고, 작은 건설회사가 조합원을 모아 건축가와 함께 만들어가는 협동주거주택은 도시공동체의 새로운 가능성을 제시하고 있다.[17]

주거-상업-문화의 접점

현대사회에서 경제적 자본은 여러 경로를 통해 문화자본으로 변형되고, 문화자본은 사회적 지위와 경제적 이익을 더욱 공고하게 해준다.[18] 그래서 경제적 불평등 자체보다 이것으로 야기되는 문화적 불균형이 더 뿌리 깊은 사회적 문제가 된다. 하지만 문화는 제대로 작동할 때 우리의 일상을 풍부하게 하는 촉매제가 된다. 때로는 경제적 성취로 불가능한 갈증을 문화가 해소시킨다.

서울과 지방, 강북과 강남의 경제적 격차는 학력과 같은 제도화된 문화자본, 소유하는 문화상품, 그리고 몸으로 체득한 문화적 취향으로 교묘히 가려지지만 이러한 격차는 결국 사회계층의 소외를 가속시킨다. 좁은 땅에 비슷한 사람들이 몰려 사는 한국 사회에서 느끼는 문화적 박탈감은 땅이 넓고 여러 민족이 모여 사는 나라와 비교할 수 없을 정도로 민감하다. 문화는 이렇게 고상한 예술적 취향과 고매한 지식의 범주에 머물러 있지 않고 우리의 일상에 깊숙이 들어와 있다.

건축이 집을 짓는 것 이상의 문화적 행위인 것은, 감상 위주의 예술작품을 만들기 때문이 아니라 다양한 삶을 포용하는 현실 공간을 만들기 때문이다. 그래서 건축가는 조형예술품을 만드는 예술가가 아니라 삶을 조직하는 공간의 안무가按舞家에 가깝다. 인류 역사의 수많은 직업 가운데 건축가가 사회적 존중을 받았던 것은, 특정 건축주의 요구를 충족해주는 용역(서비스) 제공자 이상으로, 불특정다수를 위한 공적 역할을 부여받았기 때문이다. 도시와 건축물은 일단 지어지면 짧게는 수십 년, 길게는 수백 년을 간다. 사회의 근간이 되는 법과 제도보다 때로는 생명력이 길다. 땅과 공간은 이처럼 지속성을 갖기에 공적이다.

그러나 건축의 공공성을 인정하는 민간자본은 존재하지 않는다. 더구나 건설신화가 저물어가는 이 시대에 살아남기도 버거운 현실에서 건축가가 공공성까지 생각한다는 것은 낭만이거나 사치다. 때문에 공공성을 바라보는 새로운 집단적 시선이 필요하다. 우리 도시의 공공성은 정부청사, 광장, 혹은 대규모 공원을 조성하는 거창한 사업에만 있는 것이 아니다. 공공공간은 오히려 국가권력으로부터 독립적이면서도 개인화하지 않는 중간지대에 있다. '다름'을 인정하고 '같음'을 나누는 열린 곳이면 아파트 단지나 쇼핑몰도 반쯤은 공공공간이 될 수 있다.[19] 탈권위적이고 상업자본에 종속되지 않으면서 배타적이지 않은 건축이면 된다. 공적영역인 도시와 사적영역이 칼로 자르듯이 구분되지 않는 곳, 경제적 이익을 추구하는 상업과 문화가 공존하는 중간지대의 중간건축이 필요하다.

비행기에서 내려다보면 도시는 상자 모양의 건물과 도로망, 그 위를 느릿느릿 달리는 자동차로 보인다. 서양의 근대주의 도시계획가와 건축가들은 실제 도시를 이렇게 보았다. 제도판 위에 선과 면을 그림으로써 전근대적 삶을 개조할 수 있다고 믿었다. 자신감이었을까, 순진함이었을까? 오만함이었을까, 치밀한 전략이었을까? 지난 50년간 우리의 도시도 헬리콥터를 탄 정치인과 관료, 제도판 앞의 기술자들에 의해 이렇게 만들어졌다. 도시와 건축을 하늘에서 내려다보고 설계하는 관성은 지금도 계속되고 있다. 각종 '현상설계 공모전'에서 경쟁자들은 조감도와 모형이 당락을 좌우한다고 생각한다. 조감도鳥瞰圖는 이름 그대로 날아가는 새가 보는 그림이다. 조감도에서 표현되는 사람들은 『걸리버 여행기』의 난쟁이들과 다를 바 없다.

이제 정부는 거대한 개발사업이나, 눈에 띄는 미관사업에 칼을 직접 대는 집도의사에서 도시의 아픈 곳에 침을 놓는 한의사로 그 역할을 바꿔야 한다. 꼭 필요하다면 시범사업을 할 수는 있을 것이다. 하지만 어디까지나 좋은 민간건축이 자생하도록 하는 촉매제 이상을 넘지 않는 것이 좋다. 집을 짓는 일은 민간에게 맡기고, 수준 높은 중간건축이 도시의 깊숙한 곳에 골고루 생겨나도록 도시의 구조와 조직을 손질하는 일로 돌아가야 한다. 끊어진 길을 잇고 좁은 길은 넓히고, 공용주차장과 공공시설을 짓고, 사업을 관리하고 검증하는 역할로 돌아가야 한다.

걷는 곳에 문화가 살아 있다. 경제와 문화가 결합된 세계적인 도시는 모두 걸어다니는 곳이다. 무목적의 배회가 허락되는 곳, 서로 알지 못해도 지나치면서 일상의 문화를 공유하는 길이 살아 있는 곳이다. 온라인 시대에 이질적인 것들이 충돌하는 우리 도시의 이면도로는 더 이상 후미진 도시 뒤편이 아니라 한국형 도시 건축이 창발創發하는 출발점이 될 것이다.

주

Prologue 길과 속도

1| 「건축법」 제2조(정의) 1. 대지(堡地)란 「측량·수로 조사 및 지적에 관한 법률」에 따라 각 필지로 나눈 토지를 말한다. 제44조(대지와 도로의 관계) ① 건축물의 대지는 2m 이상이 도로(자동차만의 통행에 사용되는 도로는 제외한다)에 접해야 한다.

2| http://en.wikipedia.org/wiki/Wheel

3| 실제 폭은 그보다 넓었으나 중국을 의식해 이 사실을 기록하지 않았을 것으로 추측한다. 김성홍, 「종로의 상업 건축과 공간 논리」, 『종로: 시간, 장소, 사람』, 20세기 서울 변천사 연구 II, 서울학 연구 총서 13, 서울시립대학교 부설 서울학연구소, 2002, p.241.

4| 이 책에서는 물품이나 재화를 교환해 재화가 발생하는 모든 종류의 상업적 건축물을 포함하는 것이 아니라, 우리나라의 「건축법시행령」에서 정하는 근린생활시설 중 슈퍼마켓, 소매점, 음식점, 이용원, 미용원, 세탁소, 의원, 치과의원, 한의원, 탁구장, 체육도장, 서점, 금융업소, 사무소, 부동산중개업소 등 소개업소, 수리점, 사진관, 노래연습장, 그리고 판매 및 영업시설 중 도매시장, 소매시장(「유통산업발전법」에 의한 시장, 대형점, 백화점 및 쇼핑센터), 상점 등(「건축법시행령」 [별표 1])의 좁은 의미의 상업건축을 다루기로 한다.

PART 1 수레

1| 아시하라 요시노부, 김정동 옮김, 『건축의 외부공간』, 기문당, 2005; Ashihara, Yoshinobu, *Exterior Design in Architecture*, New York: Van Nostrand Reinhold, 1970.

2| Evans, Robin, "Figures, Doors and Passages", In *Architectural Design*, No.4, 1978.

3| 김성홍, 「종로의 상업 건축과 공간 논리」, 『종로: 시간, 장소, 사람』, 20세기 서울 변

천사 연구 II, 서울학 연구 총서 13, 서울시립대학교 부설 서울학연구소, 2002, p.236.

4 | 서울특별시, 『서울건축사』, 1999, pp.758~759; pp.760~761.

5 | Kostof, Spiro, *A History of Architecture: Settings and Ritual*, Oxford University Press, 1985, pp.213~215.

6 | 김성홍, 앞의 논문, 2002, pp.232~233; 전우용, 「근대 종로의 상가와 상인」, 『종로: 시간, 장소, 사람』, 20세기 서울 변천사 연구 II, 서울학 연구 총서 13, 서울시립대학교 부설 서울학연구소, 2002, pp.132~133.

7 | 한양대학교 문화인류학과 송도영 교수의 자문을 받아 참고한 문헌들이다. Bianca, Stefano, *Urban Form in the Arab World Past and Present*, New York: Thames&Hudson, 2000, p.128; Tsugitaka, Sato (Ed.), *Islamic Urbanism in Human History, Political Power and Social Networks*, London and New York: Kegan Paul International, 1997, pp.12~14.

8 | http://en.wikipedia.org/wiki/Grand_Bazaar,_Istanbul

9 | Bianca, Stefano, *Urban Form in the Arab World Part and Present*, New York: Thomes&Hudson, 2000, p.122~123.

10 | 「증보판 CD-ROM 국역 조선왕조실록」, 한국데이타베이스연구소, 1995, 1997; 김성홍, 앞의 논문, 2002, pp.232~233.

11 | 채호경, 「개항 이후 인천 청국 조계지의 주택 및 상업 건축에 관한 연구」, 서울시립대학교 건축학과 석사학위논문, 2003.

12 | 김홍식, 『민족건축론』, 한길사, 1987.

13 | 이세호, 「재래시장의 재개발·재건축에 관한 연구」, 2005년 건축가협회 재래시장 포럼 발표자료, 중소기업청 시·도 대상 조사, 2004.

14 | 『PASCAL 세계대백과사전』, 동서문화, 2002, 20권 pp.12047~12060; 26권 pp.15294~15295.

15 | http://en.wikipedia.org/wiki/Glass

16 | Braudel, Fernand, *The Wheels of Commerce, Civilization and Capitalism 15th~18th Century*, Vol.2, Perennial Library, Harper&Row, 1979; KIM, Sung Hong,

Viusal and Spatial Metaphors of Shop Architecture, Ph.D. Dissertation, College of Architecture, Georgia Institute of Technology, 1995.

17 | KIM, Sung Hong, 위의 논문, 1995, pp.19~22.

18 | KIM, Sung Hong, 위의 논문, 1995, p.112.

19 | 아돌프 로스가 비엔나의 중심지에 설계한 상점: Goldman & Salatsch men's clothing shop on the Michaelerplatz(1898); Sigmund Steiner Plume and Feather store(1907); Knize store(1909~1913); Manz book shop(1912). KIM, Sung Hong, 위의 논문, 1995, pp.112~114. 원출처: Gravagnuolo, Benedetto, *Adolf Loos: Theory and Works*, New York: Rizzoli, 1982.

20 | 한스 홀라인이 그라벤가에 설계한 상점: Retti candle shop(1964~1965); Schullin Jewellery shop(1972).

21 | 이 글의 일부는 아래 책의 기고문과 논문의 일부를 발췌 및 수정한 것이다. 김성홍, "특집 도시풍경: SHOW+WINDOW", 「窓과 門: 현대건축의 역설」, 『建築』, 大韓建築學會誌, 제48권 제2호, 2004. 2, pp.38~40; KIM, Sung Hong, 앞의 논문, 1995.

22 | 삼화크리스탈 홈페이지 www.scrystal.com

23 | 한글라스 홈페이지 www.hanglas.co.kr

24 | 손정목, 『서울 도시 계획 이야기』, 제2권, 2003, pp.220~222.

25 | Lancaster, Bill, *The Department Store: A Social History*, Leicester University Press, 1995, p.4.

26 | Benjamin, Walter, *Reflections: Essays, Aphorisms, Autobiographical Writings*, (Trans. by Edmund Jephcott), Schocken Books, 1978.

27 | Williams, R.H., *Dream Worlds: Mass Consumption in Late Nineteenth-Century France*, University of California Press, 1982.

28 | http://en.wikipedia.org/wiki/GUM_Department_Store

29 | 김성홍, 『도시 건축의 새로운 상상력』, 현암사, 2009, p.137.

30 | http://en.wikipedia.org/wiki/Queen_Victoria_Building

31 | 시드니 아케이드(킹-조지가 연결), 로얄 아케이드(피트-조지가 연결), 빅토리아 아케이드(엘리자베스-캐슬리치가 연결), 시티 아케이드(피트-조지가 연결), 임페리얼 아케이드(피트-캐슬리치가 연결), 스트랜드 아케이드 등이다. Geist, J.F., *Arcades: The History of a Building Type*, The MIT Press, 1983, pp.534~556.

32 | *City of Sydney, Priority Design Project Update*, September 1977.

33 | *Progressive Architecture* 12:78, *A White ship or a black hole*, pp.68~69.

34 | 우림시장 관련 보도 내용- http://www.pressian.com/article/article.asp?article_num=10090723190133&section=02; http://www.hankyung.com/news/app/newsview.php?aid=2010012994411; http://news.naver.com/main/read.nhn?mode=LSD&mid=sec&sid1=101&oid=038&aid=0000210793; http://news.sbs.co.kr/section_news/news_read.jsp?news_id=N1000044658; http://www.mt.co.kr/view/mtview.php?type=1&no=2008120910593907125&outlink=1

35 | 《동아일보》 '공간의 역사'에 기고한 글을 수정 및 보완했다. 《동아일보》, 2009. 7. 8. A20; 장용태, 「일제 강점기 남대문로 일대의 백화점 건축에 관한 연구」, 서울시립대학교 석사학위논문, 2002; Kim, Sung Hong & Jang, Yong Tae, "Urban Morphology and Commercial Architecture on Namdaemun Street in Seoul", *International Journal of Urban Sciences* 6(2), 2002, pp.141~154.

36 | 김병도·주영혁, 『한국 백화점 역사』, 서울대학교출판부, 2006.

37 | 위의 책에서 이 장의 내용과 관련이 있는 부분을 선별하고 요약 정리했다.

38 | 건축법상 백화점은 판매시설에 해당한다. 「건축법시행령」 [별표 1] 7. 판매시설; 유통산업발전법상 백화점은 대규모점포에 해당한다. "대규모점포"라 함은 다음 각 목의 요건을 모두 갖춘 매장을 보유한 점포의 집단으로서 대통령령이 정하는 것을 말한다. 가. 하나 또는 대통령령이 정하는 2 이상의 연접되어 있는 건물 안에 하나 또는 여러 개로 나누어 설치되는 매장일 것. 나. 상시 운영되는 매장일 것. 다. 매장면적의 합계가 3천 제곱미터 이상일 것. 「유통산업발전법」 제2조(정의) 3호; 대형 마트, 전문점, 백화점, 쇼핑센터, 복합쇼핑몰이 대규모점포에 포함된다. 「유통산업발전법시행령」 제3조, 제5조2 [별표 1].

39 | http://www.noevalues.com/; http://en.wikipedia.org/wiki/Noe_Valley,_San_Francisco,_California

40 | 제이비 잭슨(J.B. Jackson)은 스펭글(Spengle)을 인용해 다음과 같이 썼다. "[the houses] in all Western cities turn their facades, their faces, and in all Eastern cities turn their backs, blank wall and railing, towards the street.", Jackson, J.B., "The Discovery of the Street", In Glazer, N. and Lilla Mark (Eds.), *The Public Face of Architecture: Civic Culture and Public Spaces*, The Free Press, 1987, pp.75~86.

41 | Whyte, William, *Street Corner Society*, University of Chicago Press, 1943.

42 | 사바나와 비교되는 곳은 미국의 북동부의 뉴헤이븐(New Haven)이다. 뉴헤이븐은 사바나보다 먼저인 17세기 중반에 형성되었는데 정사각형 평면의 마을을 정확하게 9개로 분할했다. 녹지를 중심으로 사방에 교회, 공공건축, 주택을 세웠다. http://en.wiki pedia.org/wiki/Squares_of_Savannah,_Georgia; 청교도의 이상적 공동체의 모습을 기하학적 평면에 그대로 투영했다. Kostof, Spiro, 앞의 책, 1985, pp.612~623.

43 | 헬싱키 도시계획국(Helsinki City Planning Department) Town Planning Division의 건축가 Ulla Kuitunen와 2010년 7월 15일 인터뷰를 했다.

44 | 《연합뉴스》, 2011. 4. 14.

45 | 손정목 교수와의 두 차례 면담(2010년 가을, 2011년 봄)과 특강(2011년 5월 31일)에서 이 사실을 확인했다. 한국의 근대적 기업 역사는 박흥식과 이병철로 이분된다는 것이 손 교수의 생각이었다.

46 | 서울특별시, 「영동 1, 2지구 실태분석 평가 및 관리방안」, 2010, pp.221~222.

PART 2 자동차

1 | 『PASCAL 세계대백과사전』, 동서문화, 2002, p.4138.

2 | 위의 책, 2002, p.4137; [동아일보 속의 근대 100景]〈97〉신작로, http://news.donga.com/3/all/20100218/26250057/1

3 | 豊基邑誌, 豊基邑誌編纂委員會, 1997, pp.424~425.

4 | Jackson, J.B., "The Discovery of the Street", pp.75~86; "The American Public Space", pp.276~291. In Glazer, Nathan & Lilla, Mark (Eds.), *The Public Face of Architecture: Civic Culture and Public Spaces*, The Free Press, 1987.

5 | http://en.wikipedia.org/wiki/Dallas_(TV_series)

6 | "Houston, Texas, has come to represent the automobile-oriented city in its purist form. With a vast growth in area and a steady increase in automobile commuting to ever-higher office buildings (95% of Houstonians depend on cars for all their transportation), up to 70% of the central business district in now taken up roadways and parking. The lots also form a holding pattern for properties awaiting development.", Kostof, Spiro, *The City Assembled: The Elements of Urban Form Through History*, A Bulfinch Press Book Little, Brown and Company, 1992, p.286.

7 | 장 뤽 벵제르, 김성희 옮김, 『에너지 전쟁: 석유가 바닥나고 있다』, 청년사, 2007, pp.274~275.

8 | Frieden, B.J. & Sagalyn, L.B., *Downtown, Inc. How America Rebuilds Cities*, The MIT Press, 1983, p.48.

9 | Benevolo, Leonardo, *History of Modern Architecture: The Tradition of Modern Architecture* Vol.2, Cambridge: The MIT Press, 1971, pp.833~834; Rudofsky, Bernard, *Streets for People: A Primer for Americans*, Van Nostrand Reinhold Company, 1969, p.114; Gillette, Howard, "The Evolution of the Planned Shopping Center in Suburb and City", In *Journal of the American Planning Association*, Vol.51, No.4, 1985, pp.449~459.

10 | Gillette, Howard, 위의 책, 1985, p.455.

11 | 미국은 1956년, 주간 고속도로법(州間 高速道路法, Interstate Highway Act)을 제정하면서 전국적 고속도로 체계의 혁신을 가져왔다. Gandelsonas, Mario, *X-Urbanism: Architecture and the American City*, Princeton Architectural Press, 1999, p.30.

12 | http://en.wikipedia.org/wiki/Interstate_Highway_System

13 | Frieden, B.J. & Sagalyn, L.B., 앞의 책, 1983, pp.45~46.

14 | Gans, Herbert J., "Levittown and America" from the The Levittowns, In LeGates, Richard and Stout, Frederic (Eds.), *The City Reader*, Second Edition, London and New York: Routledge, 2000, pp.63~68.

15 | "The car supplemented house and the television supplemeted the city, to which the single-family house becomes a crucial component (…) The car finally becomes the house (as in the mobile home); the television becomes the city (…)", Gandelsonas, Mario, *X-Urbanism: Architecture and the American City*, Princetom Architectual press, 1999, p.32.

16 | 헤이든 돌로레스는 도시계획에서 나타난 여성의 노동 분화에 관한 다양한 비판을 하면서 참여와 행동을 제안하고 있다. Hayden, Dolores, "What Would a Non-sexist City Be Like? Speculations on Housing, Urban Design, and Human Work" from Catherine R. Stimpson et al. (Eds.), *Woman and the American City*, 1981, In LeGates, Richard and Stout, Frederic. (Eds.), 앞의 책, 2000, pp.503~518.

17 | "Suburbia: The Great Debate", "Controlling Suburban Growth in Europe", "The Great Freeway Revolt and After", In Hall, Peter, *Cities of Tomorrow*, Blackwell, 1988, pp.297~318.

18 | Carter, Peter, *Mies van der Rohe at Work*, Phaidon, 1999, pp.115~116.

19 | Benevolo, Leonardo, 앞의 책, 1971, pp.662~667.

20 | 「건축법」 제46조(건축선의 지정) ① 도로와 접한 부분에 건축물을 건축할 수 있는 선[이하 "건축선(建築線)"이라 한대은 대지와 도로의 경계선으로 한다. ② 특별자치도지사 또는 시장·군수·구청장은 시가지 안에서 건축물의 위치나 환경을 정비하기 위하여 필요하다고 인정하면 제1항에도 불구하고 대통령령으로 정하는 범위에서 건축선을 따로 지정할 수 있다.

21 | Gandelsonas, 앞의 책, 1999, pp.34~35.

22 | Venturi, Robert, et al., *Learning from Las Vegas: The Forgotten Symbolism of Architectural Form*, The MIT Press, 1977.

23 | Urban Land Institute, *Shopping Center Development Handbook*, Second Edition,

Washington D.C.: ULI-the Urban Land Institute, 1985; 김성홍, 「쇼핑몰의 空間組織에 관한 연구: 北美의 사례를 중심으로」, 大韓建築學會論文集 12卷 11號 通卷 97號 1996年 11月號, pp.39~50.

24 "Going Shopping", *Metropolis* October 1988, pp.112~113; Urban Land Institute, 앞의 책, 1985, pp.4~10.

25 "Shopping Centers", *Architectural Record*, April 1982, pp.124~139.

26 Crawford, Margaret, "The World in a Shopping Mall", In Sorkin, Michael (Ed.), *Variations on a Theme Park: The New American City and the End of Public Space*, New York: Hill and Wang, The Noonday Press, 1992, p.10.

27 Gruen, V. & Smith, L., *Shopping Towns USA: The Planning of Shopping Centers*, New York: Reinhold Publishing Corporation, 1960.

28 "Retail Archtypes", *Metropolis* October 1988, pp.110~111.

29 Frieden, B. J. & Sagalyn, L.B., 앞의 책, 1983, p.13.

30 "Introversion and the urban context", *Progressive Architecture* 12:78, pp.49~63.

31 Kowinski, W.S., *The Malling of America: An inside look at the great consumer paradise*, New York: William Morrow and Company, Inc., 1985.

32 Crawford, Margaret, 앞의 책, 1992, pp.3~30.

33 에드먼턴몰의 연면적 자료는 참고문헌에 따라 다소 차이가 있는데 연면적 473,800㎡, 임대면적(GLA) 353,000㎡이다. GLA의 자료를 기준으로 환산하면 350,000㎡/14,000대 = 약 25㎡/대당이 된다. 쇼핑산업계는 임대면적 17㎡ 당 1대(5.5대/1,000 sq ft of GLA)를 제시한다. "Myths of Malls and Men", *The Architects' Journal*, 18 May 1988, pp.38~45; Frieden, B. J. & Sagalyn, L.B., 앞의 책, 1983, p.75.

34 아이파크몰은 용산 민자역사의 일부이지만 일반인에게 널리 사용되는 명칭이므로 그대로 쓰기로 한다. 노수일, 「용산 민자역사의 프로그램과 공간 구성에 관한 연구」, 서울시립대학교 대학원 석사학위논문, 2007, pp.66.

35 《조선일보》, 2000. 10. 4. http://news.chosun.com

36 | 2007년 미국의 소매, 음식숙박, 운송업에 종사하는 자영업자의 비율은 1.2%이다. 반면 한국은 13.8%이다. 원출처: OECD http://webnet.oecd.org/wbos/

37 | Frieden, B. J. & Sagalyn, L.B., 앞의 책, 1983, pp.82~83.

38 | 다음에 기고한 글에서 발췌 및 수정했으. "시애틀에서 아시아 도시를 보다", 서울시립대 소식, 34, 2006 여름, pp.6~7.

39 | 《한국경제신문》, 2008. 10. 31. http://www.hankyung.com/

40 | Harvey, David, "Flexible Accumulation through Urbanization: Reflections on Post-Modern in the American City", In *Perspecta* 26, 1990, p.267.

41 | http://en.wikipedia.org/wiki/Pruitt-Igoe

42 | Jencks, Charles, *The Language of Post-modern Architecture*, New York: Rizzoli, 1977, p.9.

43 | Harvey, David, 앞의 글, 1990, p.252.

44 | 제인 제이콥스, 유강은 옮김, 『미국 대도시의 죽음과 삶』, 그린비, 2010; Jacobs, Jane, *The Death and Life of Great American Cities*, New York: Vintage Books, 1961.

45 | Wilson, Elizabeth, Rook Reviews: The Death and Life of Great American Cities. In *Harvard Design Magazine*, Fall 1988, pp.85~86.

46 | Frieden, B. J. & Sagalyn, L.B., 앞의 책, 1983.

47 | Harvey, David, 앞의 글, 1990, pp.265~266.

48 | "Gateway to a Revived Waterfront", *Architectural Record*, April 1990, pp.103~104.

49 | "A place in Santa Monica", *Progressive Architecture* 7:81, pp.84~89.

50 | "We advocate the restructuring of public policy and development practices to support the following principles: neighborhoods should be diverse in use and population; communities should be designed for the pedestrian and transit as well as the car; cities and towns should be shaped by physically defined and universally accessible public spaces and community institutions; urban places should be framed by architecture and landscape design that celebrate local history, climate, ecology, and

building practice.", Leccese, Michael et. al., (Eds.), *Charter of The New Urbanism*, Congress for the New Urbanism, McGraw-Hill, Inc., 2000, p.6.

51 김성홍, 『도시 건축의 새로운 상상력』, 현암사, 2009, pp.185~187.

52 Katz, Peter, *The New Urbanism: Toward an Architecture of Community*, McGraw-Hill, Inc., 1994, pp.3~17; "The Town of Seaside", Duany, Andres and Plater-Zyberk Elizabeth, The Library of the University of California at Berkely, pp.44~50; Kostof, Spiro, *The City Shaped: Urban Patterns and Meanings through History*, A Bulfinch Press Book Little Brown and Company, 1991, pp.276~277; Hall, Peter, 앞의 책, 1988, p.413.

53 Scully, Vincent, *American Architecture and Urbanism*, New York: Henry Holt and Company, 1988, pp.264~265.

54 http://en.wikipedia.org/wiki/Seaside,_Florida

55 《한겨레신문》, 2008. 3. 26. http://www.hani.co.kr/arti/society/area/278240.html

56 국가에너지위원회, 「제1차 국가에너지기본계획 2008~2030」, 2008, p.82.

57 LEED(Leadership in Energy & Environmental Design)는 국제적으로 표준화된 친환경 인증 시스템을 말한다. http://www.cnu.org/

58 2006년 미국의 에너지 소비량은 2,326백만 TOE(Ton of Oil Equivalent)으로 2위 중국(1,698백만)과 5위 인도(423백만)를 합친 것보다 많다. 우리나라는 226백만 TOE로서 세계 10위(전 세계 에너지의 약 2.1% 소비)다. 원출처: BP Statistics 2007, 국가에너지위원회, 앞의 보고서, 2008, p.38.

59 문화연대, 「문화도시 서울을 말하다. 서울시 민선 4기 문화정책평가 및 민선 5기 문화정책제안」, 문화정책포럼 자료, 2010.

60 할인점에 관한 일련의 글과 논문을 발췌 및 수정했다. Kim, Sung Hong, "The Transformation of Consumption Space in the Planning of Ilsan New Town in South Korea", 8th International Planning History Conference, University of New South Wales, Sydney, Australia, Proceedings, pp.482~487; 김성홍, 「소비문화와 자동차, 일산신도시의 대형 할인점」, 대한건축학회지 1998. 11; 김성홍, 「소비공

간과 도시: 신도시 대형 할인점과 문화이데올로기」, 大韓建築學會論文集 16권 1호(통권 135호), 2000. 1, pp.3~10; 김성홍, 「대형 할인점과 90년대 한국 도시의 일상」, 『이상건축』, No.106, 2001, pp.138~165; 김성홍, 「서울의 소비공간」, 도시과학총서 4, 서울시립대학교 도시과학연구원, 삼우사, 2002.

61 | 《조선일보》, 1996. 5. 6.

62 | 《조선일보》, 1997. 1. 7.

63 | 《동아일보》, 1998. 7. 13.

64 | 《중앙일보》, 2006. 5. 22.

65 | 《중앙경제》, 2010. 9. 10. E11. 원출처: 대한상공회의소, 2010 유통산업전망.

66 | 《중앙경제》, 2010. 8. 24. E1. 원출처: 국회지식경제위원회 공청회 자료집.

67 | 서울 양재동에는 농산물직거래 장터와 할인점을 접목시킨 하나로클럽(1995), 창고형 할인점인 코스트코(2000), 프리미엄 아웃렛인 하이브랜드(2004), 이마트(2005)가 가세하면서 대형 유통업체 간 영토 싸움장이 되었다. 여기다가 첨단 복합 쇼핑몰을 표방하는 파이시티가 2013년 들어설 예정이다. 《파이낸셜뉴스》, 2010. 6. 6. http://www.fnnews.com/view?ra=Sent1001m_View&corp=fnnews&arcid=0922004920&cDateYear=2010&cDateMonth=06&cDateDay=06

68 | 김성홍, 「2000년 이후 도시건축의 대형화와 건축사사무소의 변화에 관한 연구」, 大韓建築學會論文集 계획계, 25권 10호(통권 252호), 2009, pp.121~130. 위의 논문에서 2001~2008년 기간 중 건축허가면적의 동향에 관한 분석을 했으나 이 책에서는 1999~2000년을 추가했고 분석을 확대했다. 원출처: OECD http://webnet.oecd.org/wbos/

69 | 2010년 1분기 전체 자영업자 수는 551만 4천 명으로 1999년 1분기(543만 9천 명) 이후 11년 만에 최저 수준으로 줄었다. 외환위기 전에는 6백만 명에 달했던 자영업자는 외환위기 이후 550만 명 이하로 줄었다. 2010년 1분기 자영업자 수는 글로벌 금융위기 직전인 2008년 2분기(607만 3천 명)와 비교하면 55만 9천 명이 감소했다. 《한국경제신문》 2010. 7. 21. 1면.

70 | 대규모 점포는 대형 마트, 전문점, 백화점, 쇼핑센터, 복합 쇼핑몰을 포함한다. 대

규모점포에 관한 사항은 「유통산업발전법」 제2조, 제8조, 「유통산업발전법시행령」제3조, 제5조2 [별표 1]; 전통상업보존구역에 관한 사항은 「유통산업발전법」 제13조3; 근린생활시설의 건축여부에 관한 사항은 「국토의 계획 및 이용에 관한 법률 시행령」 [별표 2]; SSM의 규모에 관한 사항은 《한겨레신문》, 2011. 5. 2, 《중앙경제신문》, 2011. 5. 3. 신세계 이마트가 킴스클럽마트 인수 우선협상 대상자로 선정되면서 SSM시장에 진출을 본격화하고 있다는 기사에서 이마트는 330㎡ 이하인 매장은 이마트에브리데이, 330~2,640㎡ 규모인 매장은 이마트메트로 운영 중이라고 보도했다. 킴스클럽마트의 평균매장 면적은 660㎡ 이상, 롯데슈퍼의 평균매장 면적은 760㎡이며 2,645㎡까지 운영 중이다.

71 | 장 뤽 벵제르, 앞의 책, 2007, p.273.

72 | Droege, Peter, *Renewable City, A Comprehensive Guide to an Urban Revolution*, Wiley-Academy, 2006, p.29. 원출처: Broehl, J., "Wal-Mart Deploys Solar, Wind, Sustainable Design", RenewableEnergyAccess.com, 22 July 2005.

73 | '日 신도시 쇠락을 통해 본 한국 신도시의 미래 上: 고령화·저출산 직격탄', 《동아일보》, 2010. 5. 11. http://economy.donga.com/Top_Feed/3/0113/20100511/28246333/3

PART 3 승강기

1 | 이경훈, 「미쓰꼬시, 근대의 윈도우-문학과 풍속 1」, 한국문학연구학회 제54차 학술심포지엄, pp.105~106, 원출처: 이태준, 「어머니」, 『달밤』, 한성도서주식회사, 1935(재판), pp.259~260.

2 | 장용태, 「일제 강점기 남대문로 일대의 백화점 건축에 관한 연구」, 서울시립대학교 대학원 석사학위논문, 2002; Kim, Sung Hong & Jang, Yong Tae, "Urban Morphology and Commercial Architecture on Namdaemun Street in Seoul", *International Journal of Urban Sciences* 6(2), 2002, pp.141~154.

3 | 初田 亨, 『繁華街にみる都市の近代-東京』, 中央公論美術出版, 2001, p.296.

4 | 株式會社三越, 『三越のあゆみ, 株式會社三越 創立五十周年記念』, 1954.

5 | Kim, Sung Hong & Jang, Yong Tae, 앞의 논문, 2002, p.144, p.146; 손정목, 『日帝强占期 都市化過程研究』, 일지사, 1996, pp.360~384; 김백영, 『지배와 공간, 식민지 도시 경성과 제국 일본』, 문학과지성사, 2009, pp.177~204; Cumings, Bruce, "The Legacy of Japanese Colonialism in Korea", In R. H. Myers and M. R. Peattie (Eds.), The Japanese Colonial Empire, 1895~1945, 1984, pp.484~485.

6 | 미쓰코시 백화점의 건축면적은 1,409㎡, 조선은행 본관은 2,690㎡, 경성역사 본관은 2,637㎡였다. 미쓰코시 백화점의 연면적은 약 7,000㎡, 조선은행은 8,668㎡, 경성역사는 6,839㎡였다. 장용태, 앞의 논문, 2002; 김승희, 「1920~1940년대 경성역사 건축에 관한 연구」, 서울시립대학교 대학원 석사학위논문, 2004 ; 정석현, 「조선은행 건축의 내외부 공간 구성에 관한 연구」, 서울시립대학교 대학원 석사학위논문, 2005.

7 | Strakosch, George R. (Ed.), The Vertical Transportation Handbook, Third Edition, John Wiley&Sons, Inc., 1998, pp.4~9, p.527; Lepik, Andres, Skyscrapers, Prestel, 2004.

8 | Campi, Mario, Skyscrapers: An Architectural Type of Modern Urbanism, Birkhäuser, 2000; Lepik, Andres, 앞의 책, 2004; Zaknic, Ivan et al., 100 of the World's Tallest Buildings, Council on Tall Buildings and Urban Habitat, Images Publishing, 1998; Zukowsky, John and Thorne, Martha, Skyscrapers, The New Millenium, Prestel, 2000; Garreta, A.A. (Ed.), Skyscraper Architects, Atrium Group, 2004.

9 | Zaera-polo, Alejandro, "High-rise Phylum", New Skyscrapers in Megacities on a Warming Globe, In Harvard Design Magazine Spring/Summer 2007, Number 26, 2007.

10 | Strakosch, George R. (Ed.), 앞의 책, 1998, p.4.

11 | Yeang, Ken, The Green Skyscraper, The Basis for Designing Sustainable Intensive Buildings, Prestel, 1999.

12 | Zaknic, Ivan et al., 앞의 책, 1998, p.214.

13 | ①Burj Khalifa(828m), Dubai ②Taipei 101(508m), Taiwan ③Shanghai World

Financial Center(492m), Shanghai ④International Commerce Centre(484m), Hong Kong ⑤Petronas Tower 1(452m), Kuala Lumpur ⑥Petronas Tower 2(452m), Kuala Lumpur ⑦Nanjing Greenland Financial Centre(450m), Nanjing ⑧Willis Tower(442m), Chicago ⑨Guangzhou West Tower(438m), Guangzhou ⑩Trump International Hotel and Tower(423m), Chicago http://en.wikipedia.org/wiki/List_of_tallest_buildings_in_the_world

14 | Lepik, Andres, 앞의 책, 2004, pp.10~11.

15 | Zaera-polo, Alejandro, 앞의 논문, 2007.

16 | 2010년 현재 건설 중이거나 수년 내 완공 예정인 건물로는 인천 151타워(151층), 잠실 제2롯데월드(123층), 성수동 프로젝트(108층), 부산 해운대 관광리조트(106층), 부산 롯데타운(107층) 등이 있다. 《중앙선데이》, 제187호, 7면, 2010. 10. 10~11 http://sunday.joins.com/article/view.asp?aid=19117. 원출처: 소방방재청.

17 | Newman, Peter, "Sustainbility and Cities: The Role of Tall Buildings in this new Global Agenda", In Beadle Lynn (Ed.), *Tall Buildings and Urban Habitat*, 6th World Congress of the Council on Tall Buildings and Urban Habitat - Cities in the Third Millennium, Council on Tall Buildings and Urban Habitat, Melbourne Organizing Committee, Taylor & Francis, 2001, p.97.

18 | 윤순진, 「초고층 탑상형 건축물 에너지 관점에서 다시보기」, 『에너지전환 2007』 가을호, pp.18~24.

19 | 「주택법시행령」 제2조(공동주택의 종류와 범위); 「건축법시행령」 [별표 1] 용도별 건축물의 종류(제3조의4 관련) "가. 아파트: 주택으로 쓰는 층수가 5개 층 이상인 주택"으로 정의한다.

20 | 「건축법」 제64조(승강기) ① 건축주는 6층 이상으로서 연면적이 2천㎡ 이상인 건축물(대통령령으로 정하는 건축물은 제외한다)을 건축하려면 승강기를 설치해야 한다.

21 | 「건축법」 제4조(건축위원회); 「건축법시행령」 제5조(건축위원회); 제8조(건축허가); 한편 국제적인 추세를 반영해 초고층건물을 1백층 이상 5백m 이상으로 정의하기도 한다. 초고층복합빌딩사업단 홈페이지 www.supertall.org

22 | 「건설기술 쌍용」, Autumn 2010, vol. 56, pp. 4~5.
23 | http://en.wikipedia.org/wiki/Filipinos_in_Hong_Kong
24 | Lepik, Andres, 앞의 책, 2004, pp. 106~107; Campi, Mario, 앞의 책, 2000, pp. 134~135.
25 | Fosters and Partners, *Foster Catalogue 2001*, Prestel, 2001, p. 42.
26 | 김홍배, 「서울 명동 상업건축 저층부에 관한 연구」, 서울시립대학교 대학원 석사학위논문, 2007, pp. 40~41.
27 | Campi, Mario, 앞의 책, 2000, pp. 26~27.
28 | Lepik, Andres, 앞의 책, 2004, pp. 56~59.
29 | Zaknic, Ivan et al., 앞의 책, 1998, pp. 126~127.
30 | Whyte, William H., "The Social Life of Small Urban Spaces", In Glazer, Nathan & Lilla, Mark (Eds.), *The Public Face of Architecture: Civic Culture and Public Spaces*, The Free Press, 1987, p. 304.
31 | 이 부분은 다음 두 논문의 결과를 중심으로 작성했다. 윤한섭, 「테헤란로 고층 사무소 건축의 저층부에서 나타나는 공공 공간에 관한 연구」, 서울시립대학교 대학원 석사학위논문, 2001; 이경화, 「서울 고층 사무소 건축 저층부 변화에 관한 연구」, 서울시립대학교 대학원 석사학위논문, 2007.
32 | 이경화, 위의 논문, 2007, p. 7. 원출처: 『포스코건설지』, 동아건설, 1995.
33 | 설정임, 「서울도심의 복합영화관 건축에 관한 연구」, 서울시립대학교 대학원 석사학위논문, 2004.
34 | "서울지하도 상가 공개입찰 갈등 증폭", 《중앙일보》, 2009. 3. 23.
35 | 34층 높이의 두타에는 6백여 개의 매장이 8개 층에 걸쳐 배치되어 있었다. http://www.doota.com/
36 | "대형 쇼핑몰 성공신화 끝났나", 《아시아경제신문》, 2009. 10. 11. http://www.asiae.co.kr/news/view.htm?idxno=2009100916222404178; 김경민, 『도시개발, 길을 잃다』, 시공사, 2011.
37 | 윤태원, 「신도시근린상업용지의 배치와 건축적 특성에 관한 연구」, 중앙대학교 대학원 석사학위논문, 1999. 12.

38 | 이희수 외, "택지개발지구내 상업용지 토지이용계획 수립방안", 《한국부동산학보》, 2010.

39 | 국토해양 통계누리-자료마당-통계연보- 용도별 건축물 현황 www.mltm.go.kr

40 | (주)디에이그룹 엔지니어링 종합건축사사무소 개발기획본부 K 상무, (주)해안건축사사무소 L 부사장 등의 자문을 받았다.

41 | 2006년 이후 용도지역의 비율은 다소 변화되었지만 여기에서는 2006년 자료를 인용했다. 장남종, 「서울시 일반주거지역 세분화에 따른 개발양상 변화에 관한 연구」, 서울시립대학교 대학원 도시공학과 박사학위논문, 2008, pp.23~24; 국토해양 통계누리-자료마당-통계연보-시도별 용도지역 현황 www.mltm.go.kr

42 | 김성홍, 「2000년 이후 도시건축의 대형화와 건축사사무소의 변화에 관한 연구」, 大韓建築學會論文集 계획계, 25권 10호(통권 252호), 2009, pp.121~130에서 2001~2008년 기간 중 건축허가면적의 동향에 관한 분석을 했으나 이 책에서는 1999~2000년을 추가했고 분석을 확대했다.

43 | 국토해양 통계누리-자료마당-통계연보-주택보급율 www.mltm.go.kr

44 | 「주택법」에서는 단지형다세대주택, 단지형연립주택과 함께 원룸형(50㎡ 미만)을 포함시키고 있다. 그러나 근린생활시설을 개조한 원룸은 주택법의 적용을 받지 못한다. 용도 변경을 하기 위해서는 주차장 및 소방기준을 충족해야 하지만 현실적으로 불가능한 경우가 많다. 서울시립대학교 도시과학연구원 김문일 박사의 자문을 받았다. 「주택법」 제2조(정의) 4. "도시형 생활주택"이란 3백세대 미만의 국민주택규모에 해당하는 주택으로서 대통령령으로 정하는 주택을 말한다. 〈시행일 2011. 7. 1〉; 시행령, 제3조(도시형생활주택) 2. 원룸형 주택: 「건축법시행령」 [별표 1] 제2호 가목부터 다목까지의 어느 하나에 해당하는 주택으로서 다음 각 목의 요건을 모두 갖춘 주택. 가. 세대별로 독립된 주거가 가능하도록 욕실, 부엌을 설치할 것. 나. 욕실을 제외한 부분을 하나의 공간으로 구성할 것. 다. 세대별 주거전용면적은 12㎡ 이상 50㎡ 이하일 것. 라. 각 세대는 지하층에 설치하지 아니할 것.

45 | 다음의 논문의 내용을 발췌, 요약했다. 양행용·김성홍, 「1970~80년대 초반 서

울의 아파트단지 노선상가의 도시 건축적 특성에 관한 연구」, 大韓建築學會論文集 계획계, 27권 2호(통권 268호), 2011, pp.81~90.

46 | 국토해양 통계누리-자료마당-통계연보-층수별 건축물 현황 www.mltm.go.kr

PART 4 온라인

1 | http://twitter.com/#TwitCamp

2 | Webber, Melvin, "The Urban Place and the Nonplace Urban Realm", In *Explorations into Urban Structure*, University of Pennsylvania Press, 1964, pp.79~153.

3 | Virillo, Paul, "The Overexposed City", In *Zone 1/2*, John Hopkins University Press, 1986, pp.14~31.

4 | Bell, Daniel, *The Coming of Post-Industrial Society: A Venture in Social Forecasting*, Basic Books, Inc., 1973, pp.487~489.

5 | 마뉴엘 카스텔, 김묵한·박행웅·오은주 옮김, 『네트워크 사회의 도래』, 한울아카데미, 2003; Castells, Manuel, *The Rise of the Network Society, The Information Age: Economy, Society and Culture* Vol.I, Cambridge, MA; Oxford, UK: Blackwell, 1996, second edition, 2000.

6 | Mitchell, William, *City of Bits: Space, Place, and the Infobahn*, The MIT Press, 1995.

7 | 신문 구독률은 2010년 29.5%로 2001년 51.3%와 비교하면 거의 절반 수준이며, 지난 2006년 34.8%, 2009년 31.5%와 비교해도 추락을 계속하고 있다. 원출처: 뉴스앤뉴스 http://www.viewsnnews.com/article/view.jsp?seq=68452

8 | 마르쿠스 슈뢰르, 정인모·배정희 옮김, 『공간, 장소, 경계: 공간의 사회학 이론 정립을 위하여』, 에코리브르, 2010, pp.285~312; Schroer, Markus, *Räume, Orte, Grenzen: Auf dem Weg Zu einer Soziologie des Raums*

9 | Kim, Sung Hong, "From Online to Offline: The Emergence of a New Urban Community In the Age of Information Technology", *(Un) Bounding Tradition: The Tensions of Borders and Regions*, 8th Conference of the International Association

for the Study of Traditional Environments, Hong Kong, 2002, pp. 11~12; 위의 연구는 발췌 및 수정해 다음의 글로 기고한 바 있다. 《공간》, 0303, pp. 182~187; Kim, Sung Hong, "The Paradox of Public Space in the Asian Metropolis", In S.H. Kim and P.C. Schmal (Eds.), *Germany Korea Public Space Forum*, Korean Organizing Committee for the Guest of Honour at the Frankfurt Book Fair 2005(KOGAF) & Deutsches Architektur Museum, Seoul and Frankfurt, 2005, pp. 15~22.

10 | "Share of ICT in value added as a percentage of total business services and total manufacturing value added", 2001. http://stats.oecd.org/Index.aspx?Dataset Code=CSP2010

11 | 2002년에 한국예술종합학교 이종호 교수를 통해 SK Telecom 자료를 분석했다.

12 | http://en.wikipedia.org/wiki/Social_networking_websites

13 | 오경석 외, 『한국에서의 다문화주의』, 한울아카데미, 2007.

14 | 2011년 9월 30일부터 시행되는 「개인정보보호법」은 주민등록번호 등의 고유식별정보는 원칙적으로 처리를 금지하고, 별도의 동의를 얻거나 법령에 의한 경우 등에 한하여 제한적으로 예외를 인정하는 한편, 대통령령으로 정하는 개인정보처리자는 홈페이지 회원가입 등 일정한 경우 주민등록번호 외의 방법을 반드시 제공하도록 의무화하고 있다. 제정 2011. 3. 29. 법률 제10465호. http://likms.assembly.go.kr/law/jsp/main.jsp

15 | ① Seoul, 10,231,000, ② São Paulo, 10,009,000 ③ Bombay, 9,925,000 ④ Jakarta, 9,373,000 ⑤ Karachi, 9,339,000 ⑥ Moskva(Moscow), 8,297,000 ⑦ Istanbul, 8,260,000 ⑧ Mexico(Mexico City), 8,235,000 ⑨ Shanghai, 8,214,000 ⑩ Tokyo, 8,130,000 ⑪ New York(NY), 8,008,000 ⑫ Bangkok, 7,506,700 ⑬ Beijing, 7,362,000 ⑭ Delhi, 7,206,000 ⑮ London, 7,074,000. Largest Cities Ranked by Population, 2007. http://www.citiymayors.com/features/lagest_cities1.html

16 | Hillier, B. & Hanson, J., *The Social Logic of Space*, Cambridge University Press, 1984.

17 | 《조선일보》, 2011. 6. 29. 반면 폐기된 정수장 시설을 허물지 않고 만든 선유도 공

원이 최고로 뽑혔다. 수돗물을 담아놓던 정수지의 콘크리트 기둥들을 없애지 않고 담쟁이덩굴을 키우는 등 평범한 구조물의 역사성을 살린 수작으로 평가했다.

18 | 이 장은 이 책이 출간되기 전에 일부를 발췌해 '우리 도시 속 이방공간'이라는 제목으로 다음의 책에 기고했음을 밝힌다. 「우리 도시 속 이방공간」, 『문화/과학 67』, 문화과학사, 2001 가을, pp. 247~259.

19 | 빅토 터너, 박근원 옮김, 『의례의 과정』, 한국심리치료연구소, 2005; Turner, Victor, *The Ritual Process*, Cornell University Press, 1969.

20 | http://en.wikipedia.org/wiki/Liminality

21 | 김성홍, 「용산공원 아이디어 공모전을 심사하고 나서」, 용산공원 아이디어 공모 작품집, 국토해양부, 2009. 12, pp. 291~294.

22 | 서울특별시, 「서울 글로벌 도시화 기본계획 및 장기구상」, 제1권 현황편, 2008, pp. 160~212.

23 | 조경진, 「이태원스토리, 다문화를 보는 다섯 가지 코드」, 『서울다움』 제4호, 서울문화포럼, 2009, pp. 10~63; 송도영, 「종교와 음식을 통한 도시공간의 문화적 네트워크: 이태원 지역 이슬람 음식점들의 사례」, 『비교문화연구』 제13집 1호, 2007, pp. 98~99; 김은실, 「지구화 시대 근대의 탈영토화된 공간으로서 이태원에 대한 민족지역 연구」, 『변화하는 여성문화 움직이는 지구촌』, 푸른사상사, 2004.

24 | 조경진, 위의 글, 2009, p. 48.

25 | 《연합뉴스》, 2010. 12. 6. www.yonhapnews.co.kr

26 | 양행용・김성홍, 「1970~80년대 초반 서울의 아파트단지 노선상가의 도시 건축적 특성에 관한 연구」, 大韓建築學會論文集 계획계, 27권 2호(통권 268호), 2011, pp. 81~90; "아파트 문화사, 강남아파트 시대의 서막을 열다, 반포아파트", 《매일경제》, 2009. 7. 6. www.mk.co.kr

27 | 서울특별시, 「영동 1, 2지구 실태분석 평가 및 관리방안」, 2010, pp. 237~241.

28 | 《머니투데이》, 2010. 12. 16. www.mt.co.kr; 《매일경제》, 2009. 8. 28. www.mk.co.kr

29 | 《한국경제》, 2010. 9. 16. www.hankyung.com

30 《연합뉴스》, 2009. 4. 21. www.yonhapnews.co.kr

31 《매일경제》, 2009. 10. 26. www.mk.co.kr

32 Newman, Oscar, *Defensible Space: Crime Prevention through Urban Design*, New York: Collier Books, 1972.

33 Hillier, B. & Hanson, J., 앞의 책, 1984; Low, S., "The Edge and the Center: Gated Communities and the Discourse of Urban Fear", *American Anthropologist*, March, Vol.103, No.1, 2001, pp.45~58. Posted online on December 10, 2004. www.anthrosource.net; Blakely, E. J., and M.G. Snyder, "Separate places: Crime and security in gated communities", In M. Felson and R.B. Peiser (Eds.), *Reducing crime through real estate development and management*, Washington D.C.: Urban Land Institute, 1998, pp.53~70.

34 양행용·김성홍, 앞의 논문, 2011, pp.81~90.

35 노수일, 「용산민자역사의 프로그램과 공간구성에 관한 연구」, 서울시립대학교 대학원 석사학위논문, 2007.

36 《프라임경제》, 2010. 11. 23. www.newsprime.co.kr

37 《한겨레신문》, 2011. 7. 14; 《중앙일보》, 2011. 7. 14.

38 《중앙일보》, 2010. 3. 26.

39 「도시계획시설의 결정·구조 및 설치기준에 관한 규칙」 제9조(도로의 구분)에 따르면 일반도로의 최소 기준은 4m 이상이다. 소로는 1류(12m 미만), 2류(10m 미만), 3류(8m 미만)로 구분된다. 중로는 12m 이상~25m 미만, 대로는 25m 이상~40m 미만, 광로는 40m 이상이다.

40 1972년 11월에 서울시는 영동지구의 최소 대지면적을 165m^2(50평)로 제한하는 조치를 취했다. 당시 「건축법시행령」상의 최소 대지면적은 90m^2(27평)였다. 준주거지역은 165m^2(50평) 이상, 주거전용지역은 231m^2(70평), 상업지역은 330m^2(100평) 이상으로 규정했다. 신축 건축물의 1층 바닥면적은 66m^2(20평)로 제한했다. 서울특별시, 「영동 1, 2지구 실태분석 평가 및 관리방안」, 2010, p.19.

41 오덕성·문홍길, 『도시설계』, 기문당, 2000, p.283.

42 | 《중앙일보》, 2010. 3. 26.

43 | 서울특별시, 「서울 글로벌 도시화 기본계획 및 장기구상」, 제1권 현황편, 2008, pp.324~375.

44 | Willaims, Raymond, *Culture and Society 1780~1950*, New York: Colombia University Press, 1958, p.16.

45 | Warde, Alan, "Production, consumption and cultural economy", In du Gay, Paul and Pryke Michael (Eds.), *Cultural Economy, Cultural Analysis and Commercial Life*, Sage Publications, 2002, pp.185~200.

46 | Featherstone, Mike, *Consumer Culture and Postmodernism*, Sage Publications, 1991.

47 | 문화체육관광부 예술경영지원센터, 「2009 문예회관 운영현황 조사(2008년 기준)」, 2009, p.40.

48 | Blau, Judith R., *The Shape of Culture: A Study of Contemporary Cultural Patterns in the United States*, Cambridge University Press, 1989, pp.17~27.

49 | "Forget Tokyo. (…) Design aficionados are now heading to Seoul", *The New York Times*, 2010. 1. 10.

50 | "It's an appallingly repetitive sprawl of freeways and Soviet-style concrete apartment buildings, horribly polluted, with no heart or spirit to it", *Lonely Planet*, 2010. 1. 12.

51 | 이 부분은 필자가 기고한 다음의 글에서 발췌·인용·수정했다. 김성홍, "서울은 지금 두 얼굴로 숨쉰다",《주간동아》722호, 2010. 2. 3. pp.62~63.

52 | Pool풀, 「2010 Pool풀」; 「긍지의 날, 2010 풀 시즌 개막전」.

Epilogue 저무는 건설한국의 신화

1 | 마누엘 카스텔, 김묵한·박행웅·오은주 옮김, 『네트워크 사회의 도래』, 한울아카데미, 2003, p.29, p.31, pp.34~35; Castells, Manuel, *The Rise of the Network Society*, Blackwell Publishers Ltd., 2000. 독자를 위해 번역본을 일부 의역해 편집했다.

2 | Rana Foroohar, "So Japan is preparing to usher in a new government against a backdrop of worry that the nation is already Asia's political and economic also-ran, prematurely playing No. 2 to China. (…) but in recent years China looked set to surpass Japan by 2010 or shortly thereafter. Now, with China still growing at 8 percent a year and Japan shrinking, commentators in Japan have been forced to admit that the switch will likely come even sooner", "Japan is Fading", Newsweek, August 24 & 31, 2009, pp.29~31.

3 | Takashi, Yokota, "(…) The LDP's core strategy was solidified in the 1970s, when the steely Prime Minister Kakuei Tanaka revamped the nation's infrastructure, building a vast new network of highways and bullet trains connecting the cities to rural areas-all of which sped Japan's industrial development and distributed plenty of port to key allies like the construction industry", "But the good times came to a crashing end in the early 1990s, when the crash of a huge real-estate bubble triggered the beginning of Japan's lost decade", "(…) Instead of directly addressing slowing growth, the LDP continued to steer cash to old allies in construction and in rural areas rather than create industries of the future. The result was that the Japanese government kept building impossibly expensive roads and bridges to nowhere, even as average annual GDP growth for the 1990s dropped to less than 2 percent. Disgruntled voters began noticing the party's darker side-its coziness with interest groups and its endemic corruption", "How Koizumi did in the LDP", Newsweek, August 24 & 31, 2009, pp.33~34.

4 | 차세대 성장 동력 10대 산업은 지능형 로봇, 미래형 자동차, 차세대 전지, 디스플레이, 차세대 반도체, 디지털 TV/방송, 차세대 이동통신, 지능형 홈네트워크, 디지털 콘텐츠·소프트웨어 솔루션, 바이오 신약·장기다. 정책기획위원회, 『대한민국의 미래, 그 비전과 전략』, 비봉출판사, 2007.

5 | 녹색성장 국가전략의 10대 정책방향은 효율적 온실가스 감축, 탈석유·에너지 자립강화, 기후변화 적응역량 강화, 녹색기술개발 및 성장 동력화, 산업의 녹색화 및

녹색산업 육성, 산업구조의 고도화, 녹색경제 기반 조성, 녹색국토·교통의 조성, 생활의 녹색혁명, 세계적인 녹색성장 모범국가 구현이다. http://www.green-growth.go.kr/www/policy/strategy/strategy.cms

6 | 필자가 발표한 논문에서 주요 내용을 인용·편집해 책에 맞도록 재구성했다. 김성홍, 「2000년대 이후 도시건축의 규모와 건축사사무소의 변화에 관한 연구」, 대한건축학회 논문집 계획계, 20권 2호, 2009. 10, pp. 279~282.

7 | 한국은행, 「우리나라의 국민계정체계」, 2005. http://webnet.oecd.org/wbos/

8 | 2003년부터 2007년까지 스페인 저축은행들은 해마다 부동산 대출을 30% 늘려왔다. 2010년 말 부동산 대출액은 약 1천억 유로(159조 원)로 저축은행 장부에 드러난 담보 대출액의 46%에 해당한다. "한국 저축은행 부실, 스페인과 닮은 꼴", 《한겨레신문》, 2011. 5. 5.

9 | 2010년 1월 현재 전국의 미분양 아파트는 2010년분 5만 채를 포함해 12만 채에 이르며, 통계에 잡히지 않는 미입주 아파트를 포함하면 15~16만 채에 이른다. 《한국경제신문》, 2010. 3. 10. 원출처: 국토해양부.

10 | 멕시코는 2007년 자료가 업데이트 되지 않아 2006년 자료를 사용했다.

11 | 지출접근방법에 의한 건설투자는 완성시점에 기업과 정부가 지출(구입)한 재화와 서비스의 가액을 의미한다. 건설투자는 주거부문(dwellings)과 비주거(other buildings and structures)로 나누어진다. 비주거는 주거를 제외한 기타 건축물, 토목구축물을 포함한다. 따라서 건설투자는 건축물과 토목구축물의 계획, 설계, 시공에 투입된 서비스와 재화를 모두 포함한다. 다만 지출접근법으로는 건축설계·엔지니어링 서비스의 비율을 구분할 수 없고, 생산접근법에서도 건축기술과 건축설계가 기타 서비스업에 포괄적으로 포함되어 있어 분류하기가 어렵다. 한국은행, 앞의 글, 2005, pp. 79~93, p. 143.

12 | 김진욱 외, 「건축설계·엔지니어링 산업동향조사 및 활성화방안 연구」, 건축도시공간연구소, 2009, p. 45.

13 | 일본은 금융 인구는 작은 반면 높은 서비스 인구를 갖고 있는 것으로 나타났는데 통계분류상의 차이에서 발생한 것으로 추측된다.

14 | 다음의 연구보고서를 참조하고 보완과 수정이 필요한 부분을 재조사해 글을 썼다. 김진욱 외, 앞의 글, 2009.
15 | 「건축법」 제2조(정의).
16 | 「건축사법」 제2조(정의) 제3호.
17 | 「건축기본법」 제3조(정의).
18 | 「건설산업기본법」 제2조(정의).
19 | 「건설기술관리법」 제2조(정의).
20 | 「국가를 당사자로 하는 계약에 관한 법률 시행령」 제43조2(지식기반사업의 계약방법).
21 | 「산업발전법」 제8조2항;「산업발전법시행령」 [별표 2] 지식서비스산업의 범위.
22 | 전문, 과학 및 기술서비스업(대분류, M)>건축기술, 엔지니어링 및 기타 과학기술서비스업(중분류, 72)>건축기술, 엔지니어링 및 관련 기술 서비스업(소분류, 721)>건축 및 조경설계 서비스업(세분류, 7211), 「건축설계·엔지니어링 산업동향조사 및 활성화방안 연구」, 2009, p.50. 원출처: 한국표준산업분류 9차, 2009.
23 | 김진욱 외, 앞의 글, 2009, pp.54~60.
24 | 이 전시에는 중견건축가에서부터 신진건축가, 아틀리에 사무소에서 대규모 사무실에 이르기까지 각 영역의 대표 건축가들이 참여했다. 이들이 내놓은 작품은 전통한옥, 교외주택, 도시집합주택, 상업건축, 사무실, 미술관, 정보센터, 도서관, 연수원, 지역사회 공공시설, 교회, 경기장 등 전통적 건축유형을 다양하게 결합하고 있다. 메가시티 네트워크는 33개의 분산된 작품을 엮는 틀로 건축가들이 어떻게 장소와 맥락, 사회경제적 배경을 창의적으로 해석하고 건축화 했는지 보여주었다. Megacity Network: Contemporary Korean Architecture, Deutsches Architektur Museum (DAM), Frankfurt, Germany, 2007. 12. 7~2008. 2. 17; Deutsches Architektur Zentrum (DAZ), Berlin, Germany, 2008. 6. 27~2008. 7. 17; Museum of Estonian Architecture, Tallinn, Estonia, 2009. 3. 20~2009. 4. 26; Espai Picasso(eP), COAC, Barcelona, Spain, 2009. 7. 30~2009. 9. 5; 『메가시티 네트워크: 한국 현대건축』展, 국립현대미술관, 2009. 12. 23~2010. 3. 7, 주최: 새건축사협의회+독일건축미술관, 독일건축센터, 에스토니아건축박물관, 바르셀로나건축

사협회, 국립현대미술관, 후원: 문화체육관광부, 참여 건축가: 유걸, 김인철, 조병수, 조남호, 황두진, 정기용, 이종호, 주대관, 권문성, 이충기, 김영준, 최문규, 조민석, 유석연, (주)공간건축, (주)정림건축, 영상작가: 안세권, 총괄기획: 김성홍.

맺는 글 희망의 중간건축

1 | 「한국 건축계, 산·학의 현주소」, 『건축과 사회』, 제19호(2010 봄), 권두언, pp.12~15.
2 | 한국건축학교육협의회, 『2010 전국 건축학교육백서』, 2011, pp.480~489.
3 | 이 제안의 타당성과 현실성을 검토하기 위해 많은 건축가와 학자들의 직·간접적 도움을 받았다. 이들 중 초고의 내용을 보고 직접적인 조언과 자문을 주신 분들은 박철수 교수를 비롯한 서울시립대학교 건축학부 교수, 유타건축사사무소의 김창균 소장, 해안건축의 이광환 부사장, 건축사사무소 이일공오의 김기중 대표, 김승희 이사, 서울시립대학교 도시과학연구원 김문일 박사, 문화도시연구소의 주대관 대표, 서울특별시 J씨, 국토해양부 P씨 등을 비롯한 다수의 분들이다.
4 | 장남종, 「서울시 일반주거지역 세분화에 따른 개발양상 변화에 관한 연구」, 서울시립대학교 대학원 도시공학과 박사학위논문, 2008, pp.23~24.
5 | 1966년 '화양토지구획정리사업구역'으로 지정되어 조성된 서울 화양동 5번지의 75개 필지를 분석한 결과 최대 547㎡, 최소 78㎡, 평균 155㎡로 나타났다. 이지연, 「서울 화양동 주거지의 도시조직의 변화에 관한 연구」, 서울시립대학교 대학원 건축학과 석사학위논문, 2009.
6 | 김성홍, 『도시 건축의 새로운 상상력』, 현암사, 2009, p.290.
7 | 「국토의 계획 및 이용에 관한 법률」에 근거해 서울시 조례는 지역 안의 건폐율과 용적률 한도를 지정하고 있다. 1종 일반주거지역은 건폐율 60%, 용적률 150%, 층수 4층 이하, 2종 일반주거지역은 건폐율 60%, 용적률 200%, 층수 7층 또는 12층 이하 3종 일반주거지역은 건폐율 50%, 용적률 250%, 층수 제한 없음으로 규정한다. 이처럼 2종 일반주거지역은 서울시 조례에 의하면 7층까지 지을 수 있지만 인접대지 이격거리, 사선제한 등의 규정 때문에 현실적으로는 7층까지 짓기 어렵다. 따라서 대부분 건폐율은 최대한도 60%까지 짓지만 용적률과 층수는 최대한도

에 미치지 못하고 있다.

8 ㅣ 장남종, 「2011 서울 도시기본계획」, 2008, pp.51~52.

9 ㅣ 김성홍, 앞의 책, 2009, pp.285~288.

10 ㅣ 다가구주택(다가구형 단독주택)과 다세대주택의 법적 한도가 660㎡ 이하, 4층 이하 (다가구주택은 3층 이하)이다. 「건축법시행령」 [별표 1].

11 ㅣ 김성홍, 「2000년 이후 도시건축의 대형화와 건축사사무소의 변화에 관한 연구」, 大韓建築學會論文集 계획계, 25권 10호(통권 252호), 2009, pp.121~130; 서울시정개발연구원, 「2007년 서울시연상면적」.

12 ㅣ 「주택법」에서는 도시형생활주택에 원룸형 주택을 포함한다. 하지만 이 경우 주차장법과 소방기준을 준수해야 하는데 현재 근린생활시설의 개조한 원룸은 이를 충족할 수 없기 때문에 도시형생활주택에 해당하지 않는다. 「주택법」 제2조(정의) 4. "도시형 생활주택"이란 300세대 미만의 국민주택규모에 해당하는 주택으로서 대통령령으로 정하는 주택을 말한다.(시행일 2011.7.1); 「시행령」 제3조(도시형 생활주택) 1. 단지형 연립주택: 단지형 다세대주택 2. 원룸형 주택: 가. 세대별로 독립된 주거가 가능하도록 욕실, 부엌을 설치할 것. 나. 욕실을 제외한 부분을 하나의 공간으로 구성할 것. 다. 세대별 주거전용면적은 12㎡ 이상 50㎡ 이하일 것. 라. 각 세대는 지하층에 설치하지 아니할 것.

13 ㅣ 건축가 황두진은 주거와 상업건물이 결합한 '저층 주상복합'을 일명 '무지개떡 건물'로 부르고 역사와 문화를 보존하면서 활력을 살릴 방안으로 제안한 바 있다. 《중앙일보》, 2011. 1. 7.

14 ㅣ 2009년 현재 서울의 연상면적은 349,126,420㎡이다. 이 중 근린생활시설은 57,010,376㎡(16.3%)이다. 5%(17,456,321㎡)를 60㎡(18평)로 나누면 290,938 유닛이 된다. 또 서울의 단독주택의 연상면적은 8.9%(28,566,145㎡)이다. 1/3(9,522,048㎡)을 60㎡(18평)로 나누면 15만 8천 유닛이 된다. 2009년 자료에는 단독주택의 분류가 되지 않아 2000년 자료를 참고했다. 원출처: 서울시정개발연구원.

15 ㅣ 도시형생활주택은 2009년 2월 3일 개정된 「주택법」에 의해 정의되는 20세대 이상 150세대 미만의 공동주택으로, 1~2인 가구의 주거 수요에 대응하고 민간투자

의 소규모 주택공급을 확대하고자 건축기준을 완화한 주거유형이다. 도시형생활주택 중 단지형다세대주택은 5층까지 높이를 허용한다. 「도시형생활주택 계획방향 및 설계기준 설정에 관한 연구」, auribrief 37, 2010. 12. 6. 도시형생활주택의 사업승인 통계 출처는 다음과 같다. 《중앙경제신문》, 2011. 2. 11, E11.

16 | 50명 미만의 건축가들이 모인 소규모 사무소 가운데 작품성을 추구하는 13개 건축사사무소를 대상으로 조사한 결과다. 반면 250명 이상의 초대규모, 100~250명의 대규모, 50~100명의 중규모 사무소는 모두 10만㎡ 이상의 아파트단지와 1만~5만㎡ 규모의 대형 상업시설을 가장 많이 설계했다. 통계상으로 보면 2천㎡에서 1만㎡ 사이에 큰 공백이 있는 것이다. 김성홍, 앞의 책, 2009, p.129.

17 | "소통이 있어서 행복한 주거 만들기". 서울 마포구 성산동 성미산 협동주거주택은 도시 내에 상대적으로 저렴한 소형주택과 공동시설을 만들어가고 있다. 주대관, 「한국의 도시주택문제와 에너지지원제도개선」, 발표자료, 2011. 6. 9.

18 | 피에르 부르디외(Pierre Bourdieu, 1930~2002)는 자본주의 체제하에서 자본은 경제적 자본에만 국한되는 것이 아니라 문화자본(cultural capital)의 형태로 존재한다고 했다. 성장환경에서 형성되는 지식, 교양, 기능, 취미, 감성과 같은 주입과 동화를 통해 신체화되는 것, 그림, 책, 도구, 기계와 같은 객체화된 문화적 상품, 졸업장과 같은 제도화된 상태 모두가 문화자본이라는 것이다. 피에르 부르디외, 최종철 옮김, 『구별짓기: 문화와 취향의 사회학』, 새물결, 1995; Bourdieu, Pierre, (Eng. Trans. by Richard Nice), *Distinction: A Social Critique of the Judgment of Taste*, Harvard University Press, 1987.

19 | 공공영역에 관한 철학적 질문을 던졌던 한나 아렌트(Hannah Arendt, 1906~1975)는 공공(public)이란 "상관이 있으면서도 동일하지 않는 2개의 현상(two closely interrelated but not altogether identical phenomena)" 이라고 정의했다. 아렌트는 더 나아가 공공영역(public realm)이란 "우리가 공유하는 무엇, 그리고 우리를 위해 우리가 만드는 무엇(it is what we hold in common, and it is what we make for ourselves)" 이라고 말한다. 공적영역은 소외(private isolation)를 극복하고 '공공연함(publicity)'을 통해 나눔을 이루는 곳이다. 따라서 공공영역은 '같음' 보다는 '차이' 와 '다양성' 을 인정

할 때 가능하다. 아렌트는 하나의 관점만을 허락하는 사회에서 공공성은 죽는다고 호소한다. 리처드 세넷(Richard Sennett)은 유럽사회에서 공공공간이 어떻게 생겨났고, 어떻게 위기를 맞고 있는지 진단했다. 영어와 불어에서 공공의 의미가 변화하는 것도 추적했다. 세넷은 로마의 몰락 이후부터 18세기에 이르는 기간 동안 공공공간이 성숙되었지만, 19세기 부르주아지의 삶이 보편화되면서 퇴조했다고 본다. 침묵하고, 관조하고, 사회적 접촉을 멀리하는 현대인은 "보이는 것과 소외의 역설(the paradox of visibility and isolation)" 속에서 살아가고, 현대건축은 "자기몰입(self-absorption)을 반영하고 강화하는 죽은 공공공간을 만들어내고 있다"고 비판한다. 그 근본적인 원인은 19세기의 자본주의와 세속주의다. 나는 이 두 지식인으로부터 공공공간이란 국가와 소수집단의 권력으로부터 독립적이고, 개인의 울타리를 벗어난 곳으로, '다름'을 인정하고, '같음'을 나누는 열린 곳으로 해석한다. Glazer, Nathan & Lilla, Mark (Eds.), *The Public Face of Architecture: Civic Culture and Public Spaces*, The Free Press, 1987, pp.5~47.

참고문헌

김경민, 『도시개발, 길을 잃다』, 시공사, 2011.

김문조, 『한국사회의 양극화, 97년 외환위기와 사회불평등』, 집문당, 2008.

김백영, 『지배와 공간, 식민지도시 경성과 제국 일본』, 문학과지성사, 2009.

김병도·주영혁, 『한국 백화점 역사』, 서울대학교출판부, 2006.

김성홍, 『도시 건축의 새로운 상상력』, 현암사, 2009.

김홍식, 『민족건축론』, 한길사, 1987.

도시재생네크워크, 『뉴욕 런던 서울의 도시재생 이야기』, 픽셀하우스, 2009.

리처드 하인버그, 신현승 옮김, 『파티는 끝났다: 석유시대의 종말과 현대 문명의 미래』, 시공사, 2006.

마뉴엘 카스텔, 김묵한·박행웅·오은주 옮김, 『네트워크 사회의 도래』, 한울아카데미, 2003.

마르쿠스 슈뢰르, 정인모·배정희 옮김, 『공간, 장소, 경계: 공간의 사회학 이론 정립을 위하여』, 에코리브르, 2010.

박은숙, 『시장의 역사』, 역사비평사, 2008.

빅토 터너, 박근원 옮김, 『의례의 과정』, 한국심리치료연구소, 2005.

선대인, 『위험한 경제학-부동산의 비밀』, 더난출판, 2009

손낙구, 『부동산 계급사회』, 후마니타스, 2008.

손정목, 『서울 도시 계획 이야기』, 제1~5권, 2003.

손정목, 『日帝强占期 都市化過程硏究』, 일지사, 1996.

손호철·김원, 『세계화와 한국의 국가 — 시민사회I』, 이매진, 2008.

아고라 폐인들, 『대한민국 상식사전 아고라』, 여우와두루미, 2008.

안창모·박철수 외, 『SEOUL 주거변화 100년』, 대림미술관, 2009.

오경석 외, 『한국에서의 다문화주의』, 한울아카데미, 2007.

오덕성·문홍길, 『도시설계』, 기문당, 2000.

장 뤽 벵제르, 김성희 옮김, 『에너지 전쟁: 석유가 바닥나고 있다』, 청년사, 2007.

정책기획위원회, 『대한민국의 미래, 그 비전과 전략』, 비봉출판사, 2007.

폴 로버츠, 송신화 옮김, 『석유의 종말: 희망은 어디에 있는가』, 서해문집, 2004.

프랑코 만쿠조 외, 장택수 외 옮김, 『광장(Squares of Europe, Squares for Europe)』, 생각의 나무, 2009.

피에르 부르디외, 최종철 옮김, 『구별짓기: 문화와 취향의 사회학』, 새물결, 1995.

『건축과 사회』 제19호, 2010 봄.

『문화/과학 67』, 문화과학사, 2001 가을.

『서울 600년사』 제1~6권, 서울특별시, 1996.

『서울건축사』, 서울특별시, 1999.

『서울다움』 제4호, 서울문화포럼, 2009.

『서울 도시와 건축』, 서울특별시, 2000.

강승희, 「80년대 이후 농가주택의 변화에 관한 연구」, 서울시립대학교 대학원 석사학위 논문, 2009.

김경철 외, 「서울시 화석에너지 감축방안: 녹색성장을 위한 Oil Free 전략」, 서울시정개발연구원, 2008.

김기성, 「1890~1910년대 천주교 교회의 도시건축적 특성에 관한 연구」, 서울시립대학교 대학원 석사학위 논문, 2003.

김성홍, 「2000년 이후 도시건축의 대형화와 건축사사무소의 변화에 관한 연구」, 大韓建築學會論文集 계획계 제25권 10호 통권 252호, 2009.

김성홍, 「근현대건축의 노폴로지 이론과 건축설계」, 建築歷史硏究 제13권 4호 통권 40호, 2004.

김성홍, 「대형 할인점과 90년대 한국 도시의 일상」, 『이상건축』 No.106, 2001.

김성홍, 「서울의 소비공간」, 도시과학총서 4, 서울시립대학교 도시과학연구원, 삼우사, 2002.

김성홍, 「소비공간과 도시: 신도시 대형할인점과 문화이데올로기」, 大韓建築學會論文集 제16권 1호 통권 135호, 2000.

김성홍, 「소비문화와 자동차, 일산신도시의 대형 할인점」, 대한건축학회지, 1998. 11.

김성홍, 「쇼핑몰의 空間組織에 관한 연구: 北美의 사례를 중심으로」, 大韓建築學會論文集 제12권 11호 통권 97호, 1996. 11.

김성홍, 「아시아의 偉大한 길(Great Asian Streets)」, 『建築: 大韓建築學會誌』 Vol.45, No.2, 2001.

김성홍, 「종로의 상업 건축과 공간 논리」, 『종로: 시간, 장소, 사람』, 20세기 서울 변천사 연구 II, 서울학 연구 총서 13, 서울시립대학교 부설 서울학 연구소, 2002.

김성홍, "특집 도시풍경: SHOW+WINDOW", 「窓과 門: 현대건축의역설」, 『建築』, 大韓建築學會誌 제48권 제2호, 2004. 2.

김승희, 「1920~1940년대 경성역사 건축에 관한 연구」, 서울시립대학교 대학원 석사학위논문, 2004.

김은실, 「지구화 시대 근대의 탈영토화된 공간으로서 이태원에 대한 민족지역 연구」, 『변화하는 여성문화 움직이는 지구촌』, 푸른사상사, 2004.

김진욱 외, 「건축설계·엔지니어링 산업동향조사 및 활성화방안 연구」, 건축도시공간연구소, 2009.

김홍배, 「서울 명동 상업건축 저층부에 관한 연구」, 서울시립대학교대학원 석사학위논문, 2007.

노수일, 「용산 민자역사의 프로그램과 공간 구성에 관한 연구」, 서울시립대학교 대학원 석사학위논문, 2007.

문화연대, 「문화도시 서울을 말하다. 서울시 민선 4기 문화정책평가 및 민선 5기 문화정책 제안」, 문화정책포럼 자료, 2010.

방세환, 「2000년대 이후의 수도권 주상복합건축물 상업공간의 수직·수평 공간결합에 관한 연구」, 서울시립대학교 대학원 석사학위 논문, 2006.

백준호, 「남대문시장 대형 상업건축의 모폴로지에 관한 연구」, 서울시립대학교 대학원 석사학위 논문, 2006.

배지,「서울 공평구역 도심재개발 대형 건축물의 특성에 관한 연구」, 서울시립대학교 대학원 석사학위 논문, 2007.

서울특별시,「영동 1, 2지구 실태분석 평가 및 관리방안」, 2010.

설정임,「서울도심의 복합영화관 건축에 관한 연구」, 서울시립대학교 대학원 석사학위논문, 2004.

송도영,「종교와 음식을 통한 도시공간의 문화적 네트워크: 이태원 지역 이슬람 음식점들의 사례」,『비교문화연구』제13집 1호, 2007.

신창훈,「현대건축의 프로그램, 기하학, 스킨의 실험에 관한 연구」, 서울시립대학교 대학원 석사학위 논문, 2009.

양행용,「1970~1980년대 서울의 아파트단지 노선 상가에 관한 연구」, 서울시립대학교 대학원 석사학위논문, 2003.

양행용·김성홍,「1970~1980년대 초반 서울의 아파트단지 노선상가의 도시 건축적 특성에 관한 연구」, 大韓建築學會論文集 계획계 제27권 2호 통권 268호, 2011.

윤순진,「초고층 탑상형 건축물 에너지 관점에서 다시보기」,『에너지전환 2007』가을호.

윤태원,「신도시근린상업용지의 배치와 건축적 특성에 관한 연구」, 중앙대학교 대학원 석사학위논문, 1999.

윤한섭·김성홍,「테헤란로 고층사무소 건물저층부의 公共空間에 관한 연구」, 大韓建築學會論文集 계획계 제19권 3호, 2003.

이경화,「서울 고층 사무소 건축 저층부 변화에 관한 연구」, 서울시립대학교 대학원 석사학위논문, 2007.

이경훈,「미쓰꼬시, 근대의 윈도우-문학과 풍속 1」, 한국문학연구학회 제54차 학술 심포지엄

이세호,「재래시장의 재개발·재건축 관한 연구」, 2005년 건축가협회 재래시장 포럼 발표자료, 2004. 원출처: 2004년 7월 중소기업청 시·도 대상 조사.

이지연,「서울 화양동 주거지의 도시조직의 변화에 관한 연구」, 서울시립대학교 대학원 건축학과 석사학위논문, 2009.

이희수 외,「택지개발지구내 상업용지 토지이용계획 수립방안」,《한국부동산학보》,

2010.

장남종, 「서울시 일반주거지역 세분화에 따른 개발양상 변화에 관한 연구」, 서울시립대학교 대학원 도시공학과 박사학위논문, 2008.

장용태, 「일제 강점기 남대문로 일대의 백화점 건축에 관한 연구」, 서울시립대학교 대학원 석사학위논문, 2002.

전희선, 「발코니 구조변경 합법화에 따른 아파트 주거단위의 변화 양상에 관한 연구」, 서울시립대학교 대학원 석사학위 논문, 2007.

정석현, 「조선은행 건축의 내외부 공간 구성에 관한 연구」, 서울시립대학교 대학원 석사학위논문, 2005.

정원채, 「프랜차이즈 커피전문점을 통해 본 근린생활시설의 도시건축적 변화」, 서울시립대학교 대학원 석사학위 논문, 2010.

조경진(연구책임), 「이태원스토리, 다문화를 보는 다섯 가지 코드」, 『서울다움』 제4호, 서울문화포럼, 2009.

조성원, 「청계천 복원에 따른 인접지역 건축물 변화에 관한 연구」, 서울시립대학교 대학원 석사학위 논문, 2009.

주대관, 「한국의 도시주택문제와 에너지지원제도개선」, 발표자료, 2011. 6. 9.

채호경, 「개항 이후 인천 청국 조계지의 주택 및 상업 건축에 관한 연구」, 서울시립대학교 대학원 석사학위논문, 2003.

한국은행, 「우리나라의 국민계정체계」, 2005.

황용연, 「용도지역 적용방식에 관한 비교 연구」, 서울시립대학교 대학원 건축공학과 박사학위논문, 2003.

「2009 문예회관 운영현황 조사(2008년 기준)」, 문화체육관광부 예술경영지원센터, 2009.

「2010 전국 건축학교육백서」, 한국건축학교육협의회, 2011.

「서울 글로벌 도시화 기본계획 및 장기구상」, 서울특별시, 2008.

「서울 성장 50년사 영상자료 탐사」, 서울시립대학교 부설 서울학연구소, 1998.

「역사문화탐방로 조성계획 자료집」, 서울특별시, 1994.

「一山新都市 開發史」, 韓國土地開發公社, 1997.

「一山新都市 開發事業-基本計劃」, 韓國土地開發公社, 1990.

「제1차 국가에너지기본계획 2008~2030」, 국가에너지위원회, 2008.

「증보판 CD-ROM 국역 조선왕조실록」, 한국데이타베이스연구소, 1995, 1997.

豊基邑誌, 豊基邑誌編纂委員會, 1997.

Altercates, Louis and Mandelbaum, Seymour J. (Eds.), *The Network Society, A new context for planning*, Routledge, 2005.

Anderson, Stanford (Ed.), *On Streets*, Cambridge: The MIT Press, 1978.

"A place in Santa Monica", *Progressive Architecture* 7:81.

Ashihara, Yoshinobu, *Exterior Design in Architecture*, New York: Van Nostrand Reinhold, 1970.

Ashihara, Yoshinobu, *The Aesthetic Townscape*, (Trans. by L.E. Riggs), The MIT Press, 1983.

Beadle Lynn (Ed.), *Tall Buildings and Urban Habitat*, 6th World Congress of the Council on Tall Buildings and Urban Habitat-Cities in the Third Millennium, Council on Tall Buildings and Urban Habitat, Melbourne Organizing Committee, Taylor&Francis, 2001.

Bell, Daniel, *The Coming of Post-Industrial Society: A Venture in Social Forecasting*, Basic Books, Inc., 1973.

Benevolo, Leonardo, *History of Modern Architecture: The Tradition of Modern Architecture*, Vol.1&2, Cambridge: The MIT Press, 1971.

Benjamin, Walter, *Reflections: Essays, Aphorisms, Autobiographical Writings*, (Trans. by Edmund Jephcott), Schocken Books, 1978.

Bianca, Stefano, *Urban Form in the Arab World Past and Present*, New York: Thames&Hudson, 2000.

Blakely, E.J. and M.G. Snyder, "Separate places: Crime and security in gated communities". In M. Felson and R.B. Peiser (Eds.), *Reducing crime through real estate development and management*, 1998.

Blau, Judith R., *The Shape of Culture: A Study of Contemporary Cultural Patterns in the United States*, Cambridge University Press, 1989.

Bourdieu, Pierre, (Eng.), *Distinction: A Social Critique of the Judgment of Taste*, (Trans. by Richard Nice), Harvard University Press, 1987.

Brambilla, R. & Longo, G., *For Pedestrians Only: Planning, design and Management of Traffic-free Zones*, New York: Whitney Library of Design, 1977.

Braudel, Fernand, *The Wheels of Commerce, Civilization and Capitalism 15th~18th Century*, Vol.2, Perennial Library, Harper&Row, Publishers, 1979.

Broehl, J. "Wal-Mart Deploys Solar, Wind, Sustainable Design", Renewable EnergyAccess. com, 22 July 2005.

Campi, Mario, *Skyscrapers: An Architectural Type of Modern Urbanism*, Birkhäuser, 2000.

Carter, Peter, *Mies van der Rohe at Work*, Phaidon, 1999.

Cary, John H. et al. (Eds.), *The Social Fabric: American Life from the Civil War to the Present*, Little, Brown and Company, 1984.

Castells, Manuel, *The Rise of the Network Society, The Information Age: Economy, Society and Culture*, Vol.1. Cambridge, MA; Oxford, UK: Blackwell, 1996 (second edition, 2000).

Celik, Zeynep. et al. (Eds.), *Streets: Critical Perspectives on Public Space*, Berkeley: University of California Press, 1994.

Chung, Chuihua Judy (Ed.), *The Charged Void: Urbanism, Alison and Peter Smithson*, The Monacelli Press, 2005.

Ciucci, Giorgio. et al., *The American City: From the Civil War to the New Deal*, (Trans. by Barbara Luigia La Penta), The MIT Press, 1979.

Cohen, Y.S., *Diffusion of an Innovation in an Urban System; the Spread of Planned*

Regional Shopping Centers in the United States, 1949~1968, Departemnt of Geography, University of Chicago, 1972.

Colomina, Beatriz, *Sexuality & Architecture*, Princeton, New Jersey, Princeton Papers On Architecture, 1992.

Colquhoun, Alan, "On Modern and Postmodern Space", In Ockman, Joan (Ed.), *Architecture Criticism Ideology*, Princeton Architectural Press, 1985.

Crawford, M., "The World in a Shopping Mall", In Michael Sorkin (Ed.), *Variations on a Theme Park: The New American City and the End of Public Space*, Hill and Wang, 1992.

Cullen, Gordon, *The Concise Townscape*, Van Nostrand Reinhold Company, 1961.

Cumings, Bruce, "The Legacy of Japanese Colonialism in Korea", In R.H. Myers and M.R. Peattie (Eds.), *The Japanese Colonial Empire, 1895~1945*, 1984.

Dawson, J.A. & Lord, J.D. (Eds.), *Shopping Centre Development: Policies and Prospects*, New York: Nichols Publishing Company, 1985.

Dean, David, *English Shop Fronts: From contemporary source books 1792~1840*, London: Alec Tiranti, 1970.

Debord, Guy, *Society of the Spectacle*, Detroit: Black&Red, 1970.

Droege, Peter, *Renewable City, A Comprehensive Guide to an Urban Revolution*, Wiley-Academy, 2006.

Du Gay, Paul and Pryke, Michael (Eds.), *Cultural Economy, Cultural Analysis and Commercial Life*, Sage Publications, 2002.

Duany, Andres and Plater-Zyberk, Elizabeth, "The Town of Seaside", The Library of the University of California at Berkely.

Evans, Robin, "Figures, Doors and Passages", In *Architectural Design*, No.4, 1978.

Ewen, Stuart, *All Consuming Images: The Politics of Style in Contemporary Culture*, New York: Basic Books, Inc., 1988.

Featherstone, M., *Consumer Culture and Postmodernism*, Sage Publications, 1991.

Fishman, Robert, *Bourgeois Utopias: The Rise and Fall of Suburbia*, New York: Basic Books, 1987.

Fishman, Robert, *Urban Utopias in the Twentieth Century: Ebenezer Howard, Frank Lloyd Wright and Le Corbusier*, The MIT Press, 1977.

Foster, Hal. (Ed.), *The Anti-Aesthetic: Essays on Postmodern Culture*, Bay Press, 1983.

Fosters and Partners, *Foster Catalogue 2001*, Prestel, 2001.

Fox, R.W. et al. (Eds.), *The Culture of Consumption: Critical Essays in American History, 1880~1980*, New York: Pantheon Books, 1983.

Frieden, B.J. & Sagalyn, L.B., *Downtown, Inc. How America Rebuilds Cities*, The MIT Press, 1983.

Gallion, A.B. & Eisner, S., *The Urban Pattern: City Planning and Design*, Van Nostrand Company, 1975.

Gandelsonas, Mario, *X-Urbanism: Architecture and the American City*, Princeton Architectural Press, 1999.

Garreta, A.A. (Ed.), *Skyscraper Architects*, Atrium Group, 2004.

"Gateway to a Revived Waterfront", *Architectural Record*, April 1990.

Geist, J.F., *Arcades: The History a Building Type*, The MIT Press, 1983.

Giddens, Anthony, *The Consequences of Modernity*, Stanford University Press, 1990.

Giedion, Sigfried, *Space, Time, and Architecture: The Growth of a New Tradition*, Cambridge: The Harvard University Press, 1946.

Gillette, Howard, "The Evolution of the Planned Shopping Center in Suburb and City", In *Journal of the American Planning Association*, Vol.51, No.4, 1985.

Girouard, Mark. *Cities & People: A Social and Architectural History*, Yale University Press, 1985.

Glazer, Nathan & Lilla, Mark (Eds.), *The Public Face of Architecture: Civic Culture and Public Spaces*, The Free Press, 1987.

Gratz, R.B., *The Living City*, A Touchstone Book, 1989.

Gravagnuolo, Benedetto, *Adolf Loos: Theory and Works*, New York: Rizzoli, 1982.

Gruen, V. & Smith, L., *Shopping Towns USA: The Planning of Shopping Centers*, New York: Reinhold Publishing Corporation, 1960.

Gruen, Victor, "Retailing and the automobile. A romance based upon a case of mistaken identity", In J.S. Hornbeck, *Stores and Shopping Centers, An Architectural Record Book*, McGraw-Hill Book Company, Inc., 1962.

Hall, Peter, *Cities of Tomorrow*, Blackwell, 1988.

Harvey, David, "Flexible Accumulation through Urbanization: Reflections on Post-Modern in the American City", In *Perspecta 26*, 1990.

Harvey, David, *The Condition of Postmodernity: An Enquiry into the Origins of Cultural Change*, Blackwell, 1989.

Heng C.K. et al. (Eds.), *On Asian Streets and Public Space*, Singapore: NUS Press, 2010.

Heng Chye Kiang, *Cities of Aristocrats and Bureaucrats: the Development of Medieval Chinese Cityscapes*, Singapore University Press, 1999.

Hillier, B. & Hanson, J., *The Social Logic of Space*, Cambridge University Press, 1984.

Hornbeck, J.S., *Stores and Shopping Centers, An Architectural Record Book*, McGraw-Hill Book Company, Inc., 1962.

Jackson, J.B., "The Discovery of the Street", In Glazer, N. and Lilla Mark (Eds.), *The Public Face of Architecture: Civic Culture and Public Spaces*, The Free Press, 1987.

Jacobs, Allan, *Great Streets*, The MIT Press, 1995.

Jacobs, Jane, *Cities and The Wealth of Nations: Principles of Economic Life*, Vintage Books, 1984.

Jacobs, Jane, *The Death and Life of Great American Cities*, New York: Vintage Books, 1961.

Jameson, Fredric, *Postmodernism, or The Cultural Logic of Late Capitalism*, Duke University Press, 1991.

Jencks, Charles, *The Language of Post-modern Architecture*, New York: Rizzoli, 1977.

Katz, Peter, *The New Urbanism: Toward an Architecture of Community*, McGraw-Hill, Inc., 1994.

Kim, Sung Hong & Jang, Yong Tae, "Urban Morphology and Commercial Architecture on Namdaemun Street in Seoul", *International Journal of Urban Sciences* 6(2), 2002.

Kim, Sung Hong, "From Online to Offline: The Emergence of a New Urban Community In the Age of Information Technology", *(Un) Bounding Tradition: The Tensions of Borders and Regions*, 8th Conference of the International Association for the Study of Traditional Environments, Hong Kong, 2002.

Kim, Sung Hong, "The Paradox of Public Space in the Asian Metropolis", In KIM, S.H. and Schmal, P.C. (Eds.), *Germany Korea Public Space Forum*, Korean Organizing Committee for the Guest of Honour at the Frankfurt Book Fair 2005 (KOGAF) & Deutsches Architektur Museum, Seoul and Frankfurt, 2005.

Kim, Sung Hong, "The Transformation of Consumption Space in the Planning of Ilsan New Town in South Korea", 8th International Planning History Conference, University of New South Wales, Sydney, Australia. Proceedings, 1998.

Kim, Sung Hong, *Visual and Spatial Metaphors of Shop Architecture*, Ph.D. Dissertation, College of Architecture, Georgia Institute of Technology, 1995.

Kostof, Spiro, *A History of Architecture: Settings and Rituals*, Oxford University Press, 1985

Kostof, Spiro, *America by Design*, (Based on the PBS series by Guggenheim Productions, Inc.), Oxford University Press, 1987.

Kostof, Spiro, *The City Assembled: The Elements of Urban Form Through History*, A Bulfinch Press Book Little, Brown and Company, 1992.

Kostof, Spiro, *The City Shaped: Urban Patterns and Meanings Through History*, A Bulfinch Press Book Little, Brown and Company, 1991.

Kowinski, W.S., *The Malling of America: An inside look at the great consumer paradise*, New York: William Morrow and Company, Inc., 1985.

Krause, L. & Petro, P. (Eds.), *Global Cities: Cinema, Architecture and Urbanism in a Digital Age*, Rutgers University Press, 2003.

Lancaster, Bill, *The Department Store: A Social History*, Leicester University Press, 1995.

Le Corbusier, *The City of To-Morrow and its Planning*, (Eng. Trans. by Frederick Etchells), Dover Publications, Inc., 1987.

Leccese, Michael et. al., (Eds.), *Charter of The New Urbanism, Congress for the New Urbanism*, McGraw-Hill, Inc., 2000.

Lefebvre, Henri, *The Production of Space*, (Trans. by Donald Nicholson-Smith), Oxford, UK&Cambridge, USA: Blackwell, 1974.

LeGates, Richard and Stout, Frederic. (Eds.), *The City Reader*, Second Edition, London and New York : Routledge, 2000.

Lepik, Andres, *Skyscrapers*, Prestel, 2004.

Low, S., "The Edge and the Center: Gated Communities and the Discourse of Urban Fear", *American Anthropologist*, March, Vol.103, No.1, 2001. Posted online on December 10, 2004. www.anthrosource.net

Lynch, Kevin, *The image of the city*, The MIT Press, 1960.

Lyotard, Jean-Francois, *The Postmodern Condition: A Report on Knowledge*, (Eng. Trans. G. Bennington and B. Massumi), *Theory and History of Literature*, Vol.10, Minneapolis: University of Minnesota Press, 1979.

Middleton, M., *Man Made The Town*, London: The Bodley Head, 1987.

Miles, Malcolm et al. (Eds.), *The City Cultures Reader*, London and New York: Routledge, 2000.

Mitchell, William, *City of Bits: Space, Place, and the Infobahn*, The MIT Press, 1995.

Mumford, Lewis, *The City in History: Its Origins, Its Transformations and Its Prospects*,

New York: Harcourt, Brace&World, Inc., A Harbinger Book, 1961.

Newman, Oscar, *Defensible Space: Crime Prevention through Urban Design*, New York: Collier Books, 1972.

Newman, Peter, "Sustainbility and Cities: The Role of Tall Buildings in this new Global Agenda", In Beadle Lynn, (Ed.), *Tall Buildings and Urban Habitat*, 6th World Congress of the Council on Tall Buildings and Urban Habitat-Cities in the Third Millennium, Council on Tall Buildings and Urban Habitat, Melbourne Organizing Committee, Taylor&Francis, 2001.

Newman, PWG and Kenworthy, Jeffrey R., *Sustainability and Cities: Overcoming Automobile Dependence*, Washington D.C.: Island Press, 1999.

Panerai, P. et al., *Urban Forms: the Death and Life of the Urban Block*, (Eng. Trans. by Olga Vitale Samuels), Architectural Press, 2004.

Peponis, John, "Evaluation and Formulation in Design", In *Nordisk Arkitekturforskning (Nordic Journal of Architectural Research)*, No.2, 1993,

Peponis, John, "Space, culture and urban design in late modernism and after", In *Ekistics*, No.334~335, Jan/Apr., Athens, 1989.

Perterson, Paul E., *City Limits*, The University of Chicago Press, 1981.

Pevsner, Nikolaus, *A History of Building Types*, Princeton University Press, 1976.

Rudofsky, Bernard, *Streets for People: A Primer for Americans*, Van Nostrand Reinhold Company, 1969.

Rykwert, Joseph, *The Idea of a Town: The Anthropology of Urban Form in Rome, Italy and the Ancient World*, The MIT Press, 1976.

Rykwert, Joseph, *The Seduction of Place: The History and Future of the City*, Oxford University Press, 2000.

Sassen, Saskia, *The Global City: New York, London and Tokyo*, Princeton University Press, 2001.

Schwartz, Barry, *The Changing Face of the Suburbs*, The University of Chicago Press,

1976.

Scully, Vincent, *American Architecture and Urbanism*, New York: Henry Holt and Company, 1988.

Sennett, Richard, *The Fall of Public Man*, New York: Vintage Books A division of Random House, 1974.

Shields, Rob. (Ed.), *Lifestyle Shopping: The Subject of Consumption*, London and New York: Routledge, 1992.

Sitte, Camillo, "Moments and Plazas", In Glazer, N. and Lilla Mark (Eds.), *The Public Face of Architecture: Civic Culture and Public Spaces*, The Free Press, 1987.

Sorkin, Michael. (Ed.), *Variations on a Theme Park: The New American City and the End of Public Space*, New York: Hill and Wang, The Noonday Press, 1992.

Strakosch, George R., (Ed.), *The Vertical Transportation Handbook*, Third Edition, John Wiley&Sons, Inc., 1998.

Tsugitaka, Sato, (Ed.), *Islamic Urbanism in Human History, Political Power and Social Networks*, London and New York: Kegan Paul International, 1997.

Turner, Victor, *The Ritual Process*, Cornell University Press, 1969.

Urban Land Institute, *Shopping Center Developemnt Handbook*, Second Edition, Washington D.C.: ULI-the Urban Land Institute, 1985.

Venturi, Robert, et al., *Learning from Las Vegas: The Forgotten Symbolism of Architectural Form*, The MIT Press, 1977.

Virilio, Paul, "The Overexposed City", In *Zone 1/2*, John Hopkins University Press, 1986.

Webber, M., "The Urban Place and the Nonplace Urban Realm", In Melvin Webber et al., *Explorations into Urban Structure*, Pennsylvania Press, 1964.

Weber, Max, *The City*, (Trans. by Don Martindale & Gertrud Neuwirth), The Free Press, 1958.

Whyte, William H., "The Social Life of Small Urban Spaces", In Glazer, Nathan & Lilla,

Mark (Eds.), *The Public Face of Architecture: Civic Culture and Public Spaces*, The Free Press, 1987.

Whyte, William, *Street Corner Society: The Social Structure of an Italian Slum*, The University of Chicago Press, 1943.

Willaims, Raymond, *Culture and Society 1780~1950*, New York: Colombia University Press, 1958.

Williams, R.H., *Dream Worlds: Mass Consumption in Late Nineteenth-Century France*, University of California Press, 1982.

Wilson, Elizabeth, *Rook Reviews: The Death and Life of Great American Cities*, In *Harvard Design Magazine*, Fall 1988.

Yeang, Ken, *The Green Skyscraper, The Basis for Designing Sustainable Intensive Buildings*, Prestel, 1999.

Zaera-polo, Alejandro, "High-rise Phylum", In *Harvard Design Magazine, New Skyscrapers in Megacities on a Warming Globe*, Spring/Summer, No.26, 2007.

Zaknic, Ivan et al., *100 of the World's Tallest Buildings*, Council on tall Buildings and Urban Habitat, Images Publishing, 1998.

Zukowsky, John and Thorne, Martha, *Skyscrapers, The New Millenium*, Prestel, 2000.

株式會社三越,『三越のあゆみ, 株式會社三越 創立五十周年記念』, 1954.

初田 亨,『繁華街にみる都市の近代-東京』, 中央公論美術出版, 2001.

en.wikipedia.org

http://earth.google.com

www.glasskor.org

www.hanglas.co.kr

www.mltm.go.kr(국토해양 통계누리—자료마당—통계연보)

www.scrystal.com

찾아보기

ㄱ

가로수길 277~285, 287
개리슨 258
건설기술관리법(건기법) 302
건설산업기본법(건산법) 302
건설투자 비율 295~297, 304~306
건축기본법 301, 302
건축법 18, 29, 83, 118, 121, 193, 214, 219, 281, 299, 302
건축사법 300, 302, 312
건축선 118
『건축의 외부 공간』 26
건축지정선 118
건축허가면적 215, 216
게이티드 커뮤니티 271
게토 228
고급화현상 141, 160
공룡블록 99
광역도시 133
광화문 교보빌딩 202
광화문 사거리 37, 75, 128, 249~253
광화문광장 227, 250, 251, 253
교외도시 20, 113~115, 124, 127, 131, 153, 157, 172, 227, 240
구글어스 11, 87, 118

국가 에너지 기본계획 159
국가를 당사자로 하는 계약에 관한 법률(국가계약법) 302
국토계획법 213, 282, 314
국토의 계획 및 이용에 관한 법률 213
국토의 계획 및 이용에 관한 법률 시행령 171
굼 69~71
그라벤가 60
그랜드 바자 48
그리니치빌리지 139~141
기라델리스퀘어 144~146, 148
기업형 슈퍼마켓(SSM) 77, 83, 134, 171, 219
『길모퉁이 사회』 89
김중업 182
까르푸 161, 162, 164~167, 170, 284
꿀풀 289, 291

ㄴ

『나목』 79
나보나 광장 39
나폴레옹 35
낙수장 155
「날개」 79
『네트워크 사회의 도래』 231, 292

노먼 포스터 196
노무현대통령 252
노선상가 219~221, 271
노스트리트 85~88, 91~93, 100
노스피어 146, 147
뉴어버니즘 151~153, 159, 160
뉴어버니즘 헌장 152, 157
뉴타운사업 160
닉슨 137

ㄷ

다니엘 벨 230, 231, 235
『달라스』 109, 110
대인예술시장 77
대형 마트 77, 83, 134, 164, 258
대형 쇼핑몰 131, 217
대형 할인점 77, 161, 163, 166, 168~170, 172, 218
데이비드 하비 134, 141, 236
『도로고』 105
도밍고 기라델리 144, 145
『도시 건축의 새로운 상상력』 8, 242
도시계획법 219, 268
도심 몰 144, 146
디자인 경제주의 10

ㄹ

레녹스스퀘어 126
레빗타운 114
레온 크리어 154

레이몬드 언윈 153
레이몬드 윌리엄스 285
레이몬드 후드 199
레치워스 153
로렌스 할프린 145
로버트 데이비스 155
로버트 모스 140, 141
로버트 벤츄리 120
록펠러센터 100, 199, 200, 207
록펠러플라자 200~202, 206
루이스 멈포드 71, 110
르네상스 18, 27, 30, 45, 192
르 코르뷔지에 20, 21, 63, 155, 198

ㅁ

마누엘 카스텔 141, 231, 235, 236, 292, 293
마리나베이샌즈 호텔 194
마리오 간달소나스 119
마에바시 시 재래시장 78
마크 트웨인 71
마크로 162, 164, 166
맨해튼 21, 118, 139
메리어트 호텔 183, 184
멜빈 웨버 226~228, 235
모리스 상점 61
모리타워 210
무함마드 48
『미국 대도시의 죽음과 삶』 139
미노루 야마사키 137, 138, 184
미스 반 데어 로에 116~118, 120, 189

미쓰코시 백화점 43, 79~82, 176, 179, 180
민자역사 272, 274, 275
밀리오레 210, 211
밀턴 케인즈 168

ㅂ

바우하우스 54
바자 47~49
박경철 229
박길룡 43, 81
박서생 49
박정희 105
박홍식 81, 82, 99
반 데 벨데 58
반도조선 아케이드 76
반포 래미안퍼스티지 265, 267, 269~272
반포 자이 265, 267~272
발터 그로피우스 54
발터 벤야민 68
〈밤을 지새우는 사람들〉 89, 90
배턴루지 112
백화점 22, 23, 82, 95, 124, 125, 127, 128, 130, 162, 164, 167, 169, 178~180, 183, 198, 204, 210, 214, 234, 235, 273
버나드 루도프스키 71
버즈두바이 181
법정 주차대수 129, 316
베네치아 27, 35, 37~39
베데스탄 47
베이윈도우 86

벤저민 톰슨 142
변종 민자역사 273
복합몰 75, 134
복합쇼핑몰 83, 134
봉 마르셰 67, 80
「부인들의 행복」 81
붉은광장 69, 70
붉은악마 247~249
브릿지증권 빌딩 198
비아이엠 225
비첸차 27, 29, 30, 32, 35, 37~39, 122
빅터 그루엔 110, 111, 124, 125, 132, 148
빅토 터너 256
빅토르 오르타 58
빅토리아 여왕건물(QVB) 71~73
빌 힐리어 246

ㅅ

사노마 하우스 95
사바나 91~93, 99, 100
사보이 주택 155
사우스데일센터 125
사우스포스트 260
산마르코 광장 35, 36, 38, 39
산업발전법 303
산타모니카몰 147, 148
삼성동 무역센터 206, 207
삼일빌딩 182, 201
상주차 하매장 165, 166
서래로 277, 279~284, 287

서래마을 284, 285
서울광장 227, 252
세로수길 278, 281, 287
센트럴시티 128, 129, 134, 208, 209
소셜네트워크(SNS) 224, 237, 241, 253, 254
쇼윈도 45, 55, 57~59, 62~65, 234
쇼핑몰 20, 123, 124, 126, 127, 129~132, 135, 146, 148, 152, 210, 218, 234
쇼핑센터 71, 83, 123, 124
술탄 메흐메트 2세 47
슈퍼블록 101, 138
스위스레 본사 189, 190
스탈린 69
스트립 122, 123
스트립몰 122~124
스티븐 홀 94, 154
스피로 코스토프 110
승객용 승강기 179
시그램 빌딩 118, 119
시로가야 백화점 177
시사이드 150, 151, 153~157, 160
시어즈 타워 181
시에나 31~33, 35, 37, 38
시전 41, 46, 47, 49
시전행랑 43, 81, 98
시카고 트리뷴타워 232
신경준 105
신사이바시 거리 75, 76
신작로 104~106

ㅇ

아날학파 55
아돌프 로스 59
아령형 쇼핑몰 132
아령형 평면 126
아르누보 57~59
아시하라 요시노부 26, 27
아우토반 111
아울렛몰 125
아이젠하워 111
아이파크 191, 265
아이파크몰 129, 134
아케이드 23, 66~69, 71~79, 81, 122, 125, 169, 234
아케이드 프로젝트 68
아키그램 196
아트리움 183, 196, 202, 204, 205
아틀리에 313
아폴로도러스 43
안네회페 아파트 269
안드레 듀아니 155
알레한드로 자에라폴로 186
알프레드 히치콕 30
어니스트 한 144
어니스트 헤밍웨이 71
「어머니」 176
어버니즘 152
에드먼턴몰 127~130
에드워드 호퍼 89, 90
에리엘 사리넨 94

에밀 뒤르켐 245, 246
에베네저 하워드 153
엔터식스몰 134
엘리사 오티스 178, 181
엘리자베스 플레이터 자이버크 155
엠파이어스테이트 빌딩 181, 184
역사도시 20, 38, 79, 118, 120
역지대 257, 258, 260, 262~264, 272, 275
영동대로 205
영등포 타임스퀘어 134
오글소프 91
옥상정원 177, 180
옥외주차장 125, 166, 208, 282, 316
온라인 커뮤니티 238
용도지역 282, 314, 315, 320
용산 개리슨 258, 259, 260, 262
용산 민자역사 129
용산기지 258, 261, 263
우림시장 77
울워스 빌딩 181, 184
워너메이커 80
워싱턴 주립대학 중앙도서관 233
워크엎 193
월드트레이드센터 137, 181, 184, 185, 187
월마트 162, 172
위요감 26, 30, 282
위키피디아 11, 224
윌리엄 로스 145
윌리엄 미첼 232, 234, 235
윌리엄 화이트 89, 90

유겐트슈틸 57
유라릴 274, 275
유통산업발전법 52, 83
이건희 263
이격거리 29, 30
이마트 162, 164
이면도로 76, 205, 206, 279, 281, 288~291, 315
이방공간 256~260, 264, 267, 270, 272, 276
이방지대 259, 270, 320
이승만대통령 251
이외수 229
이태준 176, 177, 181
이튼센터 74, 75
이현 41, 42, 44, 51
이흐후레 91
인동간격 30
일리노이공과대학(IIT) 116~118

ㅈ

잠실 롯데쇼핑몰 134
전원도시 63, 90, 91, 153, 157, 167, 168, 170, 260
제2롯데타워 190
제이비 잭슨 108, 109, 120
제인 제이콥스 139~142, 153, 283
제임스 라우즈 144
조선은행 79, 81, 179
조선저축은행 80
조지 맥래 71

조지야 백화점 82
종교건축 22, 49, 179, 180
주상복합 39, 64, 186, 213~215, 271
주택법 219, 268
죽음의 계곡 107
중간건축 314, 317, 319~322, 324
지적정보시스템 225
지하광장 199, 201, 202
진마오 타워 184
집약도시 159

ㅊ

찰스 젠크스 137
철근콘크리트 53, 54, 61
초고밀도 도시 18
초대형 블록 136, 279
초대형 쇼핑몰 23, 129
칠패 41, 42, 44, 51

ㅋ

카이펑 42, 43
캄포 광장 33, 34, 39
케빈 린치 142
켄 양 187
코브카운티의 타운센터 130
코어 182~184, 186, 196
코엑스몰 75, 134, 273
콜로네이드 67
콩코르드 광장 35
퀸시마켓 243

크라운홀 117
크리스토퍼 프랑크 288
클레런스 페리 133
키아즈마 현대미술관 94

ㅌ

타워팰리스 182, 191, 215, 265
타이베이101 181, 186, 187
탈장소적 도시영역 227, 228
터닝토르소 189
〈터미널〉 257
테헤란로 7, 202, 204, 205, 207, 246, 253, 278, 279, 282
토레아그바 189
토종 할인점 163
톰 부셰만 288
트라얀 시장 43, 44
〈트루먼 쇼〉 149, 150, 154, 157, 158, 160, 257
트위터 224, 229, 236, 241, 253

ㅍ

파사주 67
파울 행카 58
판유리 54, 55, 61
팔라디오 30
팔라초 포르토 30
패션몰 210, 211
퍼네일 현상 144, 146
퍼네일홀 142, 143, 145, 146, 148

페루지아 17
페르낭 브로델 55, 56
페이스북 224, 241, 253
페이퍼 아키텍트 313
페트로나스 타워 181
펠림세스트 255
포스코센터 202~204
포트워스 110, 111
폴 비릴리오 228~230, 235
푸르이트이고 136~139
푸제 사운드 133
프랭크 게리 148
프랭크 로이드 라이트 61, 155
프리츠커상 306
플래툰 쿤스트할레 288~291
피맛골 19
피카디리극장 207
피터 드로즈 172
피터 위어 157
피터 홀 115
필로티 198
필지 18, 87, 316

할인점 83, 161, 163, 164, 166~168, 170~173, 273, 275
해로즈 80
호턴플라자 144
홈플러스 164
홍대 앞 277, 278, 285, 287
홍콩상하이은행 195~198, 201, 202, 205~207
화신백화점 43, 81, 82, 99
후통 40
휴스턴 110

ㅎ

하바나 상점 58
하야시 고헤이 79
하우워트 상점 178, 186
하이퍼마켓 161, 164
한강맨션아파트 219, 220
한스 홀라인 59, 60

도판저작권 및 자료제공처

_90쪽 〈밤을 지새우는 사람들〉

Edward Hopper American, 1882~1967, *Nighthawks*, 1942, Oil on canvas, 84.1×152.4cm (33 1/8×60in.), Friends of American Art Collection, 1942.51, The Art Institute of Chicago.

_119쪽 〈시그램 빌딩〉

Ezra Stoller/Esto, *Seagram Building*, Location: New York NY, Architect: Mies van der Rohe with Philip Johnson.

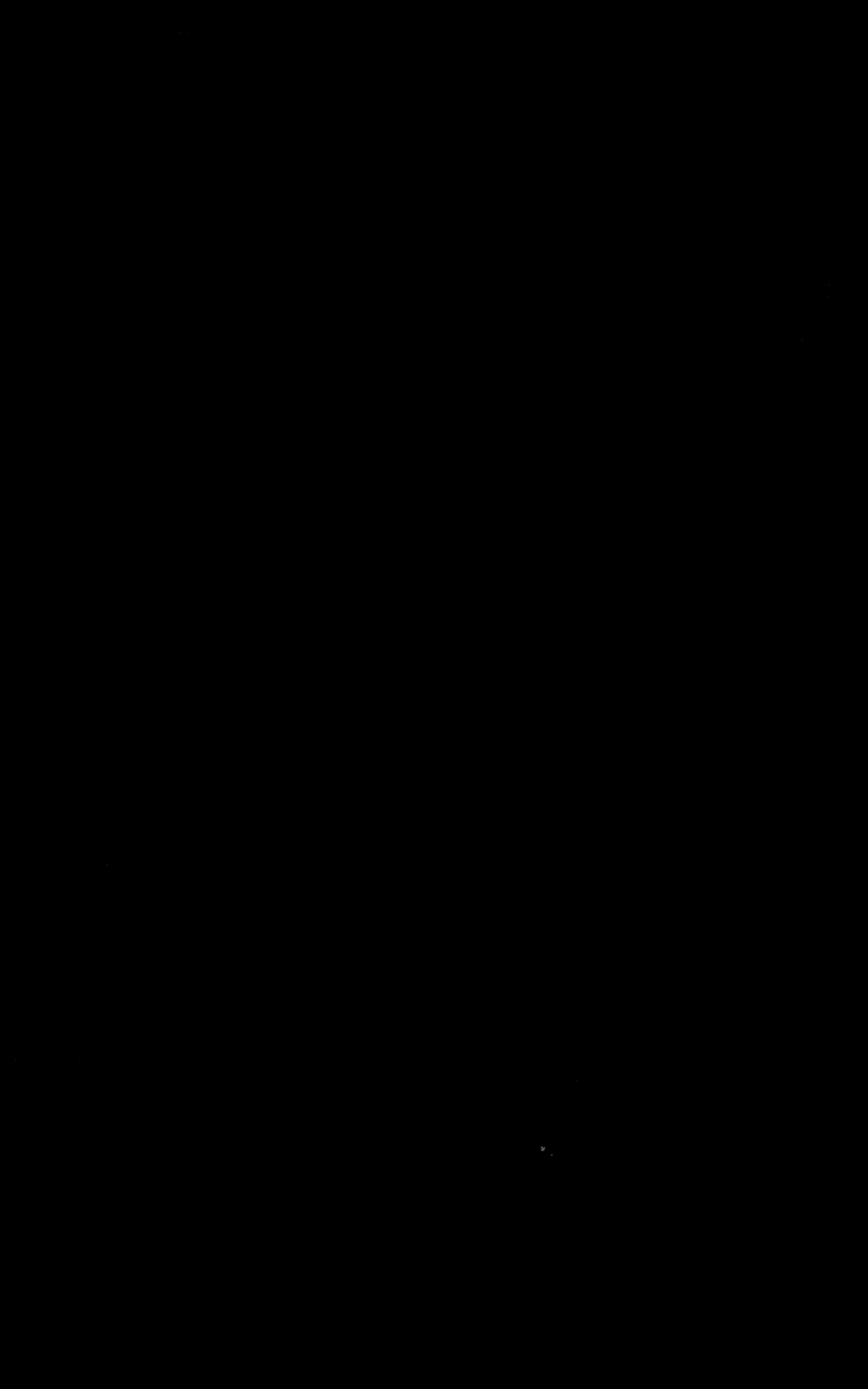